编译原理

Principles of Compiler

主　编　刘茂福
副主编　黄革新　胡慧君

WUHAN UNIVERSITY PRESS
武汉大学出版社

图书在版编目(CIP)数据

编译原理/刘茂福主编. —武汉:武汉大学出版社,2020.11(2024.1 重印)

ISBN 978-7-307-21399-9

Ⅰ.编… Ⅱ.刘… Ⅲ.编译程序—程序设计 Ⅳ.TP314

中国版本图书馆 CIP 数据核字(2019)第 295047 号

责任编辑:王智梅 责任校对:汪欣怡 版式设计:马 佳

出版发行:**武汉大学出版社** (430072 武昌 珞珈山)

(电子邮箱:cbs22@whu.edu.cn 网址:www.wdp.com.cn)

印刷:武汉图物印刷有限公司

开本:787×1092 1/16 印张:15.75 字数:383 千字 插页:1

版次:2020 年 11 月第 1 版 2024 年 1 月第 4 次印刷

ISBN 978-7-307-21399-9 定价:42.00 元

前　言

编译程序是计算机的重要系统软件,是高级程序设计语言的基础。本书主要介绍设计和构造编译程序的基本原理和方法,主要内容包括编译程序概念、形式文法与语言、有穷自动机理论、词法分析方法、各种经典的语法分析方法、语义分析与中间代码生成、代码优化、目标代码生成、符号表管理以及运行时存储管理等。

本书共分十章和两个附录。第1章讲述编译程序的功能、结构、过程、组织方式以及相关概念。第2章和第3章是编译程序的理论基础,其中第2章介绍形式文法与语言理论,包括文法概念与类型、文法与推导、文法与语言、语法树等;第3章讨论有穷自动机,包括确定DFA、不确定NFA、确定化方法和最小化方法,以及它们同正规文法、正规式之间的等价关系。

正规文法、正规式和有穷自动机都可以用来描述语言的词法,第4章介绍了词法分析程序的功能以及词法分析程序的设计方法。上下文无关文法可用于描述目前大多数高级程序设计语言的语法,是语法分析的主要理论基础,因而,第5至7章着重介绍了上下文无法文法相关的语法分析方法,其中第5章介绍确定的自顶向下的LL(k)分析方法,主要是LL(1)文法相关定义、判定、等价转换以及递归子程序和预测分析方法;第6章介绍自下而上分析方法的基本原理、简单优先分析方法和算符优先分析方法;第7章专门讨论自下而上的LR(k)分析方法,主要内容为LR(0)、SLR(1)、LR(1)以及LALR分析表的构造。

第8章主要讨论了在编译过程的语义分析阶段中的属性文法、语法制导翻译、中间代码生成等。第9章是有关代码优化和生成的内容,主要包括常用的中间代码优化方法和目标代码生成方法。第10章讨论了符号表和运行时存储管理,包括符号表作用、内容、组织方式与查找方法以及静态存储管理与动态存储管理。

本书还包括词法分析程序与语法分析程序的自动生成工具的介绍、PL0的编译程序C语言版本的源代码以及重点章节的典型例题分析。本书主要作为高等院校计算机专业的教材,也可供相关专业师生、科技工作者及软件研发人学习与参考。

本书第1至5章由刘茂福编写,第6至9章由黄革新编写,第10章、附录A和B由胡慧君编写,全书由刘茂福统稿。参与写作的有王丽敏、许华、张贺、刘亚、姜丽和颜杰,本书在成书过程中得到了武汉大学出版社的鼎力协助,此外,本书还引用了一些专家学者的研究成果,在此一并对他们的工作表示感谢。

目　　录

第1章　引论 ……………………………………………………………………… 1

1.1　翻译程序 ……………………………………………………………………… 1

1.1.1　程序设计语言 ………………………………………………………… 1

1.1.2　翻译程序 ……………………………………………………………… 2

1.1.3　语言与翻译 …………………………………………………………… 3

1.2　编译过程 ……………………………………………………………………… 4

1.3　编译程序结构 ………………………………………………………………… 7

1.4　相关概念 ……………………………………………………………………… 8

习题 ………………………………………………………………………………… 10

第2章　形式文法与语言 ………………………………………………………… 11

2.1　符号和符号串 ………………………………………………………………… 11

2.2　形式文法定义 ………………………………………………………………… 12

2.3　形式文法类型 ………………………………………………………………… 15

2.4　正规文法与正规式 …………………………………………………………… 17

2.4.1　正规式定义 …………………………………………………………… 17

2.4.2　正规文法与正规式的等价性 ………………………………………… 18

2.5　上下文无关文法与语法树 …………………………………………………… 20

2.6　句型分析 ……………………………………………………………………… 23

2.6.1　自上而下的分析方法 ………………………………………………… 23

2.6.2　自下而上的分析方法 ………………………………………………… 24

2.6.3　句型分析的有关问题 ………………………………………………… 24

典型例题解析 ……………………………………………………………………… 26

习题 ………………………………………………………………………………… 27

第3章　有穷自动机 ……………………………………………………………… 30

3.1　DFA 与 NFA ………………………………………………………………… 30

3.2　确定化与最小化 ……………………………………………………………… 33

3.3　正规式与有穷自动机 ………………………………………………………… 37

3.4　正规文法与有穷自动机 ……………………………………………………… 41

典型例题解析 ……………………………………………………………………… 43

习题 ··· 45

第 4 章　词法分析 ··· 47

4.1　概述 ··· 47

4.2　词法描述方式 ··· 48

4.3　词法分析器自动构造工具 Lex ·· 50

4.4　PL0 词法分析程序 ·· 53

习题 ··· 57

第 5 章　确定的自顶向下语法分析 ··· 58

5.1　确定的自顶向下分析过程 ·· 58

5.2　LL(1) 文法判别 ·· 63

5.3　非 LL(1) 文法的等价转换 ·· 68

5.4　递归子程序方法 ··· 75

5.5　预测分析方法 ··· 78

典型例题解析 ··· 81

习题 ··· 83

第 6 章　自下向上优先分析 ·· 85

6.1　简单优先分析法 ··· 85

6.1.1　优先关系 ··· 85

6.1.2　定义与操作步骤 ··· 87

6.2　算符优先分析法 ··· 88

6.2.1　算符优先文法定义 ·· 88

6.2.2　算符优先关系表构造 ··· 90

6.2.3　算符优先分析算法 ·· 95

6.3　两种优先分析方法的比较 ·· 99

典型例题及解答 ·· 100

习题 ··· 101

第 7 章　LR 分析 ··· 104

7.1　LR 分析概述 ··· 104

7.2　LR(0) 分析 ··· 106

7.2.1　可归前缀和子前缀 ·· 107

7.2.2　识别活前缀的有限自动机 ··· 108

7.2.3　活前缀及可归前缀的一般计算方法 ····························· 110

7.2.4　LR(0) 项目集规范族的构造 ······································· 113

7.3　SLR(1) 分析 ··· 121

7.4　LR(1)分析 ··· 129
　7.4.1　LR(1)项目集规范族的构造 ······························ 130
　7.4.2　LR(1)分析表的构造 ······································· 131
7.5　LALR(1)分析 ··· 133
典型例题分析 ·· 138
习题 ·· 145

第8章　中间代码生成 ··· 147
8.1　属性文法 ·· 147
8.2　语法制导翻译 ·· 150
　8.2.1　S-属性方法和自下而上翻译 ································ 150
　8.2.2　L-属性文法和自上而下分析 ······························· 152
　8.2.3　L-属性文法和自下而上分析 ································ 154
8.3　中间代码形式 ·· 155
　8.3.1　逆波兰式 ··· 155
　8.3.2　三元式 ·· 156
　8.3.3　四元式 ·· 156
8.4　语句翻译 ·· 157
　8.4.1　布尔表达式的翻译 ·· 157
　8.4.2　赋值语句翻译 ··· 159
　8.4.3　条件语句翻译 ··· 160
　8.4.4　循环语句翻译 ··· 163
习题 ·· 165

第9章　代码优化与生成 ·· 166
9.1　局部优化 ·· 166
　9.1.1　基本块的划分 ··· 166
　9.1.2　基本块的变换 ··· 167
　9.1.3　基本块的DAG表示 ·· 168
9.2　控制流分析和循环优化 ··· 171
　9.2.1　程序流图 ··· 171
　9.2.2　循环的查找 ·· 172
　9.2.3　循环优化 ··· 173
9.3　代码生成程序 ·· 177
　9.3.1　寄存器分配 ·· 178
　9.3.2　待用信息链表法 ·· 178
　9.3.3　代码生成算法 ··· 180
9.4　代码生成程序开发方法 ··· 182

9.4.1　解释性代码生成法 ……………………………… 183

9.4.2　模式匹配代码生成法 ……………………… 183

9.4.3　表驱动代码生成法 ……………………… 184

习题 ……………………………………………………… 184

第 10 章　符号表与运行时存储 ……………………… 186

10.1　符号表作用及内容 ……………………………… 186

10.1.1　符号表作用 ……………………………… 186

10.1.2　符号表内容 ……………………………… 187

10.2　符号表组织与操作 ……………………………… 190

10.2.1　符号表组织 ……………………………… 190

10.2.2　符号表操作 ……………………………… 192

10.3　运行时存储管理 ………………………………… 193

10.3.1　运行时存储空间 ………………………… 193

10.3.2　静态存储分配 …………………………… 194

10.3.3　栈式存储分配 …………………………… 194

10.3.4　堆式存储分配 …………………………… 195

10.4　函数/过程调用 ………………………………… 196

10.4.1　活动记录 ………………………………… 197

10.4.2　参数传递 ………………………………… 200

习题 ……………………………………………………… 201

附录 A …………………………………………………… 203

附录 B …………………………………………………… 212

参考文献 ………………………………………………… 246

第 1 章 引　　论

本章导言

　　语言的基础是一组符号和一组规则,根据规则由符号构成的符号串的总体就是语言;程序设计语言就是用于编写计算机程序的语言。这个世界依赖于程序设计语言,因为所有计算机上运行的所有软件都是用某种程序设计语言编写的。但是,在一个程序可以运行之前,它需要被翻译成一种能够被计算机执行的形式。因此,本章从高级程序设计语言出发,介绍编译与解释两种翻译方式;然后概述一个编译过程具有的典型逻辑阶段,介绍一个典型编译程序的结构;最后简单介绍与编译程序有关的概念,包括前端与后端、趟、自编译、自展以及移植。

1.1　翻译程序

1.1.1　程序设计语言

　　自然语言(Natural Language)是人类传递信息与知识、交流思想与情感的工具,程序设计语言(Programming Language)为人工语言,是人与计算机联系的工具。人就是通过程序设计语言控制计算机按照人的思维进行运算与操作、显示信息和输出运算结果的。

　　第一代计算机程序设计语言为机器语言,即指令系统。机器语言的指令是由二进制代码(0 与 1 序列)直接表示的,不同系列的 CPU 具有不同的指令系统。机器语言程序难编写、难修改、难维护,需要用户直接对存储空间进行分配,编程效率极低,在编程实践中基本上已经不再使用这种语言。随着计算机科学技术的发展,出现了第二代计算机程序设计语言,即汇编语言。汇编语言指令是机器指令的符号化,虽然比机器语言前进了一步,但与机器指令存在着直接对应关系,仍属于计算机低级语言,同样存在难学难用、编写程序困难、难维护困难等缺点。机器语言、汇编语言等计算机低级程序设计语言编写程序的效率低下,阻碍了计算机科学技术的发展与推广。

　　1954 年,用于科学计算的 Fortran① 语言的出现,宣告了高级程序设计语言(亦称高级语言)的诞生。高级程序设计语言是面向用户的、基本上独立于计算机种类与结构的语言,形式上接近于数学语言和自然语言,概念上接近于人们通常使用的概念。高级程序设计语言

---

　　① Fortran 90 之前的版本是全部字母大写,即 FORTRAN,Fortran 90 及其以后的版本仅第一个字母大写,即都写成 Fortran。

的一个命令可以代替几条、几十条甚至几百条汇编语言的指令。因此,高级程序设计语言易学易用,通用性强,应用广泛。像 Fortran、C、C++、C#、Java、Lisp 等高级程序设计语言被称为第三代程序设计语言;而第四代程序设计语言是为特定应用设计的语言,比如数据库结构化查询语言 SQL 和用于文本排版的 Postscript;第五代程序设计语言则指基于逻辑和约束的语言,如 Prolog。

高级程序设计语言的出现使得计算机程序设计语言不再过度地依赖某种特定的机器或环境,这是因为高级程序设计语言在不同的平台上会被翻译成不同的机器语言,而不是直接被机器执行。最早出现的高级程序设计语言 Fortran 的一个主要目标,就是实现硬件平台独立。

1.1.2　翻译程序

虽然高级程序设计语言编写程序方便且效率高,但计算机只能直接执行机器语言程序,并不能直接执行高级程序设计语言编写的程序。因此,用高级程序设计语言编写的程序必须由一个翻译程序翻译成机器语言程序。

翻译有两种方式:一种是编译方式,另一种是解释方式。

编译程序(Compiler)也称为编译器,是指把用高级程序设计语言书写的源程序,翻译成等价的低级程序设计语言(机器语言或汇编语言)目标程序的翻译程序。编译程序以高级程序设计语言书写的源程序作为输入,而以汇编语言或机器语言表示的目标程序作为输出,如图 1-1 所示。编译程序的重要任务之一就是报告它在翻译过程中发现的源程序的错误。

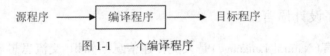

图 1-1　一个编译程序

如果编译程序生成的目标程序是一个可执行的机器语言程序,那么该目标程序就可以在运行程序的支持下运行,处理输入数据,产生输出结果,如图 1-2 所示。

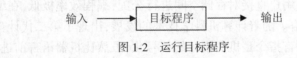

图 1-2　运行目标程序

解释程序是高级程序设计语言翻译程序的一种,它将高级程序设计语言书写的源程序作为输入,解释一句后就提交计算机执行一句,并不生成目标程序。从用户的角度看,解释程序直接利用用户提供的输入执行源程序中指定的操作从而产生输出,如图 1-3 所示。

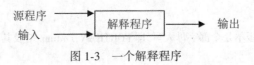

图 1-3　一个解释程序

在把用户输入转化成为输出的过程中,由编译程序生成的机器语言目标程序通常比解释程序快很多。然而,解释程序的错误诊断效果通常比编译程序更好,因为它是逐个语句地执行源程序。

1.1.3 语言与翻译

Java 语言处理结合了编译和解释两种方式,如图 1-4 所示。一个 Java 源程序首先被编译成一个称为字节码(Bytecode)的中间表示形式,然后由一个虚拟机(Virtual Machine)对得到的字节码进行解释执行。这样处理的优点就是在一台机器上编译得到的字节码可以在另一台机器上解释执行,从而完成机器之间的迁移。

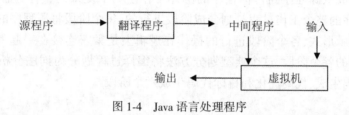

图 1-4　Java 语言处理程序

除了编译程序,生成一个可执行的目标程序还需要一些其他程序,如图 1-5 所示。一个源程序可能被分割成多个模块,并存储在独立文件中;把源程序聚合在一起的任务会由一个预处理程序独立完成,预处理程序有时还负责把宏进行展开并转换为源语言的语句。

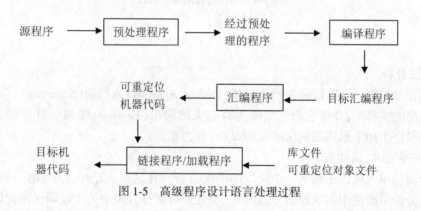

图 1-5　高级程序设计语言处理过程

经过预处理后的源程序作为输入传递给编译程序,编译程序可能会产生一个汇编语言程序输出;接着,这个汇编语言程序由汇编程序进行处理,生成可重定位的机器代码。一个大型程序经常被分成多个部分进行编译,因此,可重定位的机器代码有必要和其他可重定位的目标文件以及库文件连接到一起,形成真正在机器上运行的代码。一个文件中的代码可能指向另一个文件中的位置,而链接程序(Linker)则能够解决外部内存地址的问题。最后,加载程序(Loader)把所有的可执行目标文件加载至内存中执行。

程序设计语言的设计和编译程序是密切相关的,程序设计语言的发展会向编译程序设计者提出新要求。编译程序不仅要能够翻译和支持新语言特征,并且还需要设计出相应的新翻译算法,以便尽可能地利用新硬件的能力。同时,编译程序通过降低高级程序设计语言的执行开销,还可以推动这些高级程序设计语言的使用。要使得高性能计算机体系结构能够高效运行用户应用,编译程序本身也是至关重要的。实际上,计算机系统的性能是非常依赖于编译技术的,以至于在构建一个计算机之前,编译程序会被用于评价一个体系结构的工具。

1.2 编译过程

编译程序完成从源程序到目标程序的翻译工作是一个复杂的整体过程。从概念上来讲,一个编译程序的整个工作过程是划分成阶段进行的,每个阶段将源程序的一种表示形式转换成另一种表示形式,各个阶段进行的操作在逻辑上是紧密连接在一起的。图 1-6 给出了一个编译过程的各个阶段,这个典型划分方法将编译过程划分为词法分析、语法分析、语义分析、中间代码生成、代码优化和目标代码生成六个阶段。

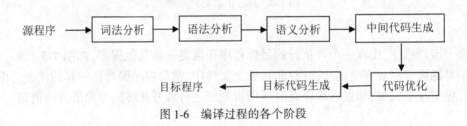

图 1-6　编译过程的各个阶段

1.词法分析

编译程序的第一个阶段称为词法分析(Lexical Analysis)或扫描(Scanning),该阶段读入组成源程序的字符流,并将它们组织成为有意义的词素(Lexeme)序列。对于每个词素,词法分析阶段产生如下形式的词法单元(Token)作为输出:

<词法单元名,属性值>

这个词法单元被传送到下一个阶段的语法分析。在这个词法单元中,第一个分量是一个由语法分析阶段使用的抽象符号,而第二个分量指向符号表中关于该词法单元的条目,该分量可以省略。符号表条目的信息会被后续的语义分析和代码生成阶段使用。

假设一个 C 语言源程序包含如下的赋值语句:

$$position = initial + rate * 60 \tag{1.1}$$

这个赋值语句中分割词素的空格会被词法分析忽略掉,其余字符可以组合成如下语素,并映射成为如下词法单元。

① position 是一个词素,被映射为词法单元<id, 1>,其中 id 表示标识符(Identifier)的抽象符号,而 1 指向符号表中 position 对应的条目。一个标识符对应的符号表条目存放该标识符有关信息,如该标识符名字和类型。

② 赋值符号＝是一个词素,被映射为词法单元<＝>,这里选择使用词素本身作为抽象符号的名字,该词法单元不需要属性值,所以省略了第二个分量。

③ initial 是一个词素,被映射为词法单元<id, 2>,其中 2 指向符号表中 initial 对应的条目。

④ +是一个词素,被映射为词法单元<+>。

⑤ rate 是一个词素,被映射为词法单元<id, 3>,其中 3 指向符号表中 rate 对应的条目。

⑥ ＊是一个词素,被映射为词法单元<＊>。

⑦ 60 是一个词素,被映射为词法单元<60>。

这样,经过词法分析之后,上面的赋值语句(1.1)被表示成如下的词法单元序列:

$$<id, 1> <＝> <id, 2> <+> <id, 3> <＊> <60> \hspace{2cm} (1.2)$$

在这个序列中,词法单元名＝、+与 ＊ 分别是表示赋值、加法运算符与乘法运算符抽象符号。

2.语法分析

语法分析(Syntax Analysis)或解析(Parsing)是编译过程的第二个逻辑阶段。语法分析的任务是在词法分析基础上将词法单元序列组合成各类语法短语,如"程序""语句""表达式"等。语法分析使用词法分析生成的各个词法单元的第一个分量来创建树形的中间表示,该中间表示给出了词法分析产生的词法单元流。语法分析一个常用的表示形式是语法树(Syntax Tree),树中的每个内部结点表示一个运算,而该结点的子结点则表示该运算的运算对象。

语法分析对词法单元序列(1.2)进行解析后,输出的对应语法树如图 1-7 所示。

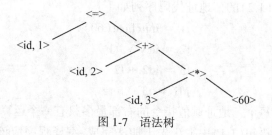

图 1-7 语法树

这棵语法树显示了赋值语句(1.1)的运算执行顺序。这棵树包含一个内部结点 ＊,<id, 3>是它的左子结点,表示标识符 rate,整数 60 是它的右子结点,标号为 ＊ 的结点指明首先把 rate 的值跟 60 相乘。语法树中标号为+的结点表明必须把相乘的结果和 initial 值相加。这棵树的根结点的标号为＝,表明必须把相加的结果存储到标识符 position 对应的位置上去。这个运算顺序和通常的算法规则相同,即乘法优先级高于加法,先计算乘法,后计算加法。

3.语义分析

语义分析(Semantic Analysis)是编译过程的第三个逻辑阶段,语义分析使用语法树和符号表中信息来检查源程序是否和语言定义的语义一致;同时收集类型信息,并把这些信息存放在语法树或符号表中,以便在随后的中间代码生成阶段使用。

语义分析的一个重要任务是进行类型检查(Type Checking),检查每个运算符是否具有匹配的运算对象。比如,很多高级程序设计语言的定义中要求数组的下标必须为整数,当用一个浮点数作为数组下标时,编译程序就必须报告错误。

有些高级程序设计语言可能运行某些类型转换,这被称为自动类型转换(Conversion)。比如,一个二元运算符可以应用于一对整数或者一对浮点数,如果这个运算符应用于一个浮点数和一个整数,那么编译程序可以把该整数自动类型转换成为一个浮点数。

如果对图 1-7 所示语法树进行语义分析,假设 position、initial 和 rate 已经被声明为浮点数类型,而词素 60 本身是一个整数,语义分析就会发现图 1-7 中的运算符 * 被用于一个浮点数 rate 和一个整数 60;在这种情况下,语义分析就会使用运算符 inttofloat 把这个整数 60 转换成为一个浮点数。

4.中间代码生成

在把一个源程序翻译成目标代码的过程中,一个编译程序可以构造出一个或者多个中间表示,这些中间表示可以有多种形式,比如语法树就是一种中间表示形式,它通常在语法分析和语义分析中使用。

在源程序的语法分析和语义分析完成以后,很多编译程序生成一个明确的低级的或类机器语言的中间表示,可以把这个中间表示看作某个抽象机器程序,该中间表示应该具有两个重要的性质,即它易于生成且能够被轻松地翻译为目标机器上的语言。

这里以三元地址代码的中间表示形式为例,这种中间表示由一组类似于汇编语言的指令组成,每个指令具有三个运算分量,每个运算分量都像一个寄存器。图 1-7 中针对赋值语句(1.1)和对应语法树(1.2)的三地址代码序列如下:

$$
\begin{aligned}
t1 &= inttofloat(60)\\
t2 &= id3 * t1\\
t3 &= id2 + t2\\
id1 &= t3
\end{aligned}
\qquad (1.3)
$$

针对三地址指令,每个三地址赋值指令的右部最多只有一个运算符,这些指令确定了运算完成的顺序,在赋值语句(1.1)中乘法先于加法完成;编译程序应该生成一个临时名字以存放一个三地址指令计算得到的值;有些三地址指令的运算分量少于三个,如上面序列(1.3)中的第一个和最后一个指令。

5.代码优化

机器无关的代码优化阶段试图改进中间代码,以便生成更好的目标代码。"更好"意味着更快,也可能包括更短或能耗更低的目标代码这样的目的。比如,一个简单直接的算法会生成中间代码序列(1.3),它为语义分析得到的树形中间表示中的每个运算符都使用了一个指令。

使用一个简单的中间代码生成算法,然后再进行代码优化是生成优质目标代码的一个合理组合。针对中间代码序列(1.3),代码优化的依据是:把 60 从整数转换为浮点数的运算在编译时刻一劳永逸地完成,因此,可以直接使用浮点数 60.0 来替代整数 60,这样可以消除相应的 inttofloat 运算;t3 仅被使用一次,用来把它的值传递给 id1。基于此,可以把中间代码序列(1.3)转换为更短的指令序列:

$$t1 = id3 * 60.0$$
$$id1 = id2 + t1$$

(1.4)

不同的编译程序所做的代码优化工作量相差很大,那些优化工作做得最多的编译程序,会在优化阶段花相当多的时间。有些简单的优化方法可以极大地提高目标程序的运行效率而不会过多地降低编译的速度。

6.代码生成

代码生成是编译过程的最后一个阶段,代码生成程序以源程序的中间表示形式作为输入,并把它映射到目标语言。如果目标语言是机器代码,那么必须为程序使用的每个变量选择寄存器或内存位置;然后,中间指令被翻译成为能够完成相同任务的机器指令序列。代码生成的一个至关重要的方面就是合理分配寄存器以存放变量的值。

比如,使用寄存器 R1 和 R2,中间代码序列(1.4)可以翻译成为如下的汇编语言代码序列:

LDF R2, id3
MULF R2, R2, #60.0
LDF R1, id2
ADDF R1, R1, R2
STF id1, R1

(1.5)

每个指令的第一个运算分量指定了一个目标地址,各个指令中的 F 指示处理的是浮点数。机器代码序列(1.5)首先把地址 id3 中的内容加载至寄存器 R2 中,然后将其与浮点数 60.0 相乘,"#"表示 60.0 应该作为一个立即数处理;第三个指令把 id2 移动到寄存器 R1 中,而第四个指令把前面计算得到并存储在 R2 中的值加到 R1 上;最后,寄存器 R1 中的值被存放到 id1 的地址中去。这样,机器代码序列(1.5)就准确地实现了赋值语句(1.1)。目标代码生成器把语法分析后或优化后的中间代码变换成目标代码。

在编译程序的六个典型阶段中,中间代码生成和代码优化阶段是可选的,有些最简单的编译程序在语法分析的同时产生目标指令代码;另外,编译程序的某些阶段可能组合在一起,这些阶段间的源程序的中间表示形式就没必要构造出来了。

1.3 编译程序结构

编译程序六个阶段的任务,可以由六个模块来完成,分别称为词法分析程序、语法分析程序、语义分析程序、中间代码生成程序、代码优化程序和目标代码生成程序;此外,一个完整的编译程序还必须包括表格管理程序和出错处理程序。一个典型的编译程序结构如图 1-8 所示。

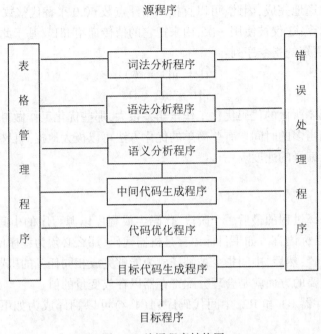

图 1-8　编译程序结构图

编译程序除翻译工作外,还要记录源程序中使用的变量名字,并收集同每个名字的各个属性有关的信息。这些属性可以提供一个名字的存储分配、类型、作用域等信息。对于过程名字,还会包含参数数量、参数类型、参数传递方式以及返回类型等信息。符号表数据结构为每个变量名字创建一个记录条目,记录的字段就是名字的各个属性。这个数据结构应该允许编译程序快速查找到每个名字的记录,并向记录中存放和获取记录中的数据。这项工作由表格管理程序来完成。

如果编译程序在编译过程中发现源程序有错误,编译程序应报告错误的性质和错误发生的地点,并且将错误所造成的影响限制在尽可能小的范围内,使得源程序的其余部分能够继续被编译下去,有些编译程序甚至还能自动纠正错误,这些工作全部由出错处理程序来完成。

1.4　相关概念

1.前端与后端

编译程序的逻辑阶段有时被分为前端和后端。前端工作主要依赖于源语言而与目标机器无关,通常包括词法分析、语法分析、语义分析和中间代码生成,也包括与前端每个阶段相关的表格管理工作和出错处理工作;后端工作依赖于目标机器而一般不依赖于源语言,主要包括目标代码生成阶段以及相关的表格管理和出错处理。至于代码优化阶段,某些代码优化工作是与目标机器有关的,可以称为机器相关代码优化,这些工作放在后端来完成;而有些代码优化工作跟目标机器无关,一般是在某个中间表示上进行转换,以便于编译程序后端能够生成更好的目标程序,可以称为机器无关代码优化,这些工作在编译程序的前端完成。

2.遍

在特定的编译程序实现中,多个阶段的活动可以组合成一遍;所谓"遍",就是对源程序或者其等价的中间语言程序从头至尾扫描并完成规定任务的过程。一般情况下,一遍会读入一个输入文件并产生一个输出文件。一个编译程序可由一遍、两遍或多遍完成。比如,前端阶段中的词法分析、语法分析、语义分析以及中间代码生成可以组合在一起成为一遍,代码优化可以作为一个可选的遍,然后可以有一个特定目标代码生成的后端遍。

3.自编译

编译技术刚出现时,人们都是使用机器语言、汇编语言这些低级语言手工编写编译程序,这样的编译程序运行效率高,但编写工作效率极低,一个编译程序往往需要花费大量人力和时间,而且编出的编译程序难以阅读,也不便于维护和移植。高级程序设计语言出现后,人们开始使用高级语言作为工具来编写编译程序,不仅节约时间,而且编出的编译程序易于阅读,便于维护和移植。这些易于编写编译程序的高级语言包括 C、Java、Pascal 和 Ada语言等。

高级语言的自编译是指可以用这种语言编写自己的编译程序。当然,一个具有自编译性的高级语言也可以用来编写其他高级语言的编译程序。

4.自展

先用目标机器的汇编语言或机器语言书写源语言的一个子集的编译程序,然后再用这个子集作为编写语言,实现源语言的编译程序。通常这个过程会分成若干步,像滚雪球一样直到生成源语言的编译程序为止,我们把编译程序这样的实现方式称为自展技术。

按照自展技术,需要把源语言 L 分解成一个核心部分 L_0 与 n 个扩充部分 L_1 至 L_n,其中 L_n 就是源语言 L,这样对核心部分 L_0 进行一次至多次扩充之后就可得到源语言 L。分解源语言之后,先用汇编语言或机器语言编写核心部分 L_0 的编译程序,然后再用 L_0 编写 L_1 的编译程序,用 L_i 编写 L_{i+1} 的编译程序,最后得到源语言 L 的编译程序。在这个自展过程中,除了 L_0 的编译程序是用汇编语言或机器语言编写的之外,L_1 至 L_n 的编译程序都是高级语言编写的。

自 20 世纪 60 年代使用自展技术来构造高级语言的编译程序始,到 1971 年用自展技术生成 Pascal 语言的编译程序后,自展技术影响越来越大。

5.移植

编译程序还可以通过移植得到,即可以把某机器(宿主机)上已有的一个具有自编译性的高级语言编译程序移植到另一台机器(目标机)上。假设已经具有 L 语言在宿主机 A 上的编译程序,那么将 L 语言的该编译程序由宿主机 A 移植到目标机 B 的步骤如下:

(1) 用 L 语言编写出在 A 机器上运行的产生 B 机器代码的 L 编译程序源程序;

（2）把该源程序经过 A 机器上的 L 编译程序编译后得到能在 A 机器上运行的产生 B 机器代码的编译程序;

（3）用新产生的编译程序再一次编译上述编译程序源程序就得到了在 B 机器上运行的产生 B 机器代码的 L 编译程序。

6.自动化

在编译程序自动化过程中,应用最广泛的是词法分析程序生成器和语法分析程序生成器,其中 LEX 和 YACC 就是关于编译程序前端的生成器。

LEX 是一个有代表性的词法分析程序生成器。它输入的是正规表达式,输出的是词法分析程序。YACC 是一种基于 LALR(1)文法的语法分析程序生成器。它接受 LALR(1)文法生成一个相应的 LALR(1)分析表以及一个 LALR(1)分析器,而且 YACC 生成的语法分析程序可以和词法分析程序连接。在 YACC 源程序中,除 2 型语言的规则之外,还可以包括一段语义程序指定相应的语义操作,如填写并查找符号表、语义检查、生成语法树、代码生成等。

习　　题

1.简述计算机程序设计语言的发展过程。

2.高级程序设计语言有哪些特点?

3.高级程序设计语言为何需要翻译程序?

4.高级程序设计语言有哪两种翻译方式? 说明它们之间的区别。

5.编译过程包括哪几个主要逻辑阶段? 分别阐述每个阶段的主要任务。

6.阐述编译程序的结构。

7.简述编译程序的端、遍、自展、自编译概念。

第 2 章　形式文法与语言

本章导言

就像自然语言一样,一个程序设计语言也是一个符号系统,其完整定义应该包含语法、语义和语用三个方面。作为人工语言,一个程序设计语言一般只包括了语法和语义两个方面。所谓一个语言的语法是指一组规则,用它可以形成一个合适的程序;语法只是定义什么样的符号序列是合法的,与这些符号的含义毫无关系。

目前广泛用于描述语法的手段是上下文无关文法,即用上下文无关文法作为程序设计语言语法的描述工具。因而,阐明语法的一个常用工具是形式文法,这是形式语言理论的基本概念之一。本章将介绍形式文法和语言的概念,重点讨论上下文无关文法及其句型分析中的有关问题。

2.1　符号和符号串

程序设计语言是由一切程序所组成的集合,而程序则由类似 if、while 等基本符号串所组成。从字面上看,每个程序都是一个"基本符号"串,设有一个基本符号集,那么语言可看做在这个基本符号集上定义的、按一定规则构成的一切基本符号串组成的集合。为了给出文法与语言的形式定义,首先需要讨论符号和符号串的有关概念。

(1) 字母表:一些元素的非空有穷集合,把字母表中的元素称为符号,因此字母表也称为符号集。

(2) 符号串:由字母表中的符号组成的任何有穷序列。不包含任何符号的符号串为空符号串,用 ε 表示。

(3) 符号串集合:字母表 Σ 上若干个符号串组成的集合。

一般情况下,用小写字母 $a,b,c,\cdots,r$ 表示符号,小写字母 $s,t,u,\cdots,z$ 表示符号串,大写字母 $A,B,C,\cdots,Z$ 表示符号串集合。

有关符号串的一些运算如下:

(1) 符号串长度:设 x 是字母表 Σ 上的符号串,符号串中包含符号的个数称为符号串 x 的长度,用 $|x|$ 表示。空符号串 ε 的长度 $|\varepsilon|=0$。

(2) 符号串相等:设 x,y 是字母表 Σ 上的两个符号串,若 x 与 y 的诸符号依次相等,则该两符号串相等,记为 $x=y$。

(3) 符号串的连接:设 x 和 y 是符号串,它们的连接 xy 是把 y 的符号写在 x 的符号之后得到的符号串,例如设 $x=ab,y=cde$,则它们的连接 $xy=abcde$。注意: $|xy|=|x|+|y|$; $\varepsilon x=x\varepsilon=x$。

（4）符号串的逆：设 x 是字母表 Σ 上的符号串，其逆为符号串 x 的倒置，记为 $\tilde{x}$，若 $x=abcd$，则 $\tilde{x}=dcba$，$\tilde{\varepsilon}=\varepsilon$。

（5）符号串的前缀、后缀和子串：设 x、y、z 是字母表 Σ 上的符号串，则称 x 为符号串 xy 的前缀，y 为符号串 xy 的后缀，x、y、z、xy、yz 为符号串 xyz 的子串。

（6）符号串的幂：设 x 是符号串，把 x 自身连接 n 次得到符号串 z，即 $z=xx\cdots xx$，称为符号串 x 的幂，写作 $z=x^n$。$x^0=\varepsilon,x^1=x,x^2=xx,x^3=xxx$ 分别对应于 $n=0,1,2,3$。例如，设 $x=$ab，则 $x^0=\varepsilon,x^1=ab,x^2=abab,x^3=ababab$。对于 $n>0$，有 $x^n=xx^{n-1}=x^{n-1}x$。

（7）符号串集合的乘积：设 A、B 为两个符号串集合，其乘积为：$AB=\{xy\,|\,x\in A,y\in B\}$，例如：$A=\{ab,cd\},B=\{ef,gh\}$，则 $AB=\{abef,abgh,cdef,cdgh\}$。

（8）集合 A 的闭包与正闭包：集合 A 的闭包 A^* 的定义如下：

$$A^*=A^0\cup A^1\cup A^2\cup A^3\cup\cdots=\bigcup_{K\geqslant0}A^K$$

集合 A 的正闭包 A^+ 定义如下：

$$A^+=A^1\cup A^2\cup A^3\cup\cdots=\bigcup_{K\geqslant1}A^K$$

对于字母表 Σ 而言，Σ^* 称为 Σ 的闭包，表示字母表 Σ 上的所有有穷长度的符号串的集合，可以表示成 $\Sigma^*=\Sigma^0\cup\Sigma^1\cup\Sigma^2\cup\cdots\cup\Sigma^n\cup\cdots$，其中包括空符号串 ε。例如，如果 $\Sigma=\{0,1\}$，则 $\Sigma^*=\{\varepsilon,0,1,00,01,10,11,000,001,010,\ldots\}$。而字母表 Σ 上的正闭包 Σ^+ 表示为 $\Sigma^+=\Sigma^1\cup\Sigma^2\cup\cdots\cup\Sigma^n\cup\cdots$，其中不包含空字符串 ε。闭包 Σ^* 同正闭包 Σ^+ 间的关系可以表示为：

$$\Sigma^*=\Sigma^0\cup\Sigma^+$$
$$\Sigma^+=\Sigma\Sigma^*=\Sigma^*\Sigma$$

2.2　形式文法定义

当表述一种语言时，无非是说明这种语言的句子，如果语言只含有穷多个句子，则只需穷举方法列出句子的有穷集；但对于含有无穷句子的语言来讲，存在着如何给出它的有穷表示的问题。对于经典集合，可以使用谓词公式来表达集合中元素具有的共同性质，从而描述该集合。对于自然语言而言，人们无法列出其所能表达的全部句子，但是人们可以给出一些规则，用这些规则来说明（或者定义）句子的组成结构，这样的语言描述就称为文法。

因此，程序设计语言可以看成在一个基本符号集上定义的，按一定规则构成的一切基本符号串组成的集合，一个语言的语法是指一组规则，用它可以形成和产生一个合适的程序。文法是以有穷的集合刻画无穷的集合的一个工具，可以采用 EBNF（Extended Backus-Naur Form）来描述文法。

比如："The big cat ate a mouse" 是一个英语句子，英语句子可以是由主语后随谓语而成，构成谓语的可以是动词加直接宾语，可以采用 EBNF 来表示这些语法规则。

　　　　〈句子〉:: =〈主语〉〈谓语〉

　　　　〈主语〉:: =〈冠词〉〈形容词〉〈名词〉

　　　　〈冠词〉:: = a | the

　　　　〈形容词〉:: = big

⟨名词⟩∷ = cat | mouse

⟨谓语⟩∷ =⟨动词⟩⟨直接宾语⟩

⟨动词⟩∷ = ate

⟨直接宾语⟩∷ =⟨冠词⟩⟨名词⟩

在 EBNF 中,"∷="读作"定义为",表示可以使用右部代替左部;像"<句子>"等使用尖括号"<"和">"括起来的为非终结符,而"cat"等则为终结符。句子"The big cat ate a mouse"的构成符合上述语法规则也符合自然语义,而"The big mouse ate a cat"虽符合上述语法规则,但其不符合自然语义。因此,这些规则成为判别句子结构合法与否的依据,换句话说,这些规则构成了一种元语言,用它描述英语。

规则:也称重写规则、产生式或生成式,是形如 $\alpha \to \beta$ 或 $\alpha ∷= \beta$ 的 (α, β) 有序对,其中 α 称为规则的左部,β 称为规则的右部。这里使用的符号"→"或"∷="读作"定义为"。例如 $A \to a$ 读作"A 定义为 a",也把它说成是一条关于 A 的规则(产生式)。

定义 2.1 文法 G 定义为四元组 (V_N, V_T, P, S);其中 V_N 为非终结符(语法实体,变量)集;V_T 为终结符集;P 为规则 $\alpha \to \beta$ 的集合,$\alpha \in (V_N \cup V_T)^*$ 且至少包含一个非终结符,$\beta \in (V_N \cup V_T)^*$;$V_N$,$V_T$ 和 P 是非空有穷集。S 为识别符或开始符,它是一个非终结符,至少要在一条规则中作为左部出现;允许产生式的右部为空串。

V_N 和 V_T 不含公共的元素,即 $V_N \cap V_T = \varnothing$。通常用 V 表示 $V_N \cup V_T$,V 称为文法 G 的字母表或符号表。

例 2.1 文法 $G = (V_N, V_T, P, S)$,其中

$$V_N = \{S\}, V_T = \{0, 1\}, P = \{S \to 0S1, S \to 01\}$$

这里,非终结符集中只含一个元素 S;终结符集由两个元素 0 和 1 组成;有两条产生式;开始符是 S。

例 2.2 文法 $G = (V_N, V_T, P, S)$,其中:

$V_N = \{$标识符,字母,数字$\}$

$V_T = \{a, b, c, \cdots, x, y, z, 0, 1, \cdots, 9\}$

$P = \{$<标识符>→<字母>

<标识符>→<标识符><字母>

<标识符>→<标识符><数字>

<字母>→a

<字母>→b

⋮

<字母>→z

<数字>→0

<数字>→1

⋮

<数字>→9$\}$

$S = $<标识符>

很多时候,不用将文法 G 的四元组显式地表示出来,而只将产生式写出即可。一般约

定,第一条产生式的左部是开始符;用尖括号括起来的是非终结符(或者用大写字母表示),不用尖括号括起来的是终结符(或者用小写字母表示)。另外也有一种习惯写法,将 G 写成 $G[S]$,其中 S 是开始符,例 2.1 还可以写成如下的形式:

$$G:S\rightarrow 0S1$$
$$S\rightarrow 01$$

或 $G[S]:S\rightarrow 0S1$
$$S\rightarrow 01$$

为了定义文法所产生的语言,还需要引入推导的概念,即定义 V^* 中的符号之间的关系:直接推导为 $\Rightarrow$、长度为 $n(n\geq 1)$ 的推导为 $\overset{+}{\Rightarrow}$ 和长度为 $n(n\geq 0)$ 的推导为 $\overset{*}{\Rightarrow}$。

定义 2.2　文法 $G=(V_N,V_T,P,S)$,$\alpha\rightarrow\beta$ 是一条规则,γ 和 δ 是 V^* 中的任意符号串,若有符号串 v 与 w 的形式满足:$v=\gamma\alpha\delta$ 且 $w=\gamma\beta\delta$,则称 v 直接推导 w(或 w 是 v 的直接推导),或者说 w 直接规约到 v,记作 $v\Rightarrow w$。

例如 2.1 的文法 G,给出直接推导的一些例子如下:

(1)$v=0S1,w=0011$,直接推导:$0S1\Rightarrow 0011$,使用的规则:$S\rightarrow 01$,这里 $\gamma=0,\delta=1$。

(2)$v=S,w=0S1$,直接推导:$S\Rightarrow 0S1$,使用的规则:$S\rightarrow 0S1$,这里 $\gamma=\varepsilon,\delta=\varepsilon$。

定义 2.3　如果存在直接推导的序列:$v=w_0\Rightarrow w_1\Rightarrow w_2\cdots\Rightarrow w_n=w$ $(n>0)$,则称 v 推导出 w(推导长度为 n),或者称 w 归约到 v,记作 $v\overset{+}{\Rightarrow}w$。

定义 2.4　若有 $v\overset{+}{\Rightarrow}w$,或 $v=w$,则记作 $v\overset{*}{\Rightarrow}w$。

例如,对例 2.1 的文法,存在推导序列:

$v=0S1\Rightarrow 00S11\Rightarrow 000S111\Rightarrow 00001111=w$,即 $0S1\overset{+}{\Rightarrow}00001111$,也可记作 $0S1\overset{*}{\Rightarrow}00001111$。

定义 2.5　设 $G[S]$ 是一文法,如果符号串 x 是从开始符号推导出来的,即有 $S\overset{*}{\Rightarrow}x$,则称 x 是文法 $G[S]$ 的句型。若 x 仅由终结符号组成,即 $S\overset{*}{\Rightarrow}x,x\in V_T^*$,则称 x 为 $G[S]$ 的句子。

例如,$S,0S1,000111$ 都是例 2.1 的文法 G 的句型,其中 000111 是 G 的句子。

定义 2.6　文法 G 所产生的语言定义为集合:

$L(G)=\{x\mid S\overset{*}{\Rightarrow}x$,其中 S 为文法识别符号,且 $x\in V_T^*\}$。文法描述的语言是该文法推导出的一切句子的集合。

例 2.1 中的文法所产生的语言 $L(G)=\{0^n1^n\mid n\geq 1\}$。

例 2.3　设 $G=(V_N,V_T,P,S),V_N=\{S,B,E\},V_T=\{a,b,e\}$,$P$ 由下列产生式组成:

(1)$S\rightarrow aSBE$

(2)$S\rightarrow aBE$

(3)$EB\rightarrow BE$

(4)$aB\rightarrow ab$

(5)$bB\rightarrow bb$

(6)$bE\rightarrow be$

(7)$eE\rightarrow ee$

如何推导出 $a^3b^3e^3$ 呢?

$$S \Rightarrow a^2 S(BE)^2 \qquad \text{使用产生式(1)两次}$$
$$\Rightarrow a^3 (BE)^3 = a^3 BEBEBE \qquad \text{使用产生式(2)}$$
$$\Rightarrow a^3 BBEEBE \qquad \text{使用产生式(3)}$$
$$\Rightarrow a^3 BBEBEE \qquad \text{使用产生式(3)}$$
$$\Rightarrow a^3 BBBEEE = a^3 B^3 E^3 \qquad \text{使用产生式(3)}$$
$$\Rightarrow a^3 bBBEEE \qquad \text{使用产生式(4)}$$
$$\Rightarrow a^3 bbbEEE \qquad \text{使用产生式(5)两次}$$
$$\Rightarrow a^3 bbbeEE \qquad \text{使用产生式(6)}$$
$$\Rightarrow a^3 bbbeee = a^3 b^3 e^3 \qquad \text{使用产生式(7)两次}$$

由上述推导不难看出,$L(G) = \{a^n b^n e^n \mid n \geq 1\}$。

定义 2.7 若 $L(G_1) = L(G_2)$,则称文法 G_1 和文法 G_2 是等价的。

例如文法 $G[A]$:

$A \to 0R$

$A \to 01$

$R \to A1$

和文法 $G[S]$:

$S \to 0S1$

$S \to 01$

是等价的,且 $L(G) = \{0^n 1^n \mid n \geq 1\}$。

2.3 形式文法类型

自从乔姆斯基(Chomsky)于 1956 年建立形式语言的描述以来,形式语言的理论发展很快。这种理论对计算机科学有着深刻的影响,特别是对程序设计语言的设计、编译方法和计算复杂性等方面更有重大的作用。

乔姆斯基把文法分成四种类型:0 型、1 型、2 型和 3 型。这四类文法的差别在于对产生式施加不同的限制。

定义 2.8 设 $G = (V_N, V_T, P, S)$,如果它的每个产生式 $\alpha \to \beta$ 是这样一种结构:$\alpha \in (V_N \cup V_T)^*$ 且至少含有一个非终结符,而 $\beta \in (V_N \cup V_T)^*$,则 G 是一个 0 型文法(短语文法)。

一个非常重要的理论结果:0 型文法的能力相当于图灵机(Turing Machine);或者说,任何 0 型语言都是递归可枚举的,反之,递归可枚举的集合必定都是一个 0 型语言。

对 0 型文法产生式的形式作某些限制,以给出 1、2 和 3 型文法的定义。

定义 2.9 设 $G = (V_N, V_T, P, S)$,如果它的每个产生式 $\alpha \to \beta$ 均满足 $|\beta| \geq |\alpha|$,仅 $S \to \varepsilon$ 除外,则文法 G 是 1 型文法(上下文有关文法)。

例 2.1、例 2.2、例 2.3 的文法都是上下文有关的;例 2.4 的文法也是一个典型的上下文有关文法,其所产生的语言 $L(G) = \{w \mid w \in \{0,1\}^*\}$。

例 2.4 文法 $G = (\{S, A, B, C, D\}, \{0,1\}, P, S)$,其中 P 由下列产生式组成:

$S \rightarrow CD$

$C \rightarrow 0CA$

$C \rightarrow 1CB$

$C \rightarrow \varepsilon$

$A1 \rightarrow 1A$

$A0 \rightarrow 1D$

$B0 \rightarrow 0B$

$B1 \rightarrow 1B$

$AD \rightarrow 0D$

$BD \rightarrow 1D$

$D \rightarrow \varepsilon$

在有些定义中,将上下文有关文法的产生式的形式描述为 $\alpha_1 A \alpha_2 \rightarrow \alpha_1 \beta \alpha_2$,其中 α_1、α_2 和 β 都在 $(V_N \cup V_T)^*$ 中(即在 V^* 中),$\beta \neq \varepsilon$,A 在 V_N 中。这种定义更能体现"上下文有关"这一术语,因为只有 A 出现在 α_1 和 α_2 的上下文中,才允许用 β 取代 A。

定义 2.10 设 $G = (V_N, V_T, P, S)$,如果它的每个产生式 $\alpha \rightarrow \beta$ 均满足:α 是一个非终结符,$\beta \in (V_N \cup V_T)^*$,则此文法称为 2 型文法(上下文无关文法)。

有时将 2 型文法的产生式表示为 $A \rightarrow \beta$ 的形式,其中 $A \in V_N$,也就是说用 β 取代非终结符 A 时,与 A 所在的上下文没有关系,因此取名为上下文无关。

例 2.5 文法 $G = (\{S, A, B\}, \{a, b\}, P, S)$,其中 P 由下列产生式组成:

$S \rightarrow aB \mid bA$

$A \rightarrow a \mid aS \mid bAA$

$B \rightarrow b \mid bS \mid aBB$

其中,$S \rightarrow aB \mid bA$ 是 $S \rightarrow aB$,$S \rightarrow bA$ 的简写,"|"读作"或"。此文法是上下文无关文法。

定义 2.11 设 $G = (V_N, V_T, P, S)$,如果它的每个产生式都是 $A \rightarrow aB$ 或 $A \rightarrow a$ 的形式,其中 A 和 B 都是非终结符,$a \in V_T$,则 G 是右线性文法。

显然,右线性文法是上下位无关文法的一个子集。

例 2.6 文法 $G = (\{S, A, B\}, \{0, 1\}, P, S)$,其中 P 由下列产生式组成:

$S \rightarrow 0A \mid 1B \mid 0$

$A \rightarrow 0A \mid 1B \mid 0S$

$B \rightarrow 1B \mid 1 \mid 0$

此文法是右线性文法,而例 2.5 的上下文无关文法则不是右线性文法。

同右线性文法对应的是左线性文法。

定义 2.12 设 $G = (V_N, V_T, P, S)$,如果它的每个产生式都是 $A \rightarrow Ba$ 或 $A \rightarrow a$ 的形式,其中 A 和 B 都是非终结符,$a \in V_T$,则 G 是左线性文法。

例 2.7 文法 $G = (\{S, A\}, \{a, b\}, P, S)$,其中 P 由下列产生式组成:

$S \rightarrow Sb \mid Ab$

$A \rightarrow Aa \mid a$

此文法为左线性文法,且 $L(G) = \{a^n b^m \mid n, m \geqslant 1\}$。

显然,右线性文法是上下位无关文法的一个子集。实际上,3 型文法是右线性文法和左线性文法的统称,3 型文法又称为正规文法。

例 2.8　文法 $G=(\{S,A,B,C,D\},\{d,+,-,\cdot\},P,S)$,其中 P 由下列产生式组成:

$S\rightarrow dB|+A|-A|\cdot C$

$A\rightarrow dB|\cdot C$

$B\rightarrow dB|\cdot D|d$

$C\rightarrow dD$

$D\rightarrow dD|d$

此文法为正规文法,其中 d 代表十进制数字。

虽然例 2.9 的文法 G 也可以产生语言 $L(G)=\{a^nb^m|n,m\geqslant 1\}$,但其不是正规文法,也不是 3 型文法,由于其同时含有左线性产生式和右线性产生式。

例 2.9　文法 $G=(\{S,A\},\{a,b\},P,S)$,其中 P 由下列产生式组成:

$S\rightarrow Aa$

$A\rightarrow aA|Bb|b$

$B\rightarrow Bb|b$

四个文法类的定义是逐渐增加限制的,因此每一种右线性文法都是上下文无关的,每一种上下文无关文法都是上下文有关的,而每一种上下文有关文法都是 0 型文法。称 0 型文法产生的语言为 0 型语言。上下文有关文法、上下文无关文法和正规文法产生的语言分别称为上下文有关语言、上下文无关语言和正规语言。

2.4　正规文法与正规式

正规文法是左线性文法和右线性文法的统称,它们都是乔姆斯基分类下的 3 型文法。由正规文法产生的语言称为正规集,并且这种语言的结构可以用所谓正规式来描述。高级程序设计语言的词法一般可以由正规文法来描述,用正规式来表达。

2.4.1　正规式定义

正规式也称正则表达式,是表示正规集的工具,也是用以表示高级程序设计语言词法的工具。正规式所表示的是字母表上的正规集,也是对应的正规文法所描述的语言。

下面是正规式和它所表示的正规集的递归定义。设字母表为 Σ,辅助字母表 $\Sigma'=\{\varnothing,\varepsilon,|,.,*,(,)\}$。

(1) ε 和 $\varnothing$ 都是 Σ 上的正规式,它们所表示的正规集分别为 $\{\varepsilon\}$ 和 $\varnothing$;

(2) 任何 $a\in\Sigma,a$ 是 Σ 上的一个正规式,它所表示的正规集为 $\{a\}$;

(3) 假定 e_1 和 e_2 都是 Σ 上的正规式,它们所表示的正规集分别为 $L(e_1)$ 和 $L(e_2)$,那么,(e_1),$e_1|e_2$,$e_1\cdot e_2$ 和 e_1^* 也都是正规式,它们所表示的正规集分别为 $L(e_1)$,$L(e_1)\cup L(e_2)$,$L(e_1)L(e_2)$ 和 $(L(e_1^*))$;

(4) 仅由有限次使用上述三步骤而定义的表达式才是 Σ 上的正规式,仅由这些正规式所表示的符号集才是 Σ 上的正规集。

在不致混淆时,括号可省去,但规定算符的优先顺序为先闭包"$*$",再连接"$\cdot$",最后或"$|$"。连接符"$\cdot$"一般可省略不写。"$*$"、"$\cdot$"和"$|$"都是左结合的。

例 2.10　令 $\Sigma=\{a,b\}$,Σ 上的正规式和相应的正规集的例子有:

正规式	正规集
a	$\{a\}$
$a\mid b$	$\{a,b\}$
ab	$\{ab\}$
$(a\mid b)(a\mid b)$	$\{aa,ab,ba,bb\}$
a^*	$\{\varepsilon,a,aa,\ldots,$任意个 a 的串$\}$
$(a\mid b)^*$	$\{\varepsilon,a,b,aa,ab,\ldots,$所有 a,b 组成的串$\}$
$(a\mid b)^*(aa\mid bb)(a\mid b)^*$	Σ^* 上所有含有两个相继的 a 或两个相继的 b 组成的串

例 2.11　令 $\Sigma=\{d,.,e,+,-\}$,则 Σ 上的正规式 $d*(.dd*|\varepsilon)(e(+|-|\varepsilon)dd*|\varepsilon)$ 表示的是无符号数。其中 d 为 0~9 中的数字。比如 2、12.59、3.6e2 和 471.88e-1 等都是该正规式所表示的集合中的元素。

若两个正规式 e_1 和 e_2 所表示的正规集相同,则说 e_1 和 e_2 等价,写作 $e_1=e_2$,例如若 $e_1=a\mid b,e_2=b\mid a$,因为"$|$"满足交换律,即 $a\mid b=b\mid a$,所以有 $e_1=e_2$,又如 $b(ab)^*=(ba)^*b,(a\mid b)^*=(a^*b^*)^*$。

设 r、s、t 为正规式,正规式服从的代数规律有:

(1) $r\mid s=s\mid t$　　　　　　　　"或"满足交换律
(2) $r\mid(s\mid t)=(r\mid s)\mid t$　　　"或"的可结合律
(3) $(rs)t=r(st)$　　　　　　　　"连接"的可结合律
(4) $r(s\mid t)=rs\mid rt$　　　　　　分配律
　　$(s\mid t)r=sr\mid tr$
(5) $\varepsilon r=r$　　　　　　　　　　ε 是"连接"的恒等元素
　　$r\varepsilon=r$
(6) $r\mid r=r$　　　　　　　　　　"或"的抽取律

程序设计语言中的单词都能用正规式来定义。例 2.11 定义了无符号数的正规式。又比如 $\Sigma=\{$字母,数字$\}$ 上的正规式 $e_1=$字母(字母$\mid$数字$)^*$ 表示的是所有标识符的集合,或者用 l 代表字母,d 代表数字,$\Sigma=\{l,d\}$,即 $e_1=l(l\mid d)^*$。正规式 $e_2=dd^*$ 定义了无符号整数。

2.4.2　正规文法与正规式的等价性

一个正规语言可以由正规文法定义,也可以由正规式定义,对任意一个正规文法,存在一个定义同一个语言的正规式;反之,对每个正规式,存在一个生成同一语言的正规文法,有些正规语言很容易用文法定义,有些语言更容易用正规式定义,这里介绍两者间的转换,从结构上建立它们的等价性。

(1) 将 Σ 上的一个正规式 r 转换成文法 $G=(V_N,V_T,P,S)$

令 $V_T=\Sigma$,确定产生式和 V_N 的元素用如下办法。

选择一个非终结符 S 生成类似产生式的形式 $S\rightarrow r$,并将 S 定为 G 的开始符号。为表述

方便,将 $S \rightarrow r$ 称作正规式产生式,因为在"→"的右部中含有"·"," "或"|"等正规式符号,这些不是 V 中的符号。

若 x 和 y 都是正规式,对形如 $A \rightarrow xy$ 的正规式产生式,重写成 $A \rightarrow xB$ 与 $B \rightarrow y$ 两个产生式,其中 B 是新选择的非终结符,即 $B \in V_N$。

对形如 $A \rightarrow x^* y$ 的正规式产生式,重写为:

$A \rightarrow xB$

$A \rightarrow y$

$B \rightarrow xB$

$B \rightarrow y$

其中 B 为一新非终结符。

对形如 $A \rightarrow x|y$ 的正规式产生式,重写成 $A \rightarrow x$ 与 $A \rightarrow y$ 两个产生式。

不断利用上述规则做变换,直到每个产生式都符合正规文法的形式。

例 2.12 将正规式 $r = a(a|d)^*$ 转换成相应的正规文法。

令 S 是文法的开始符号,首先形成 $S \rightarrow a(a|d)^*$,然后形成 $S \rightarrow aA$ 和 $A \rightarrow (a|d)^*$,再变换形成:

$S \rightarrow aA$ $A \rightarrow (a|d)B$

$A \rightarrow \varepsilon$ $B \rightarrow (a|d)B$

$B \rightarrow \varepsilon$

进而变换为全部符合正规文法产生式的形式:

$S \rightarrow aA$

$A \rightarrow aB|dB$

$A \rightarrow \varepsilon$

$B \rightarrow aB|dB$

$B \rightarrow \varepsilon$

(2) 将正规文法转换成正规式

基本上是上述过程的逆过程,最后只剩下一个开始符号定义的正规式。其转换规则如表 2-1 所示。

表 2-1 正规文法到正规式的转换规则

	文法产生式	正规式
规则 1	$A \rightarrow xB$ $B \rightarrow y$	$A \rightarrow xy$
规则 2	$A \rightarrow xA|y$	$A \rightarrow x^* y$
规则 3	$A \rightarrow x$ $A \rightarrow y$	$A \rightarrow x|y$

例 2.13 文法 $G[S]$

$S \rightarrow aA$

$S \rightarrow a$

$A{\rightarrow}aA$

$A{\rightarrow}dA$

$A{\rightarrow}a$

$A{\rightarrow}d$

首先根据规则 3、"|"结合律有：

$S{\rightarrow}aA\,|\,a$

$A{\rightarrow}(aA\,|\,dA)\,|\,(a\,|\,d)$

再根据和"·"对"|"分配律,将 A 的正规式变换为 $A{\rightarrow}(a\,|\,d)A\,|\,(a\,|\,d)$；接着基于规则 2,A 变换为：$A{\rightarrow}(a\,|\,d)^{*}(a\,|\,d)$,再将 A 右端代入 S 的正规式得：

$S{\rightarrow}a\,(a\,|\,d)^{*}(a\,|\,d)\,|\,a$

再利用正规式的代数变换可依次得到：

$S{\rightarrow}a((^{a}\,|\,d)*(a\,|\,d)\,|\,\varepsilon)$

$S{\rightarrow}a((^{a}\,|\,d)*(a\,|\,d)\,|\,\varepsilon)$

$S{\rightarrow}a((^{a}\,|\,d)+\,|\,\varepsilon)$

$S{\rightarrow}a(^{a}\,|\,d)*$

即 $a\,(a\,|\,d)^{*}$ 为所求。

2.5　上下文无关文法与语法树

上下文无关文法有足够的能力描述程序设计语言的语法结构,比如算术表达式、各种语句等。

语法树(推导树),是针对上下文无关文法,用来表示一个句型的生成过程的一种工具。

语法树是一棵有序有向树,因此它不仅有树的性质,而且具有自己独特的特性。

定义 2.13　给定文法 $G=(V_N,V_T,P,S)$,对于 G 的任何句型都能构造与之关联的语法树(推导树)。这棵树满足下列四个条件：

(1) 每个结点都有一个标记,此标记是 V 的一个符号。

(2) 根的标记是文法的开始符号 S。

(3) 若一结点 n 至少有一个它自己除外的子孙,并且有标记 A,则 A 肯定在 V_N 中。

(4) 如果结点 n 的直接子孙,从左到右的次序是结点 $n_1,n_2,\cdots,n_k$,其标记分别为 A_1, $A_2,\cdots,A_k$,那么 $A{\rightarrow}A_1A_2{\cdots}A_k$ 一定是 P 中的一个产生式。

例 2.14　文法 $G=(\{S,A\},\{a,b\},P,S)$,其中 P 为：

(1) $S{\rightarrow}aAS$

(2) $A{\rightarrow}SbA$

(3) $A{\rightarrow}SS$

(4) $S{\rightarrow}a$

(5) $A{\rightarrow}ba$

图 2-1 所示的树是文法 G 的一棵语法树。

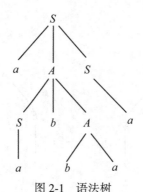

图 2-1 语法树

标记 S 的顶端结点是树根,它的直接子孙为 a、A 和 S 三个结点,a 在 A 和 S 的左边,A 在 S 的左边,S→aAS 是一个产生式。同样,A 结点至少有一个除它自己以外的子孙(A 的直接子孙为 S、b 和 A),A 肯定是非终结符。

语法树的叶结点由非终结符或终结符标记,它们从左到右排列起来,构成一个句型。例如,从左到右读出图 2-1 的语法树的叶子标记,得到句型 aabbaa。

语法树表示了在推导过程中使用了哪个产生式和使用在哪个非终结符上,它并没有表明使用产生式的顺序。比如例 2.14 文法 G 的句型 aabbaa 的推导过程可以列举以下 3 个:

推导过程 1　　　　$S \Rightarrow aAS \Rightarrow aAa \Rightarrow aSbAa \Rightarrow aSbbaa \Rightarrow aabbaa$

推导过程 2　　　　$S \Rightarrow aAS \Rightarrow aSbAS \Rightarrow aabAS \Rightarrow aabbaS \Rightarrow aabbaa$

推导过程 3　　　　$S \Rightarrow aAS \Rightarrow aSbAS \Rightarrow aSbAa \Rightarrow aabAa \Rightarrow aabbaa$

其中第 1 个推导过程的特点是在推导中总是对当前串中的最右非终结符使用产生式进行替换,使用产生式的顺序为(1)、(4)、(2)、(5)和(4)。第 2 个推导过程恰恰相反,在推导中总是对当前串中的最左非终结符使用产生式进行替换,使用产生式的顺序为(1)、(2)、(4)、(5)和(4)。除上述 3 个推导过程外,显然还可以给出一些不同的推导过程,这里不再列举。

如果在推导的任何一步 $\alpha \Rightarrow \beta$,其中 α、β 是句型,都是对 α 中的最左(最右)非终结符进行替换,则称这种推导为最左(最右)推导。上述第 1 个推导是最右推导,第 2 个是最左推导。在形式语言中,最右推导常被称为规范推导,由规范推导所得的句型称为规范句型。

不管是上述第 1 个还是第 2、3 个推导过程,它们的语法树都是图 2-1 的语法树。这就是说,一棵语法树表示了一个句型的种种可能的(但未必是所有的)不同推导过程,包括最左(最右)推导。但是,一个句型是否只对应唯一的一棵语法树呢?一个句型是否只有唯一的一个最左(最右)推导呢?这两个问题的答案都是"不是的"。

例 2.15 文法 $G = (\{E\}, \{+, *, i, (,)\}, P, E)$,其中 P 为:

$E \rightarrow i$

$E \rightarrow E + E$

$E \rightarrow E * E$

$E \rightarrow (E)$

在此文法中,句型 $i * i + i$ 就有两个不同的最左推导 1 和 2,它们所对应的语法树分别如

图 2-2 和图 2-3 所示。

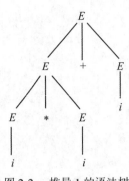 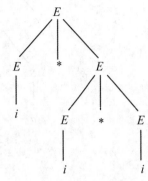

图 2-2　推导 1 的语法树　　　图 2-3　推导 2 的语法树

推导 1　$E \Rightarrow E+E \Rightarrow E*E+E \Rightarrow i*E+E \Rightarrow i*i+E \Rightarrow i*i+i$

推导 2　$E \Rightarrow E*E \Rightarrow i*E \Rightarrow i*E+E \Rightarrow i*i+E \Rightarrow i*i+i$

$i*i+i$ 是例 2.15 文法 G 的一个句子,这个句子可以用完全不同的两种办法生成,在生成过程的第 1 步,一种办法使用产生式 $E \rightarrow E+E$ 进行推导,另一种办法是使用产生式 $E \rightarrow E*E$。因而 $i*i+i$ 对应了两棵不同的语法树图 2-2 和图 2-3。

如果一个文法存在某个句子或句型对应两棵不同的语法树,则说这个文法是二义的。或者说,若一个文法中存在某个句子或句型,它有两个不同的最左(最右)推导,则这个文法是二义的。

例 2.15 的文法 G 是二义的。

注意,文法的二义性和语言的二义性是两个不同的概念。因为可能有两个不同的文法 G 和 G',其中 G 是二义的,但是却有 $L(G) = L(G')$,也就是说,这两个文法所产生的语言是相同的。如果产生上下文无关语言的每一个文法都是二义的,则说此语言是先天二义的。

对于一个程序设计语言来说,我们常常希望它的文法是无二义的,因为希望对它的每个语句的分析是唯一的。

人们已经证明,要判定任给的一个上下文无关文法是否为二义的,或它是否产生一个先天二义的上下文无关语言,这两个问题是递归不可解的。即,不存在一个算法,它能在有限步骤内,确切判定任给的一个文法是否为二义的。所能做的事是为无二义性寻找一组充分条件(当然它们未必都是必要的)。例如,在例 2.15 的文法中,假若规定了运算符"+"与"*"的优先顺序和结合规则,即按惯例,让"*"的优先性高于"+",且它们都服从左结合,那么就可以构造出一个无二义文法,如例 2.16 的文法。

例 2.16　定义表达式的无二义文法 $G[E]$:

$E \rightarrow T \mid E+T$

$T \rightarrow F \mid T*F$

$F \rightarrow (E) \mid i$

它和例 2.15 的文法产生的语言是相同的,即它们是等价的。

2.6 句型分析

对于上下文无关文法,语法树是用图结构来表示句型推导过程;语法树将所给句型的结构很直观地显示出来。语法树是很好的句型结构分析工具。而这里所说的句型分析问题,是说如何知道所给定的符号串是文法的句型。句型分析就是识别一个符号串是否为某文法的句型,是某个推导的构造过程。进一步说,当给定一个符号串时,试图按照某文法的规则为该符号串构造推导或语法树,以此识别出它是该文法的一个句型;当符号串全部由终结符号组成时,就识别它是不是某文法的句子。因此也有人把语法树称为语法分析树或分析树。

对于程序设计语言而言,要识别的是程序设计语言的程序,程序是定义程序设计语言的文法的句子。句型分析是一个识别输入符号串是否为语法上正确的程序的过程。在语言的编译实现中,把完成句型分析的程序称为分析程序或识别程序,分析算法又称识别算法。

分析算法都是从左到右的分析算法,即总是从左到右地识别输入符号串,首先识别符号串中的最左符号,进而识别右边的一个符号。当然也可以定义从右向左的分析算法,但从左到右的分析更为自然,因为程序是从左到右地书写与阅读的。

这种分析算法又可分成两大类,即自上向下的和自下向上的。所谓自上而下分析法,是从文法的开始符号出发,反复使用各种产生式,寻找"匹配"于输入符号串的推导。自下而上的方法,则是从输入符号串开始,逐步进行"归约",直至归约到文法的开始符号。从语法树建立的方式可以很好理解这两类方法的区别。自上而下方法是从文法符号开始,将它作为语法树的根,向下逐步建立语法树,使语法树的末端结点符号串正好是输入符号串;自下而上方法则是从输入符号串开始,以它作为语法树的末端结点符号串,自底向上地构造语法树。

2.6.1 自上而下的分析方法

以一个简单的例子,说明自上而下分析方法的基本思想。

例 2.17 考虑文法 $G[S]$:

(1) $S \rightarrow cAd$

(2) $A \rightarrow ab$

(3) $A \rightarrow a$

识别输入串 $w = cabd$ 是否为该文法的句子。即从根符号 S 开始,如图 2-4(a) 所示,试着为 $cabd$ 构造一棵语法树。在构造的第 1 步,唯一的一个产生式可使用,则构造了直接推导 $S \Rightarrow cAd$,从 S 向下画语法树如图 2-4 的(b)所示。这棵树的最左叶子标记为 c 已和 w 的第 1 个符号匹配,考虑下一个叶子,标记 A,可用 A 的第 1 个候选,即产生式(2),去扩展 A,则会得到如图 2-4 的(c)所示的语法树,构造的直接推导为 $cAd \Rightarrow cabd$。这时输入符号串 w 的第 2 个符号 a 得到了匹配,第 3 个输入符为 b,将它与下一叶子标记 b 相比较,得以匹配,叶子 d 匹配了第 4 个输入符号,这时可以宣布识别过程成功结束。所构造的推导过程为: $S \Rightarrow cAd \Rightarrow cabd$。

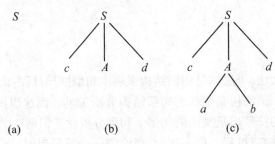

图 2-4　自上而下的分析步骤

2.6.2　自下而上的分析方法

仍使用例 2.17 中的文法来为输入符号串 *cabd* 构造推导或语法树,所采用的是自下而上的方法。

首先从输入符号串开始。扫描 *cabd*,从中寻找一个子串,该子串与某一产生式的右端相匹配。子串 *a* 和子串 *ab* 都是合格的,假若我们选用了 *ab*,用产生式(2)的左端 *A* 去替代它,即把 *ab* 归约到了 *A*,得到了串 *cAd*。构造了一个直接推导 *cAd*⇒*cabd*,即从 *cabd* 叶子开始向上构造语法树,如图 2-5(b)所示。接下去,在得到的串 *cAd* 中又找到了子串 *cAd* 与产生式(1)的右端相匹配,则用 *S* 替代 *cAd*,或将 *cAd* 归约到 S,得到了又一直接推导 *S*⇒*cAd*,形成了图 2-5(c)所示的语法树,符号串 *cabd* 的推导序列为:*S*⇒*cAd*⇒*cabd*。

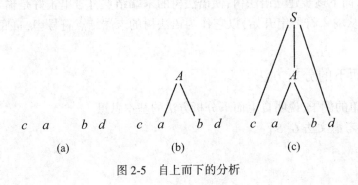

图 2-5　自上而下的分析

2.6.3　句型分析的有关问题

在自上而下的分析中,对于例 2.17 的文法,在扩展非终结符 *A* 时,在 *A* 的两个产生式取了产生式(2),很顺利地完成了识别过程。假若当时是另一选择,即用产生式(3)的右部扩展 *A*,那将会出现什么情况呢? 首先构造的推导序列是:*S*⇒*cAd* ⇒*cad*。语法树如图 2-6 所示。这时输入符号串 *w* 的第 2 个符号可以与叶子结点 *a* 得以匹配,但第 3 个符号却不能与下一

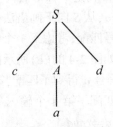

图 2-6　*cad* 的语法树

叶子结点 d 匹配,这时如果宣告分析失败,其意味着识别程序不能为串 $cabd$ 构造语法树,也即 $cabd$ 不是句子。这显然是错误的结论。因为导致失败的原因是在分析中对 A 的选择不是正确的。因此在自上而下分析方法中的主要问题是:假定要被代换的最左非终结符号是 V,且有 n 条规则,即 $V::=\alpha_1|\alpha_2|\cdots|\alpha_n$,那么如何确定用哪个右部去替代 V 呢?有一种解决办法是从各种可能的选择中随机挑选一种,并希望它是正确的。如果以后发现它是错误的,必须退回去,再试另外的选择,这种方式称为回溯。显然这样做代价极高,且效率很低。

在自下而上的分析方法中,在分析程序工作的每一步,都是从当前串中选择一个子串,将它归约到某个非终结符号,暂且把这个子串称为“可归约串”。问题是,每一步如何确定这个“可归约串”。在例 2.17 的文法对串 $cabd$ 的分析中,如果不是选择 ab 用产生式(2),而是选择用产生式(3)将 a 归约到了 A,那么最终就达不到归约到 S 的结果,因而也无从知道 $cabd$ 是一个句子。为什么在 $cabd$ 中,ab 是“可归约串”,而 a 不是“可归约串”?如何知道这点,这是自下而上分析的关键问题。因此需要精确定义“可归约串”。事实上,存在种种不同的方法刻画“可归约串”。对这个概念的不同定义形成了不同的自下而上分析方法。在一种称作“规范归约”的分析中,这种“可归约串”称作“句柄”。现在给出句柄的定义。

定义 2.14 令 G 是一文法,S 是文法的开始符号,$\alpha\beta\delta$ 是文法 G 的一个句型。如果有:$S\overset{*}{\Rightarrow}\alpha A\delta$ 且 $A\overset{+}{\Rightarrow}\beta$,则称 β 是句型 $\alpha\beta\delta$ 相对于非终结符 A 的短语。特别,如有 $A\Rightarrow\beta$,则称 β 是句型 $\alpha\beta\delta$ 相对于规则 $A\to\beta$ 的直接短语(或简单短语)。一个句型的最左直接短语称为该句型的句柄。

下面举一些例子来理解“短语”“直接短语”和“句柄”的概念。

考虑例 2.16 中的文法 $G[E]$ 的一个句型 $i*i+i$。为了叙述方便,将句型写作 $i_1*i_2+i_3$。因为有 $E\overset{*}{\Rightarrow}F*i_2+i_3$ 且 $F\Rightarrow i_1$,则称 i_1 是句型 $i_1*i_2+i_3$ 的相对于非终结符 F 的短语,也是相对于规则 $F\to i$ 的直接短语。

又有 $E\overset{*}{\Rightarrow}i_1*F+i_3$ 且 $F\Rightarrow i_2$,则 i_2 是句型 $i_1*i_2+i_3$ 的相对于 F 的短语,也是相对于规则 $F\to i$ 的直接短语。

还有 $E\overset{*}{\Rightarrow}i_1*i_2+F$ 且 $F\Rightarrow i_3$,则 i_3 也是句型 $i_1*i_2+i_3$ 的相对于 F 的短语,也是相对于规则 $F\to i$ 的直接短语。

还有 $E\overset{*}{\Rightarrow}T*i_2+i_3$ 且 $T\overset{+}{\Rightarrow}i_1$,则 i_1 是句型 $i*i_2+i_3$ 的相对于 T 的短语。

还有 $E\overset{*}{\Rightarrow}i_1*i_2+T$ 且 $T\overset{+}{\Rightarrow}i_3$,则 i_3 是句型 $i_1*i_2+i_3$ 的相对于 T 的短语。

还有 $E\overset{*}{\Rightarrow}T+i_3$ 且 $T\overset{+}{\Rightarrow}i_1*i_2$,则 i_1*i_2 是句型 $i_1*i_2+i_3$ 的相对于 T 的短语。

还有 $E\overset{*}{\Rightarrow}E+i_3$ 且 $E\overset{+}{\Rightarrow}i_1*i_2$,则 i_1*i_2 是句型 $i_1*i_2+i_3$ 的相对于 E 的短语。

还有 $E\overset{*}{\Rightarrow}E$ 且 $E\overset{+}{\Rightarrow}i_1*i_2+i_3$,则 $i_1*i_2+i_3$ 是句型 $i_1*i_2+i_3$ 的相对于 E 的短语。

即 i_1,i_2,i_3,i_1*i_2 和 $i_1*i_2+i_3$ 都是句型 $i_1*i_2+i_3$ 的短语,而且 i_1,i_2,i_3 均为直接短语,其中 i_1 是最左直接短语,即句柄。

虽然 i_2+i_3 是句型 $i_1*i_2+i_3$ 的一部分,并不是它的短语,因为尽管有 $E\overset{+}{\Rightarrow}i_2+i_3$,但不存在从文法开始符号 E 到 i_1*E 的推导。

再讨论例 2.14 的文法的句型 $aabbaa$,为区别其中的 a 和 b,把它写作 $a_1a_2b_1b_2a_3a_4$。它

的直接短语有 a_2，b_2a_3 与 a_4，其中 a_2 是句柄；它的短语有 a_2，b_2a_3，a_4，$a_2b_1b_2a_3$ 和 $a_1a_2b_1b_2a_3a_4$。

从句型的语法树上很容易找出句型的短语和直接短语。设 A 是句型 $\alpha\beta\delta$ 的某一子树的根，其中 β 是形成此子树的末端结点的符号串，则其中 β 是句型 $\alpha\beta\delta$ 的相对于 A 的短语。若这个子树只有一层分支，则 β 是句型 $\alpha\beta\delta$ 的直接短语。

典型例题解析

1.设有文法 $G[S]$：

$S \rightarrow a \mid \varepsilon \mid (T)$

$T \rightarrow T, S \mid S$

（1）请给出句子 $(a,(a,a))$ 的最左、最右推导和语法树；

（2）句子 $(a,(a,a))$ 的短语、直接短语、句柄。

解：

（1）最左推导：

$S \Rightarrow (T) \Rightarrow (T,S) \Rightarrow (S,S) \Rightarrow (a,S) \Rightarrow (a,(T)) \Rightarrow (a,(T,S)) \Rightarrow (a,(S,S)) \Rightarrow (a,(a,S)) \Rightarrow (a,(a,a))$

最右推导：

$S \Rightarrow (T) \Rightarrow (T,S) \Rightarrow (T,(T)) \Rightarrow (T,(T,S)) \Rightarrow (T,(T,a)) \Rightarrow (T,(S,a)) \Rightarrow (T,(a,a)) \Rightarrow (S,(a,a)) \Rightarrow (a,(a,a))$

语法树如图 2-7 所示：

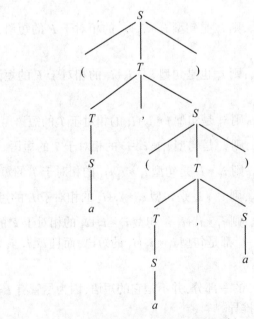

图 2-7　$(a,(a,a))$ 的语法树

（2）为了叙述方便,将(1)给出语法树修改如图 2-8 所示:

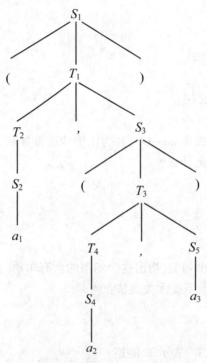

图 2-8　修改后的 $(a,(a,a))$ 的语法树

a_1 是句子 $(a,(a,a))$ 相对于非终结符 S_2 和 T_2 的短语,也是相对于规则 $S \rightarrow a$ 的直接短语。

a_2 是句子 $(a,(a,a))$ 相对于中间的非终结符 S_4 和 T_4 的短语,也是相对于规则 $S \rightarrow a$ 的直接短语。

a_3 是句子 $(a,(a,a))$ 相对于中间的非终结符 S_5,也是相对于规则 $S \rightarrow a$ 的直接短语。

a_2, a_3 是句子 $(a,(a,a))$ 相对于非终结符 T_3 的短语。

(a_2, a_3) 是句子 $(a,(a,a))$ 相对于非终结符 S_3 的短语。

$a_1, (a_2, a_3)$ 是句子 $(a,(a,a))$ 相对于非终结符 T_1 的短语。

$(a_1, (a_2, a_3))$ 是句子 $(a,(a,a))$ 相对于非终结符 S_1 的短语。

因此,a、a、a、(a,a)、$a,(a,a)$、$(a,(a,a))$ 是句子 $(a,(a,a))$ 的短语,a 是直接短语,其中最左的 a 是最左直接短语,即句柄。

习　题

1.已知文法 $G[Z]$ 为:

$Z \rightarrow aZb$

$Z \rightarrow ab$

写出 $L(G[Z])$ 的全部元素。

2.文法 $G[N]$ 为:

$N \rightarrow D \mid ND$

$D \rightarrow 0 \mid 1 \mid 2 \mid 3 \mid 4 \mid 5 \mid 6 \mid 7 \mid 8 \mid 9$

$G[N]$ 的语言是什么?

3.考虑下面上下文无关文法:

$S \rightarrow SS * \mid SS + \mid a$

(1) 通过此文法如何生成串 $aa+a*$,并为该串构造推导树。

(2) 该文法生成的语言是什么?

4.令文法 $G[E]$ 为:

$E \rightarrow T \mid E+T \mid E-T$

$T \rightarrow F \mid T * F \mid T/F$

$F \rightarrow (E) \mid i$

证明 $E+T*F$ 是它的一个句型,指出这个句型的所有短语、直接短语和句柄。

5.给出生成下述语言的上下文无关文法:

$\{a^n b^n a^m b^m \mid n,m \geq 0\}$

$\{1^n 0^m 1^m 0^n \mid n,m \geq 0\}$

$\{WaW' \mid W$ 属于 $\{0 \mid a\}^*, W'$ 表示 W 的逆$\}$

6.给出生成下述语言的3型文法:

$\{a^n \mid n \geq 0\}$

$\{a^n b^m \mid n,m \geq 1\}$

$\{a^n b^m c^k \mid n,m,k \geq 0\}$

7.一个上下文无关文法生成句子 $abbaa$ 的推导树如下:

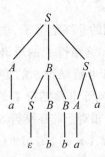

(1) 给出该句子相应的最左推导,最右推导。

(2) 该文法的产生式集合 P 可能有哪些元素?

(3) 找出该句子的所有短语,简单短语、句柄。

8.证明文法 $G=(\{E,O\},\{(,),+,*,v,d\},P,E)$ 是二义的,其中 P 为

$E \rightarrow EOE \mid (E) \mid v \mid d$

$O \rightarrow + | *$

9.已知文法 G：

<表达式>::=<项>|<表达式>+<项>

<项>::=<因子>|<项>+<因子>

<因子>::=(<表达式>)|? i

试给出下述表达式的推导及语法树。

(1) i (2) (i) (3) $i * i$

(4) $i * i + i$ (5) $i + (i + i)$ (6) $i + i * i$

10.给出生成下述语言的一个 3 型文法：

(1) $\{a^n | n \geq 0\}$

(2) $\{a^n b^m | n, m \geq 1\}$

(3) $\{a^n b^m c^k | n, m, k \geq 0\}$

第3章　有穷自动机

本章导言

　　自动机是描述符号串处理过程的强有力工具。有穷自动机分为两类:确定的有穷自动机 DFA(Deterministic Finite Automata)和不确定的有穷自动机 NFA(Nondeterministic Finite Automata)。本章将给出确定有穷自动机与不确定有穷自动机的定义、有关概念及不确定的有穷自动机的确定化、确定的有穷自动机的化简方法或算法等。

3.1　DFA 与 NFA

　　一个确定的有穷自动机 M 是一个五元组,即 $M = (K, \Sigma, f, S, Z)$,其中:

　　(1) K 是一个有穷集,它的每个元素称为一个状态;

　　(2) Σ 是一个有穷字母表,它的每个元素称为一个输入符号,所以也称 Σ 为输入符号表;

　　(3) f 是转换函数,是 $K \times \Sigma \rightarrow K$ 上的映像,如果 $f(k_i, a) = k_j (k_i, k_j \in K)$,意味着,当前状态为 k_i,输入字符为 a 时,将转换到下一状态 k_j,把 k_j 称作 k_i 的一个后继状态;

　　(4) $S \in K$,是唯一的一个初态;

　　(5) $Z \subseteq K$ 是一个终态集,终态也称可接受状态或结束状态。

　　例 3.1　DFA $M = (\{S, U, V, Q\}, \{a, b\}, f, S, \{Q\})$,其中 f 定义为:

$$f(S, a) = U \quad f(V, a) = U$$
$$f(S, b) = V \quad f(V, b) = Q$$
$$f(U, a) = Q \quad f(Q, a) = Q$$
$$f(U, b) = V \quad f(Q, b) = Q$$

　　一个 DFA 的关键是转换函数的定义,而函数是一类特殊关系;因此,一个 *DFA* 可以表示成一个状态图(或称为状态转换图)。假定 *DFA M* 含有 m 个状态,n 个输入符号,那么这个状态图含有 m 个结点,每个结点最多有 n 个弧射出,整个图含有唯一初始结点和若干个终态结点,初态结点前以"⇒"或"−"标示,终态结点用双圈表示或标以"+",若 $f(k_i, a) = k_j$,则从状态结点 k_i 到状态结点 k_j 画标记为 a 的弧。例 3.1 中的 *DFA* 的状态图表示如图 3-1 所示。

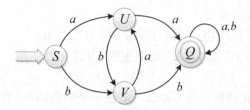

图 3-1　DFA 状态图

当然,关系除使用集合和关系图表示外,还可以使用关系矩阵来表示;因而一个 DFA 还可以用一个矩阵表示,该矩阵的行表示状态,列表示输入符号,矩阵元素表示相应状态和输入符号将转换成的新状态,即 k 行 a 列为 $f(k,a)$ 的值。可以用"⇒"标明初态;否则第一行默认即是初态,相应终态行在表的右端标以"1",非终态标以"0"。例 3.1 中的 DFA 的矩阵表示如表 3-1 所示。

表 3-1　DFA 矩阵

状态 ＼ 符号	a	b	
S	U	V	0
U	Q	V	0
V	U	Q	0
Q	Q	Q	1

对于 Σ^* 中的任何符号串 t,若存在一条从初态结点到某一终态结点的路径,且这条路径上所有弧的标记符(输入符号)连接成的符号串等于 t,则称 t 可为 DFA M 所接受,若 M 的初态结点同时又是终态结点,则空字可为 M 所接受(识别)。

也可以使用更形式化的方式叙述如下:

若 $t\in\Sigma^*$,$f(S,t)=P$,其中 S 为 DFA M 的开始状态,$P\in Z$,Z 为终态集。则称 t 可为 DFA M 所接受(识别)。

为了描述一个符号串 t 可为 DFA M 所接受,需要将转换函数扩充;设 $Q\in K$,函数 $f(Q,\varepsilon)=Q$,即如输入符号是空串,则仍停留在原来的状态上;还需借助下述定义:一个输入符号串 t(将它表示成 t_1t_x 的形式,其中 $t_1\in\Sigma$,$t_x\in\Sigma^*$),在 DFA M 上运行的定义为:

$$f(Q,t_1t_x)=f(f(Q,t_1),t_x)$$

例 3.2　试证 $baab$ 可为例 3.1 的 DFA 所接受。

因为:

$f(S,baab)=f(f(S,b),aab)=f(V,aab)=f(f(V,a),ab)=f(f(U,a),b)=f(Q,b)=Q$,$Q$
属于终态集合。

所以：

符号串 baab 为 DFA 所接受。

DFA M 所能接受的符号串的全体(字的全体)记为 L(M)。

结论：Σ 上的一个符号串集 $V \subset \Sigma^*$ 是正规的，当且仅当存在一个 Σ 上的确定有穷自动机 M，使得 V=L(M)。

DFA 的确定性表现在转换函数 $f:K \times \Sigma \to K$ 是一个单值函数，也就是说，对任何状态 $k \in K$ 和输入符号 $a \in \Sigma$，$f(k,a)$ 唯一地确定了下一个状态。从状态转换图来看，若字母表 Σ 含有 n 个输入符号，那么任何一个状态结点最多有 n 条弧射出，而且每条弧以一个不同的输入符号标记。

跟确定有穷自动机 DFA 对应的则是不确定有穷自动机 NFA。

一个不确定有穷自动机 NFA N 也是一个五元组，即 $N=(K,\Sigma,f,S,Z)$，其中：

(1) K 是一个有穷集，它的每个元素称为一个状态；

(2) Σ 是一个有穷字母表，它的每个元素称为一个输入符号，所以也称 Σ 为输入符号表；

(3) f 是转换函数，是一个从 $K \times \Sigma^*$ 到 K 的子集的映像，即：$K \times \Sigma^* \to 2^k$，其中 2^k 表示 K 的幂集；

(4) $S \subseteq K$，是一个非空初态集；

(5) $Z \subseteq K$ 是一个终态集。

一个含有 m 个状态和 n 个输入符号的 NFA 可表示成如下的一张状态转换图：该图含有 m 个状态结点，每个结点可射出若干条箭弧与别的结点相连接，每条弧用 Σ^* 中的一个符号串作标记，整个图至少含有一个初态结点以及若干个终态结点。

例 3.3　一个 $NFA\ N=(\{0,1,2,3,4\},\{a,b\},f,\{0\},\{2,4\})$，其中：

$$f(0,a)=\{0,3\} \qquad\qquad f(2,b)=\{2\}$$
$$f(0,b)=\{0,1\} \qquad\qquad f(3,a)=\{4\}$$
$$f(1,b)=\{2\} \qquad\qquad f(4,a)=\{4\}$$
$$f(2,a)=\{2\} \qquad\qquad f(4,b)=\{4\}$$

它的状态图表示见图 3-2。

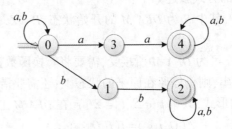

图 3-2　NFA 状态图

一个 NFA 也可以用一个矩阵表示。另外一个输入符号串在 NFA 上"运行"的定义也类似于对 DFA 给出的形式。

对于 $\Sigma *$ 中的任何一个串 t，若存在一条从某一初态结点到某一终态结点的路径，且这条路径上所有弧的标记依序连接成的串(过滤掉标记为 ε 的弧)等于 t，则称 t 可为 NFA N 所识别(读出或接受)。若 N 的某些结点既是初态结点又是终态结点，或者存在一条从某个初态结点到某个终态结点的 ε 路径，那么空字可为 N 所接受。

例 3.3 中的 NFA N 所能识别的是那些含有相继两个 a 或相继两个 b 的串。

显然 DFA 是 NFA 的特例。对于每个 NFA N，存在一个 DFA M，使得 $L(M)=L(N)$。

对于任何两个有穷自动机 M 和 M'，如果 $L(M)=L(M')$，则称 M 与 M' 是等价的。

3.2 确定化与最小化

定理：设 L 为一个由不确定有穷自动机所接受的语言(符号串集合)，则存在一个接受 L 的确定有穷自动机。

这里不对该定理进行证明，只介绍一种算法，将 NFA 转换成接受同样语言的 DFA，这种算法称为子集法。

从 NFA 的矩阵表示中可以看出，转换函数的值通常是一个状态集合，而在 DFA 的矩阵表示中，转换函数的值则是一个状态，NFA 到相应的 DFA 的构造的基本想法是让 DFA 的每一个状态对应 NFA 的一组状态，也就是让 DFA 使用它的状态去记录在 NFA 读入一个输入符号后可能达到的所有状态。

为介绍子集法对应的算法，首先定义对不确定有穷自动机状态集合 I 的两个有关运算。

(1) 状态集合 I 的 ε-闭包，表示为 $\varepsilon\text{-}closure(I)$，定义为一状态集，是状态集 I 中任何状态 S 经任意条 ε 弧而能到达的不确定有穷自动机状态的集合。

由前面对转换函数的扩充知：如输入符号是空串，则自动机仍停留在原来的状态上，显然，状态集合 I 中的任何状态 S 都属于 $\varepsilon\text{-}closure(I)$。

(2) 状态集合 I 的 a 弧转换，表示为 $move(I,a)$，定义为状态集合 J，其中 J 是所有那些可从 I 中的某一状态经过一条 a 弧而到达的不确定有穷自动机状态的全体。

使用图 3-3 所示的 NFA N 的状态集合来理解上述两个运算。

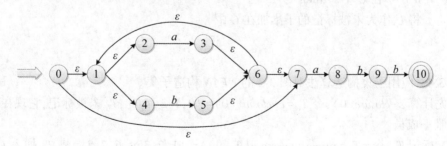

图 3-3 NFA N 的状态图

$\varepsilon\text{-}closure(\{0\})=\{0,1,2,4,7\}$，即 $\{0,1,2,4,7\}$ 中的任一状态都是从状态 0 经任意条 ε 弧可到达的状态，令 $\{0,1,2,4,7\}=T_0$，则 $move(T_0,a)=\{3,8\}$，因为在状态 0、1、2、4 和 7 中，

只有状态 2 和 7 有 a 弧射出,分别到达状态 3 和 8。

而 $\varepsilon\text{-}closure(\{3,8\})=\{1,2,3,4,6,7,8\}$。

对于一个 $NFA\ N=(K,\Sigma,f,K_0,K_t)$ 来说,若 I 是 K 的一个子集,不妨设 $I=\{s_1,s_2\cdots s_j\}$,a 是 Σ 中的一个元素,则:

$move(I,a)=f(s_1,a)\cup f(s_2,a)\cup\cdots\cup f(s_j,a)$。

假设 $NFA\ N=(K,\Sigma,f,K_0,K_t)$,按如下办法构造一个 $DFA\ M=(S,\Sigma,d,S_0,S_t)$,使得 $L(M)=L(N)$。

(1) M 的状态集 S 由 K 的一些子集组成(构造 K 的子集算法将在后面给出),用 $[S_1S_2\cdots S_j]$ 表示 S 的元素,其中 $S_1,S_2,\cdots,S_j$ 是 K 的状态。并且约定,状态 $S_1,S_2,\cdots,S_j$ 是按某种规则排列的,即对于子集 $\{S_1,S_2\}=\{S_2,S_1\}$ 来说,状态就是 $[S_1S_2]$;

(2) M 和 N 的输入字母表是相同的,即 Σ;

(3) 转换函数 d 是这样定义的:

$$d([S_1,S_2,\cdots,S_j],a)=[R_1,R_2,\cdots,R_i]$$

其中 $[R_1,R_2,\cdots,R_i]=\varepsilon\text{-}closure(move([S_1,S_2,\cdots,S_j],a))$;

(4) $S_0=\varepsilon\text{-}closure(K_0)$ 为 M 的开始状态;

(5) $S_t=\{[S_j,S_k\cdots,S_e]\mid [S_j,S_k\cdots,S_e]\in S$ 且 $\{S_j,S_k\cdots,S_e\}\cap K_t\neq\Phi\}$。

下面给出构造 $NFA\ N$ 的状态 K 的子集的算法。假定所构造的子集族为 C,即 $C=(T_1,T_2,\cdots,T_i)$,其中 $T_1,T_2,\cdots,T_i$ 为状态 K 的子集。

子集构造算法:

①初始:令 $\varepsilon\text{-}closure(K_0)$ 为 C 中唯一成员,并且它是未被标记的。

②While(C 中存在尚未被标记的子集 T) do

    {

        标记 T;

        for 每个输入字母 $a\in\Sigma$ do

          {

            $U:=\varepsilon\text{-}closure(Move(T,a))$;

            if U 不在 C 中　 then

            将 U 作为未被标记的子集加在 C 中

          }

    }

例 3.4 应用子集构造算法对图 3-3 的 $NFA\ N$ 构造子集。

首先计算 $\varepsilon\text{-}closure(0)$,令 $T_0=e\text{-}closure(0)=\{0,1,2,4,7\}$,$T_0$ 未被标记,它现在是子集族 C 的唯一成员。

(1) 标记 T_0;令 $T_1=\varepsilon\text{-}closure(move(T_0,a))=\{1,2,3,4,6,7,8\}$,将 T_1 加入 C 中,T_1 未被标记。令 $T_2=\varepsilon\text{-}closure(move(T,b))=\{1,2,4,5,6,7\}$,将 T_2 加入 C 中,它未被标记。

(2) 标记 T_1;计算 $\varepsilon\text{-}closure(move(T_1,a))$,结果为 $\{1,2,3,4,6,7,8\}$,即 T_1,T_1 已在 C 中。计算 $\varepsilon\text{-}closure(move(T_1,b))$,结果为 $\{1,2,4,5,6,7,9\}$,令其为 T_3,T_3 加至 C 中,它未被标记。

（3）标记 T_2，计算 $\varepsilon\text{-}closure(move(T_2,a))$，结果为 $\{1,2,3,4,6,7,8\}$，即 T_1，T_1 已在 C 中计算 $\varepsilon\text{-}closure(move(T_2,b))$，结果为 $\{1,2,4,5,6,7\}$，即 T_2，T_2 已在 C 中。

（4）标记 T_3，计算 $\varepsilon\text{-}closure(move(T_3,a))$，结果为 $\{1,2,3,4,6,7,8\}$，即 T_1。计算 $\varepsilon\text{-}closure(move(T_3,b))$，结果为 $\{1,2,4,5,6,7,10\}$，令其为 T_4，加入 C 中，T_4 未被标记。

（5）标记 T_4，计算 $\varepsilon\text{-}closure(move(T_4,a))$，结果为 $\{1,2,3,4,6,7,8\}$，即 T_1。计算 $\varepsilon\text{-}closure(move(T_4,b))$，结果为 $\{1,2,4,5,6,7\}$，即 T_2。

至此，算法终止，共构造了 5 个子集：

$T_0=\{0,1,2,4,7\}$ $\qquad\qquad$ $T_1=\{1,2,3,4,6,7,8\}$

$T_2=\{1,2,4,5,6,7\}$ $\qquad\qquad$ $T_3=\{1,2,4,5,6,7,9\}$

$T_4=\{1,2,4,5,6,7,10\}$

那么图 3-3 的 NFA N 构造的 DFA M 为：

（1）$S=\{[T_0],[T_1],[T_2],[T_3],[T_4]\}$

（2）$\Sigma=\{a,b\}$

（3）

$D([T_0],a)=[T_1]$

$D([T_0],b)=[T_2]$ $\qquad\qquad$ $D([T_3],a)=[T_1]$

$D([T_1],a)=[T_1]$ $\qquad\qquad$ $D([T_3],b)=[T_4]$

$D([T_1],b)=[T_3]$ $\qquad\qquad$ $D([T_4],a)=[T_1]$

$D([T_2],a)=[T_1]$ $\qquad\qquad$ $D([T_4],b)=[T_2]$

$D([T_2],b)=[T_2]$

（4）$S_0=[T_0]$

（5）$S_t=[T_4]$

将 $[T_0]$、$[T_1]$、$[T_2]$、$[T_3]$、$[T_4]$ 重新命名，分别用 0、1、2、3、4 表示，该 DFA M 的状态转换图如图 3-4 所示。

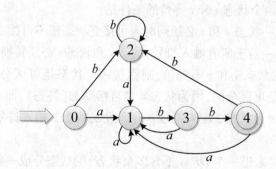

图 3-4 DFA M 状态图

一个化简了的有穷自动机没有多余状态并且它的状态中没有两个是互相等价的。一个有穷自动机可以通过消除无用状态和合并等价状态而转换成一个最小的与之等价的有穷自动机。

　　所谓有穷自动机的无用状态是指这样的状态：从该自动机的开始状态出发，任何输入串也不能到达的那个状态；或者从这个状态没有路径到达终态。例如图 3-5(a)的有穷自动机 M 中的状态 s_4 便是无用状态。

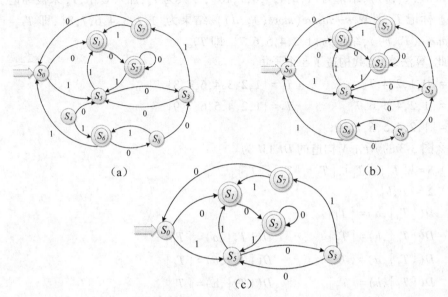

图 3-5　消除无用状态

　　对于给定的有穷自动机，如果它含有无用状态，可以非常简单地将无用状态消除，而得到与它等价的有穷自动机，例如图 3-5(a)的状态 s_4 连同状态 s_4 射出的两个弧消掉，得到如图 3-5(b)的有穷自动机。而在图 3-5(b)中，状态 s_6 和 s_8 也是不能从开始状态经由任何输入串而到达的，也将它们连同射出的弧消除而得到如图 3-5(c)的有穷自动机。

　　在有穷自动机中，两个状态 s 和 t 等价的条件是：

　　(1)一致性条件——状态 s 和 t 必须同时为可接受状态或不可接受状态。

　　(2)蔓延性条件——对于所有输入符号，状态 s 和状态 t 必须转换到等价的状态里。

　　如果有穷自动机的状态 s 和 t 不等价，则称这两个状态是可区分的。显然在图 3-4 的 *DFA M* 中，状态 0 和 4 是可区分的，因为状态 4 是可接受态(终态)，而 0 是不可接受态；状态 2 和 3 也是可区分的，因为状态 2 输入符号 b 后到达 2，状态 3 输入符号 b 后到达 4，而 2 和 4 是不等价的。

　　可以使用"分割法"来把一个 *DFA*(不含多余状态)的状态分成一些不相交的子集，使得任何不同的两子集的状态都是可区分的，而同一子集中的任何两个状态都是等价的。

　　例 3.5　将图 3-6 中的 *DFA M* 最小化。

　　首先根据一致性条件将 M 的状态分成两个子集：一个由终态(可接受态)组成，一个由非终态组成，这个初始划分为：

$$P_0 = (\{1,2,3,4\}, \{5,6,7\})$$

显然第 1 个子集中的任何状态都不与第 2 个子集中的状态等价。

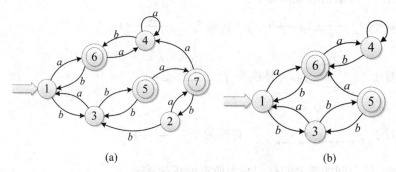

图 3-6　DFA M 和 DFA M′

现在观察第一个子集 $\{1,2,3,4\}$，在读入输入符号 a 后，状态 3 和 4 分别转换为第 1 个子集中所含的状态 1 和 4，而 1 和 2 分别转换为第 2 个子集中所含的状态 6 和 7，这就意味着 $\{1,2\}$ 中的状态和 $\{3,4\}$ 中的任何状态在读入 a 后到达了不等价的状态，因此 $\{1,2\}$ 中的任何状态与 $\{3,4\}$ 中的任何状态都是可区分的，因此得到了新的划分如下：

$$P_1 = (\{1,2\},\{3,4\},\{5,6,7\})$$

下面试图在 P_1 中寻找一个子集和一个输入符号，使得这个子集中的状态可区分，P_1 中的子集 $\{3,4\}$ 对应输入符号 a 将再分割，而得到划分：

$$P_2 = (\{1,2\},\{3\},\{4\},\{5,6,7\})$$

P_2 中的 $\{5,6,7\}$ 可由输入符号 a 或 b 而分割，得到划分：

$$P_3 = (\{1,2\},\{3\},\{4\},\{5\},\{6,7\})$$

经过考察，P_3 不能再划分了。令 1 代表 $\{1,2\}$ 消去 2，令 6 代表 $\{6,7\}$，消去 7，便得到了图 3-6(b) 的 DFA M′，它是图 3-6(a) 的 DFAM 的最小化。

比起原来的有穷自动机，化简了的有穷自动机具有较少的状态，因而在计算机上实现起来将简洁些。

3.3　正规式与有穷自动机

正规式与有穷自动机具有等价性，可以由以下两点说明：
(1) 对于 Σ 上的 NFA M，可以构造一个 Σ 上的正规式 r，使得 $L(r)=L(M)$。
(2) 对于 Σ 上的每个正规式 r，可以构造一个 Σ 上的 NFA M，使得 $L(M)=L(r)$。
首先介绍如何为 Σ 上的 NFA M 构造相应的正规式 r。
把有穷自动机的状态转换图的概念进行拓广，令每条弧可用一个正规式作标记。
第 1 步：在 M 的状态转换图上加进两个结点，一个为 x 结点，一个为 y 结点。从 x 结点用 ε 弧连接到 M 的所有初态结点，从 M 的所有终态结点用 ε 弧连接到 y 结点。形成一个与 M 等价的 M′，M′ 只有一个初态 x 和一个终态 y。

第 2 步:逐步消去 M′ 中的所有结点,直至只剩下 x 和 y 结点。在消去的过程中,逐步用正规式来标记弧。其消去的规则如下:

规则 1:对于 ①→r_1→②→r_2→③　替换为 ①→r_1r_2→③

规则 2:对于 ①⇄②(r_1上,r_2下)　替换为 ①→$r_1|r_2$→②

规则 3:对于 ①→r_1→②(自环r_2)→r_3→③　替换为 ①→$r_1r_2{}^*r_3$→③

最后 x 和 y 结点间的弧上的标记则为所求的正规式 r。

例 3.6　以例 3.3 的 NFA M 为例,M 的状态图见图 3-2,求正规式 r,使 L(r)=L(M)。

第 1 步:加 x 和 y 结点,形成如图 3-7(a)所示的 M′。

第 2 步:逐步消去 M′ 的结点,利用规则 2 将正规集{a,b}替换为正规式 a|b;利用规则 1 消去状态 1 和状态 3,中间结果如图 3-7(b)所示;再利用规则 3 消去状态 2 和状态 4 后如图 3-7(c)所示;最后利用规则 3 消去状态 0 结点,最后只剩下 x 和 y 结点,如图 3-7(d)所示。则 $r=(a|b)^*(aa|bb)(a|b)^*$ 即为所求。

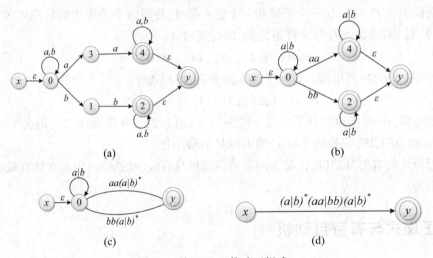

图 3-7　从 NFA M 构造正规式 r

下面介绍从 Σ 上的一个正规式 r 构造 Σ 上的一个 NFA M,使得 L(M)=L(r)的方法。

这个方法被称为"语法制导",即按正规式的语法结构指引构造过程。首先将正规式分解成一系列子表达式,然后使用如下规则由正规式 r 构造 NFA,对 r 的各种语法结构的构造规则具体描述如下:

(1) 为正规式∅、ε 和 a 构造 NFA

① 对于正规式∅,所构造的 NFA 为:

② 对于正规式 ε,所构造的 NFA 为:

③ 对于正规式 $a,a\in\Sigma$ 所构造的 NFA 为:

(2) 若 s,t 为 Σ 上的正规式,相应的 NFA 分别为 $N(s)$ 和 $N(t)$,则

规则1:对正规式 $r=s|t$,所构造的 $NFA(r)$ 如下:

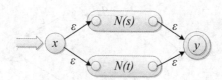

其中 x 是 $NFA(r)$ 的初态,y 是 $NFA(r)$ 的终态,x 到 $N(s)$ 和 $N(t)$ 的初态各有一个 ε 弧,从 $N(s)$ 和 $N(t)$ 的终态各有一个 ε 弧到 y,现在 $N(s)$ 和 $N(t)$ 的初态或终态已不作为 $N(r)$ 的初态和终态了。

规则2:正规式 $r=st$,所构造的 $NFA(r)$ 为:

其中 $N(s)$ 的初态成了 $N(r)$ 的初态,$N(t)$ 的终态成了 $N(r)$ 的终态。$N(s)$ 的终态与 $N(t)$ 的初态合并为 $N(r)$ 的一个既不是初态也不是终态的状态。

规则3:于正规式 $r=s*$,$NFA(r)$ 为:

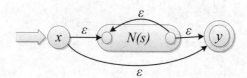

这里 x 和 y 分别是 $NFA(r)$ 的初态和终态,从 x 引 ε 弧到 $N(s)$ 的初态,从 $N(s)$ 的终态引 ε 弧到 y,从 x 到 y 引 ε 弧,同样 $N(s)$ 的终态可沿 ε 弧的边直接回到 $N(s)$ 的初态。$N(s)$ 的初态或终态不再是 $N(r)$ 的初态和终态。

① 正规式 (s) 的 NFA 同 s 的 NFA 一样。

例 3.7　为 $r=(a|b)^*abb$ 构造 $NFAN$,使得 $L(N)=L(r)$。

从左到右分解 r,令 $r_1=a$,第一个 a,则有:

令 $r_2=b$,则有:

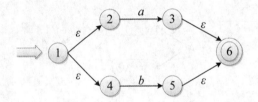

令 $r_3=r_1|r_2$,由规则 1 有:

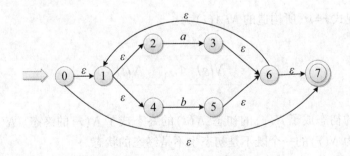

令 $r_4=r_3*$,由规则 3 有:

令 $r_5=a$,

令 $r_6=b$,

令 $r_7=b$,

令 $r_8=r_5r_6$,

令 $r_9=r_8r_7$,由规则 2 有:

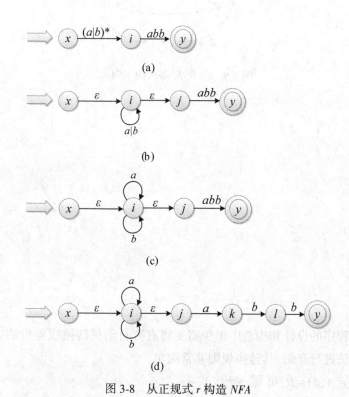

令 $r_{10} = r_4 r_9$，利用规则 2，则最终得到图 3-3 的 NFAN 即为所求。

其实，分解 r 的方式很多，用图 3-8(a)、(b)、(c)、(d) 分别表明另一种分解方式和所构造的 NFA。

图 3-8　从正规式 r 构造 NFA

3.4　正规文法与有穷自动机

前面提到，正规集也常常使用正规文法描述，正规文法与有穷自动机有特殊关系，采用下面的规则可从正规文法 G 直接构造一个有穷自动机 NFAM，使得 $L(M) = L(G)$。

（1）M 的字母表与 G 的终结符集相同；

（2）为 G 中的每个非终结符生成 M 的一个同名的状态，G 的开始符 S 是开始状态 S；

（3）增加一个新状态 Z，作为 NFA 的终态；

（4）对 G 中的形如 $A \rightarrow aB$ 的规则（其中 a 为终结符或 ε，A 和 B 为非终结符的产生式），构造 M 的一个转换函数 $f(A, a) = B$；

（5）对 G 中形如 $A{\to}a$ 的产生式,构造 M 的一个转换函数 $f(A,a)=Z$。

例 3.8　与文法 $G[S]$ 等价的 $NFAM$ 如图 3-9 所示。

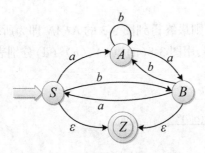

图 3-9　与 $G[S]$ 等价的 NFA

$G[S]:$

$S{\to}aA$

$S{\to}bB$

$S{\to}\varepsilon$

$A{\to}aB$

$A{\to}bA$

$B{\to}aS$

$B{\to}bA$

$B{\to}\varepsilon$

尽管在编译程序的设计和构造中很少需要将有穷自动机转换成等价的正规文法,但此处仍就对这个算法进行介绍,其转换规则非常简单。

对转换函数 $f(A,a)=B$,可写一产生式:

$A{\to}aB$

对可接受状态 Z,增加一产生式:

$Z{\to}\varepsilon$

此外,有穷自动机的初态对应文法开始符,有穷自动机的字母表为文法的终结符集。

例 3.9　给出与图 3-10 的 NFA 等价的正规文法 G。

$G=(\{A,B,C,D\},\{a,b\},P,A)$,其中 P 为:

$A{\to}aB$	$C{\to}\varepsilon$
$A{\to}bD$	$D{\to}aB$
$B{\to}bC$	$D{\to}bD$
$C{\to}aA$	$D{\to}\varepsilon$
$C{\to}bD$	

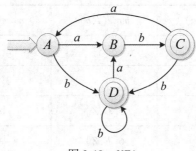

图 3-10　NFA

典型例题解析

1.已知文法 $G[S]$ 如下：

$S{\rightarrow}aA\,|\,bS\,|\,dC$

$A{\rightarrow}dE$

$C{\rightarrow}aD\,|\,bC\,|\,b$

$D{\rightarrow}bE\,|\,b$

$E{\rightarrow}aD\,|\,bE\,|\,b$

（1）构造该文法所对应的 NFA；

（2）将构造的 NFA 确定化，得到等价的 DFA；

（3）将得到的 DFA 最小化。

解题思路：

（1）根据由正规文法至有穷自动机的等价转换规则，可以画出期等价的 NFA，如图所示：

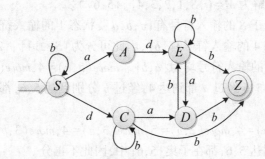

（2）对 NFA 确定化，构造其等价的 DFA。

首先求出 $\varepsilon\text{-}closure(S)=\{S\}$，确定化过程如下所示：

I	$move(I,a)$	$move(I,b)$	$move(I,d)$	
$S[S]$	$1[A]$	$S[S]$	$2[C]$	0
$1[A]$	$-$	$-$	$3[E]$	0
$2[C]$	$4[D]$	$5[C,Z]$	$-$	0
$3[E]$	$4[D]$	$6[E,Z]$	$-$	0
$4[D]$	$-$	$6[E,Z]$	$-$	0
$5[C,Z]$	$4[D]$	$5[C,Z]$	$-$	1
$6[E,Z]$	$4[D]$	$6[E,Z]$	$-$	1

由此可给出 DFA 的状态转换图,如下所示:

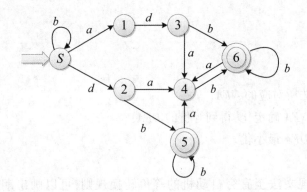

(3) 对 DFA 进行最小化。

按是否为终态可分解为 $M = (\{S,1,2,3,4\},\{5,6\})$。

对 $\{S,1,2,3,4\}$,由于 S 的输入符号有 $\{a,b,d\}$,状态 1 的输入符号有 $\{d\}$,状态 2、3 的输入符号有 $\{a,b\}$,状态 4 的输入符号有 $\{b\}$,因此可分为 $\{S\}$、$\{1\}$、$\{2,3\}$、$\{4\}$。

对 $\{5,6\}$,状态 5、6 的输入符号均为 $\{a,b\}$。$move(5,a)=4$,$move(5,b)=5$,$move(6,a)=4$,$move(6,b)=6$。状态 5、6 经过 a 都到达 4,经过 b 分别到达 5、6,都在子集 $\{5,6\}$ 中,因此不再分。

对 $\{2,3\}$,$move(2,a)=4$,$move(2,b)=5$,$move(3,a)=4$,$move(3,b)=6$。状态 2、3 经过 a 都到达 4,经过 b 分别到达 5、6,都在子集 $\{5,6\}$ 中,因此不再分。

因此 $M = (\{S\},\{1\},\{2,3\},\{4\},\{5,6\})$,分别用 S,A,B,C,Z 来代替这五个子集,则 S 为初态,Z 为终态。可画出最小化后的 DFA,如下所示:

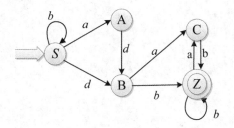

习　题

1.构造正规式 $1(0|1)^*101$ 相应的 DFA。

2.已知 $NFA = (\{x,y,z\},\{0,1\},M,\{x\},\{z\})$，其中：$M(x,0) = \{z\}$，$M(y,0) = \{x,y\}$，$M(z,0) = \{x,z\}$，$M(x,1) = \{x\}$，$M(y,1) = \varnothing$，$M(z,1) = \{y\}$，构造相应的 DFA。

3.将下图确定化：

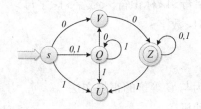

4.构造一个 DFA，它接收 $\Sigma = \{0,1\}$ 上所有满足如下条件的字符串:每个 1 都有 0 直接跟在右边。并给出该语言的正规式。

5.将下图的 DFA 最小化,并用正规式描述它所识别的语言。

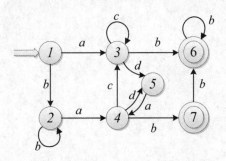

6.有一种用以证明两个正规表达式等价的方法,那就是构造他们的最小 DFA,表明这两个 DFA 是一样的(除了状态名不同外)。使用此方法,证明下面的正规表达式是等价的。

(1) $(a|b)^*$

(2) $(a^*|b^*)^*$

(3) $((\varepsilon|a)b^*)^*$

7.为正规文法 $G[S]$

$S \rightarrow aA \mid bQ$

$A \rightarrow aA \mid bB \mid b$

$B \rightarrow bD \mid aQ$

$Q \rightarrow aQ \mid bD \mid b$

$D \rightarrow bB \mid aA$

$E \rightarrow aB \mid bF$

$F \rightarrow bD \mid aE \mid b$

构造相应的最小的 DFA。

8.给出下述正规文法所对应的正规式：

$S \rightarrow 0A \mid 1B$

$A \rightarrow 1S \mid 1$

$B \rightarrow 0S \mid 0$

9.文法 $G[<单词>]$ 为：

<单词>→<标识符>|<整数>

<标识符>→<标识符><字母>|<标识符><数字>|<字母>

<整数>→<整数><数字>|<数字>

<字母>→$A \mid B \mid \cdots \mid Y \mid Z$

<数字>→$0 \mid 1 \mid 2 \mid \cdots \mid 8 \mid 9$

（1）改写 G 为 G'，使 G' 为与 G 等价的正规文法。

（2）给出相应的有穷自动机。

10.设无符号数的正规式为 θ：

$\theta = dd^* \mid dd^*.dd^* \mid .dd^* \mid dd^* 10(s \mid \varepsilon) dd^* \mid 10(s \mid \varepsilon) dd^*$

$\mid .dd^* 10(s \mid \varepsilon) dd^* \mid dd^*.dd^* 10(s \mid \varepsilon) dd^*$

化简 θ，画出 θ 的 DFA，其中 $d = \{0,1,2,\cdots,9\}$，$s = \{+,-\}$

第4章 词法分析

本章导言

理解一个程序首先要理解程序中的每个单词,编译的第一个阶段就是在单词级别上分析和理解程序,因而,词法分析是编译程序的基础。词法分析的主要任务是从左至右逐个字符地对源程序形式的字符串进行扫描,产生一个单词序列并用于语法分析。执行词法分析的程序称为词法分析程序、词法分析器或扫描器。本章将讨论词法分析程序、词法描述方式、PL0 词法分析程序及自动化构造方法与工具。

4.1 概　　述

词法分析完成编译程序第一阶段的工作。词法分析工作可以是独立的一遍,把字符流的源程序变为单词序列,输出到一个中间文件中,这个中间文件会作为语法分析程序的输入继续编译过程。

更一般的情况是将词法分析程序设计成一个子程序,每当语法分析程序需要一个单词时,则调用该子程序。词法分析程序每得到一次调用,便从源程序文件中读取一些字符,直到识别出一个单词,或者直到下一个单词的第一个字符为止。在这种方案中,词法分析程序和语法分析程序合并在同一遍中,省掉了中间文件,后文中的 PL0 编译程序就是采用的这种方案。

图 4-1 即为语法分析程序调用词法分析程序进行词法分析的过程。在识别出一个单词后,词法分析程序将单词种别连同单词自身值一起构成一个单词符号,返回给调用它的语法分析程序。

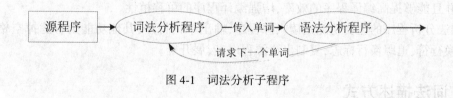

图 4-1　词法分析子程序

单词符号是程序设计语言的基本语法单位和最小语义单位。程序设计语言的单词符号一般可分成下列五种:

(1) 标识符:用来表示各种名字,如常量名、变量名和过程名等。

(2) 常数:各种类型的常数,如 25 、3.1415 、TRUE 等。

（3）关键字：也称基本字或保留字，如 C 语言中的 if、else、while 和 for 等。

（4）运算符：如+、*、<=等。

（5）界符：如逗点、分号、括号等。

一般将源程序经词法分析识别得到的单词符号表示成机内符，一般为（单词种别，单词自身值）的二元式。

单词的种别是语法分析需要的信息，而单词自身值则是其他阶段需要的信息。比如在 Pascal 语句"const years = 38；"中的单词"38"的种别是常数，其自身值 38 对于代码生成阶段而言是必不可少的。有时对某些单词而言，不仅仅需要其自身值，还需要与其有关的其他信息以便编译的进行。比如，对于标识符而言，还需要记载它的类别、层次及其他属性，如果这些属性被收集在符号表中，那么根据图 4-2，可以将标识符单词表示成如下二元式：

（标识符，指向该标识符所在符号表中位置的指针）

Pascal 语句"const years = 38；"中的单词"years"则可表示成：

（标识符，指向 years 符号表入口）

单词种别通常用整数表示，它的划分并不统一，如果按照前面提到的五种划分法，则这五种可以分别用整数 1、2、3、4、5 表示。对于 Pascal 程序段"if i> = 10 then a：= b；"，在经词法分析器扫描后输出的单词符号及其表示如下：

（3，'if'）

（1，指向 i 的符号表入口）

（4，'>='）

（2，'10'）

（3，'then'）

（1，指向 a 的符号表入口）

（4，'：='）

（1，指向 b 的符号表入口）

（5，'；'）

由于语言中的关键字、运算符和界符的数量都是确定的，因此，对这些单词符号可采用一个单词符号一个单词种别码，这种情况下单词符号的自身值就不必给出了。

词法也是语法的一部分，不过其比语法更简单，将词法分离能够使整个编译结构更简洁明了，并且能够提高编译程序的效率，增强编译程序的可移植性。

词法分析程序的主要功能是读入源程序，输出单词符号；其他功能则有滤掉空格，跳过注释、换行符，追踪换行标志，复制出错源程序，宏展开等。

4.2 词法描述方式

描述一个程序设计语言的词法规则，通常需要借助形式化或半形式化的描述工具。程序设计语言词法规则的形式化描述工具主要包括正规文法、正规式以及有穷自动机等，通过这些形式化描述工具，可理解词法分析程序设计的一般原理和方法。

正规文法即 3 型文法，正规文法可以描述字母表上的正规集，程序设计语言的单词一般都可以用正规文法进行描述。

例 4.1　程序设计语言中"标识符"这类单词,使用正规文法可表示为:

$G[I]$:

$I \rightarrow lA \mid l$

$A \rightarrow lA \mid dA \mid l \mid d$

$l \rightarrow a \mid b \mid \cdots \mid Y \mid Z$

$d \rightarrow 0 \mid 1 \mid \cdots \mid 9$

其中 l 指所有的 52 个大小写英文字母,d 指 10 个数字符号。

正规式又称为正则表达式,是一种表示正规集的工具,也可用于描述单词符号。

例 4.2　程序设计语言中"标识符"和"无符号整数"单词,使用正规式可表示为:

$l(^l \mid d) *$

$d(d^*)$

与例 4.1 相同,其中 l 指所有的 52 个大小写英文字母,d 指 10 个数字符号。

实际上,例 4.2 还可以写成如下形式的正规式:

<字母>(`字母>| <数字>) *

<数字>(<数字>*)

正规语言可由正规文法定义,也可用正规式定义,两者之间可相互等价转换。

除正规文法和正规式外,程序设计语言的词法还可以由有穷自动机来识别,有穷自动机便于自动化构造词法分析程序。

例 4.3　识别"标识符"和"无符号整数"的有穷自动机分别如图 4-2 中的(a)和(b)所示。

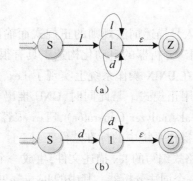

图 4-2　描述"标识符"和"无符号整数"的有穷自动机

图 4-2 中,S 是有穷自动机的开始状态,而 Z 则是其终止状态,l 和 d 分别指字母和数字。

可以对图 4-2 所示的不确定有穷自动机进行确定化和最小化处理,得到与之等价的最小化 DFA。

图 4-2 的不确定有穷自动机进行确定化和化简后,得到的最小化 DFA 分别如图 4-3 的(a)和(b)所示。

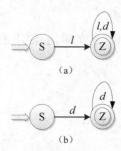

图 4-3　描述"标识符"和"无符号整数"的最小化 DFA

在最小化 DFA 基础上,即可对其变形得到相应的词法分析程序。

因而,在正规文法、正规式和有穷自动机理论基础上很容易设计词法分析程序。针对特定的高级程序设计语言,通常是先用正规式或正规文法对该语言的词法规则进行形式描述,然后将其转化为等价的有穷自动机,最后设计出识别单词符号的词法分析程序。以正规式描述词法规则为例,典型过程一般为:

(1) 每一类单词符号的词法规则均使用一个对应正规式来进行形式表达;

(2) 将每一个正规式转换成与之等价的不确定有穷自动机 NFA;

(3) 将不确定有穷自动机 NFA 确定化,得到与之等价的确定有穷自动机 DFA;

(4) 将确定有穷自动机 DFA 最小化,得到与之等价的状态数目最少的最简化 DFA;

(5) 在最简化 DFA 基础上,按照一定控制策略生成词法分析程序的代码。

4.3　词法分析器自动构造工具 Lex

从理论上讲,编制一个输入是描述词法规则的正规式而输出是识别该正规式的词法分析器的程序是完全可行的。词法分析器的自动化构造工具有很多,本节主要介绍 Lex 工具。

1972 年,贝尔实验室首先在 UNIX 操作系统上实现了 Lex,主要功能是生成一个词法分析器的 C 源代码,描述规则采用正规式。与此同时,GNU 推出了跟 Lex 完全兼容的词法分析器生成工具 FLex(Fast Lexical Analyzer Generator),FLex 很容易在不同的操作系统平台下编译,正因此,其已成为 Linux 操作系统中的标准软件工具。

Lex 工具读入用户按规定格式编写的 lex 描述文件,生成一个名为 lex.yy.c 的 C 源程序文件,然后由 C 编译器编译生成一个词法分析器。其中的 lex.yy.c 中包含一个核心函数 yylex( ),它是一个扫描子程序,读入源程序的字符流,识别并返回下一个单词符号,如图 4-4 所示。

lex 描述文件由 3 个部分组成,各部分间被%%的行隔开:

辅助定义部分

%%

规则部分

%%

用户子程序部分

上述三个部分都是可选的,可以不出现。

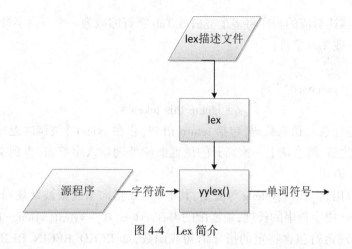

图 4-4　Lex 简介

用花括号括起来的各部分都不是必须有的。当没有"用户子程序部分"时,第二个%%也可以省去。第一个%%是必需的,因为它标志着识别规则部分的开始,最短的合法的 lex 源程序是:

%%

它的作用是将输入串照原样抄到输出文件中。

辅助定义部分包含正规表达式宏名字的声明以及开始条件的声明,可能出现在规则部分的正规表达式中。

声明规则表达式宏名字的格式为:

宏名字　　　正规式

例如:

DIGIT　　　　[0-9]

NUMBER　　　　　　{DIGIT}+"."{DIGIT} *

正规表达式中若出现{NUMBER},就相当于([0-9])+"."([0-9]) *。

开始条件的声明始于%Start(可缩写为%s 或%S)的行,后跟一个名字列表,每个名字代表一个开始条件。开始条件可以在规则的活动部分使用 BEGIN 来激活。直到下一个 BEGIN 执行时,拥有给定开始条件的规则被激活,而不拥有开始条件的规则变为不被激活。开始条件主要用来区分不同的上下文。

规则部分是描述文件的核心,一条规则由两部分组成:

正规式　　　　　动作

正规式必须从第一列写起,而结束于第一个非转义的空白字符,这一行剩余部分即为动作,动作必须从正规式所在的行写起。当某条规则的动作超过一条语句时,必须用花括号括起来。如果动作部分为空,则匹配该正规表达式的输入字符流就会被直接丢弃。

输入字符流中不与任何规则中的正规式匹配的串默认为将被抄到输出文件。如果不希望照抄输出,就不要为每一个出现的词法单元提供规则。

例如,以下描述对应的程序将从输入流中删除"remove these characters":

%%

"remove these characters"

又如,以下描述对应的程序将多个空白或 Tab 字符缩减为一个空白字符,同时滤掉每行行尾的所有空白或 Tab 字符:

```
%%
[ \t]+          putchar(' ');
[ \r]+ $                          /* ignore this token */
```

动作可以是任意 C 语言代码,包括 return 语句,它在 yylex() 被调时返回某个值。每一次调用 yylex() 之后,将会从上一次离开的位置继续处理输入字符流,直到文件结束或执行到了一个 return 语句。

动作中可以用到 yytext、yyleng 等变量,其中 yytext 指向当前正被某规则匹配的字符串;yyleng 存储 yytext 中字符串的长度,被匹配的串在 yytext[0] ~ yytext[yyleng−1] 中。

此外,动作还运行包含特定的指导语句或函数,如 ECHO、BEGIN、REJECT、yymore()、yyless(n)、unput(c)、input() 等。

例 4.4 分析下列 lex 描述文件,说明由它产生的扫描子程序的功能。

```
%{
    int    num_lines = 0, num_chars = 0;
%}
%%
\n    {++num_lines; ++num_chars;}
.     {++num_chars;}
%%
main()
{
    yylex();
    printf("# of lines = %d, # of chars = %d\n", num_lines, num_chars);
}
```

针对例 4.4,首先,第 1 到 3 行在分隔符"%{"和"%}"之间,这些行将被直接插入有 lex 产生的 C 语言代码中,它将位于任何过程的外部。第二行中定义了两个局部变量:行计数器 num_lines 和字符计数器 num_chars。

在第 4 行的"%%"之后,第 5 行和第 6 行描述了两条规则。在第一条规则中,正规式只包含一个换行符"\n",对应的动作是行计数器 num_lines 和字符计数器 num_chars 的值各加 1,在第二条规则中,正规式是".",可匹配除换行符"\n"外任意字符,对应的动作为字符计数器 num_chars 的值加 1。

最后,在用户子程序部分包含于一个 main 函数,它调用函数 yylex(),且输出行计数器 num_lines 和字符计数器 num_chars 的值。

故上述描述文件产生的扫描子程序的功能是统计并输出给定输入文本中的行数和字符数。

假设例 4.4 中的 lex 描述文件的名字为 count.1。在 Linux 环境中,可以通过以下步骤编译和执行:

```
$ lex count.l
$ cc −o count lex.yy.c −ll
$ ./count < count.l
        ⋮
$
```

其中, $ 为系统提示符。

第一行命名执行后,将会产生文件 lex.yy.c;

第二行命令是用编译器 cc 对 lex.yy.c 进行编译,选项"−o count"制定了可执行文件名为 count,不指定时默认为 a.out;−ll 是 lex 库文件的选项。

第三行是执行 count。输入参数是文件 count.l 中的文本。执行结果是输出文件 count.l 中文本的行数和字符数。

例 4.5 给定 lex 描述文件 toupper.l 如下:

```
%{
        #include<stdio.h>
%}
%%
[a−z]        printf{"%c", yytext[0]+'A'-'a'}
%%
```

试指出正确执行如下命令序列后的输出结果:

```
$ lex toupper.l
$ cc −o toupper lex.yy.c −ll
$ ./toupper < toupper.l
```

例 4.5 的输出结果为:

```
%{
        #INCLUDE <STDIO.H>
%}
%%
[A−Z]        PRINTF("%C", YYTEXT[0]+'A'-'A');
%%
```

Lex 的一个主要应用是与 yacc 的连用,yacc 产生的分析子程序在申请读入下一个单词时会调用 yylex()。yylex 返回一个单词符号,并将相关的属性值存入全局变量 yylval。

为了联用 lex 和 yacc,需要在运行 yacc 程序时加选项−d,以产生文件 y.tab.h,其中会包含在 yacc 描述文件中的所有单词种别。文件 y.tab.h 将被包含在 lex 描述文件中。

4.4 PL0 词法分析程序

PL0 语言的词法分析程序 getsym 是一个独立的过程,其功能是为语法语义分析提供单词,把输入的字符串形式的源程序识别成一个个单词符号传递给语法语义分析程序。因此,PL0 编译程序设置了三个全局变量来传递单词种别和单词自身值。

(1) 通过全局变量 sym 传递单词种别。

enum symbol sym;

(2) 通过全局变量 id 传递标识符名字,其中 al 为预设的标识符最大长度。

char id〔al+1〕;

(3) 通过全局变量 num 传递无符号整数的值。

PL0 语言的单词种类有保留字、运算符、标识符、无符号整数和界符 5 种。保留字、运算符和界符这三类仅包含有限个单词符号,容易将每个单词设计为独立词法单元。PL0 编译程序的单词符号对应有 31 个单词种别,即标识符 1 个、无符号整数 1 个、保留字 13 个、运算符 11 个及界符 5 个。这 31 个单词种别使用下面的枚举类型表示。

```
enum symbol {

nul,          ident,       number,      plus,        minus,

times,        slash,       oddsym,      eql,         neq,

lss,          leq,         gtr,         geq,         lparen,

rparen,       comma,       semicolon,   period,      becomes,

beginsym,     endsym,      ifsym,       thensym,     whilesym,

writesym,     readsym,     dosym,       callsym,     constsym,

varsym,       procsym,

}
```

其中,nul 不对应单词符号,代表"不能识别的符号"。

例如,在 PL0 词法分析程序扫描到语句"position:=initial+rate*60;"后,所生成单词符号序列的单词种别对应为"ident becomes ident plus ident times number semicolon"。

PL0 词法分析程序在需要读取下一个单词时调用 getsym( ),并返回下一个单词符号。除标识符和无符号整数外,其他单词符号只包含单词种别信息。标识符和无符号整数的单词符号包含单词种别和单词自身值两部分。由于标识符是在语法分析阶段才会登录在符号表里的,所以对于标识符来说,PL0 词法分析程序返回的是单词自身值,不是符号表位置的指针,而是标识符的名字串。

getsym( )逐个读取下面的字符,然后将其拼成下一个有意义的单词,返回相应的单词符号。

下面是 getsym( )的一个代码片段:

```
int getsym( )            /* 词法分析,获取一个符号 */
{
   …
   while(ch==" "||ch==10||ch==13||ch==9)  /* 忽略空格、换行、回车和 Tab */
   {
```

```
    getchdo;          /* 取下一个字符到 ch */
}
if(ch>='a'&&ch<='z')    /* 标识符或保留字以 a~z 开头 */
{
    …            /* 标识符或保留字的字母数字字符串置于字符数组 a */
    strcpy(id,a);      /* 设置标识符或保留字名字串 id */
    …            /* 在保留字表 wsym 中搜索当前符号是否为保留字 */
    if(…)          /* 是保留字 */
    {
        sym=wsym[k];    /* 置保留字的单词种别至 sym */
    }
    else          /* 搜索失败,不是保留字 */
    {
        sym=ident;     /* 置单词种别全局变量 sym 为 ident,即标识符 */
    }
}
else
{
    if(ch>='0'&&ch<='9')/* 检测是否为数字:以 0~9 开头 */
    {
        …
        sym=number;    /* 置单词种别全局量 sym 为 number,即无符号整数 */
        …        /* 获取数字并转换为十进制整数值,置于 num */
        if(…)      /* 数字的位数超过允许范围,报错 */
        {
            error(30);
        }
    }
    else        /* 不是数字 */
    {
        if(ch==':')     /* 检测赋值符号 */
        {
            getchdo;
            if(ch=='=')
            {
                sym=becomes;/* 置单词种别为 number,即赋值符号 */
                getchdo;
            }
```

55

```
            else
            {
              sym = nul;/*不能识别的符号*/
            }
        }
        else
        {
          if( ch = ='<')/*检测小于或小于等于符号*/
          {
            getchdo;
            if( ch = ='=')
            {
              sym = leq;/*置单词种别为 leq,即小于等于符号*/
              getchdo;
            }
            else
            {
              sym = lss;/*置单词种别为 lss,即小于符号*/
            }
          }
          else
          {
            if( ch = ='>') /*检测大于或大于等于符号*/
            {
              …   /*类似小于等于符号情形*/
                /*置单词种别为 geq 或 grt */
            }
            else
            {   /*当符号不满足上述条件时,全部按照单字符符号处理*/
              sym = ssym[ ch];
              …
            }
          }
        }
      }
  return 0;
}
```

上述代码片段体现了 getsym( )的基本流程,其控制过程的几个重要方面如下:

(1) 识别空格

空格在程序中必然存在,在语法分析时需将其去除。

(2) 识别保留字和标识符

PL0 编译程序定义了一个保留字表 word。保留字表按字母顺序存放,词法分析程序使用折半查找。若找到,则识别为保留字,将对应的单词种别放在 sym 中;若查不到,则认为是用户定义的标识符,将 sym 置为 ident,而将代表标识符名字的串存放于 id 中。

(3) 拼数

当扫描到数字时,将字符串形式的十进制数转换成机内表示的二进制数,然后把单词 number 放在 sym 中,数值本身的值放在 num 中。

(4) 其他单字符或者双字符的界符、运算符识别后将相应的单词种类送至 sym 中。

函数 getsym 在需要取下一个字符时调用 getchdo,它是对函数 getch( )的包装。getch( )的基本功能是:略过空格,读取一个字符;每次读入源程序的一行,存入 line 缓冲区,line 被 getsym 取空后再读一行。

习　题

1.词法分析程序的主要任务是什么?

2.单词一般分为哪几类? 单词在计算机中怎样表示?

3.描述词法分析程序有哪些方法? 分别进行简要说明。

4.用 C 语言编写一个识别浮点数的程序。

有如下 lex 描述文件的识别规则部分,请指出输入特定字符串后输出的是什么。

```
%%
[0-9A-Fa-f]+H  { printf ("Number");}
[A-Za-z][A-Za-z0-9]  { printf ("Identifier");}
"LET"  { printf ("Keyword");}
"="  { printf ("Operator");}
.{}
%%
```

其中输入的串是"LET Something01 = DeadBeefH"。

第5章 确定的自顶向下语法分析

本章导言

语法分析是编译程序的核心部分,其目的是识别由词法分析给出的单词符号序列是否为给定文法的正确句子(程序),目前语法分析常用的方法有自顶向下分析和自底向上分析两大类。自顶向下分析法就是从文法的开始符号出发试图推导出与输入的单词串完全匹配的句子,若输入串为给定文法的句子,则必能推出,反之必然出错。自顶向下的确定分析方法需对文法有一定的限制,但由于实现方法简单、直观,便于手工构造或自动生成语法分析器,因而仍是目前常用的方法之一。本章主要介绍适用于确定的自顶向下语法分析的 LL(k)文法,包括其相关概念、LL(1)文法判定、非 LL(1)文法转换、预测分析方法等。

5.1 确定的自顶向下分析过程

确定的自顶向下语法分析,是从文法的开始符号出发,考虑如何根据当前的输入符号(单词符号)唯一地确定选用哪个产生式替换相应非终结符以往下推导,或如何构造一棵相应的语法树。

例 5.1 若有文法 $G_1[S]$:

$S \rightarrow pA \mid qB$

$A \rightarrow cAd \mid a$

$B \rightarrow dB \mid b$

要识别输入串 $W = pccadd$ 是否为该文法的句子。

自顶向下的推导过程为:

$S \Rightarrow pA \Rightarrow pcAd \Rightarrow pccAdd \Rightarrow pccadd$

相应语法树见图 5-1。

$G_1[S]$ 文法有以下两个特点:

(1) 每个产生式的右部都由终结符号开始。

(2) 如果两个产生式有相同的左部,那么它们的右部由不同的终结符开始。

对于这样的文法,显然在推导过程中完全可以根据当前的输入符号决定选择哪个产生式往下推导,因此分析过程是唯一确定的。

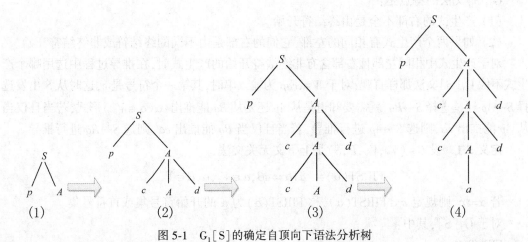

图 5-1 $G_1[S]$ 的确定自顶向下语法分析树

例 5.2 若有文法 $G_2[S]$：

$S \rightarrow Ap$

$S \rightarrow Bq$

$A \rightarrow a$

$A \rightarrow cA$

$B \rightarrow b$

$B \rightarrow dB$

要识别输入串 $W = ccap$ 是否为该文法的句子。

推导过程为：

$S \Rightarrow Ap \Rightarrow cAp \Rightarrow ccAp \Rightarrow ccap$

构造的相应语法树如图 5-2 所示。

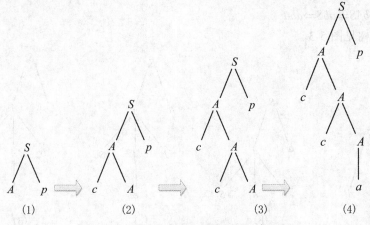

图 5-2 $G_2[S]$ 的确定自顶向下语法分析树

$G_2[S]$ 文法的特点是:

(1) 产生式的右部不全是由终结符开始。

(2) 如果两个产生式有相同的左部,它们的右部是由不同的终结符或非终结符开始。

对于产生式中相同左部且右部含有非终结符开始的产生式时,在推导过程中选用哪个产生式不像 $G_1[S]$ 文法那样直观,对于 $W=ccap$ 为输入串时,其第一个符号是 c,这时从 S 出发选择 $S{\rightarrow}Ap$ 还是选择 $S{\rightarrow}Bq$,就需要知道是从 Ap 还是从 Bq 能推出 $c\alpha(\alpha\in V^*)$ 形式,若当且仅当从 Ap 能推出 $c\alpha$,则选 $S{\rightarrow}Ap$ 进行推导,若当且仅当 Bq 能推出 $c\alpha$,则选 $S{\rightarrow}Bq$ 进行推导。

定义 5.1　设 $G=(V_T,V_N,P,S)$ 是上下文无关文法,

$$\mathrm{FIRST}(\alpha)=\{a\mid\alpha\overset{*}{\Rightarrow}a\beta,a\in V_T,\alpha,\beta\in V^*\}$$

若 $\alpha\overset{*}{\Rightarrow}\varepsilon$,则规定 $\varepsilon\in\mathrm{FIRST}(\alpha)$,称 $\mathrm{FIRST}(\alpha)$ 为 α 的开始符号集或首符号集。

对于 $G_2[S]$,其中:

$\mathrm{FIRST}(Ap)=\{a,c\}$

$\mathrm{FIRST}(Bq)=\{b,d\}$

在文法 $G_2[S]$ 中,关于 S 的两个产生式的右部虽然都以非终结符开始,但它们右部的符号串可以推导出的首符号集合不相交,因而可以根据当前的输入符号是属于哪个产生式右部的首符号集合而决定选择相应产生式进行推导。这样仍能构造确定的自顶向下语法分析过程与语法分析树。

在文法 $G_1[S]$ 和 $G_2[S]$ 中都不包含空产生式,处理比较直观简单。下面考虑当文法中有空产生式时的情况。

例 5.3　若有文法 $G_3[S]$:

$S{\rightarrow}aA$

$S{\rightarrow}d$

$A{\rightarrow}bAS$

$A{\rightarrow}\varepsilon$

要识别的输入串为 $W=abd$,试图推导出 abd 串的推导过程为:

$S{\Rightarrow}aA{\Rightarrow}abAS{\Rightarrow}abS{\Rightarrow}abd$

相应语法树见图 5-3。

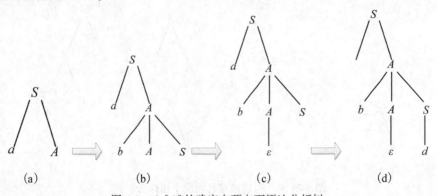

| (a) | (b) | (c) | (d) |

图 5-3　$G_3[S]$ 的确定自顶向下语法分析树

从以上推导过程中可以看出,在第 2 步到第 3 步的推导中,即 $abAS \Rightarrow abS$ 时,因当前面临输入符号为 d,而最左非终结符 A 的产生式右部的开始符号集合都不包含 d,但有 ε,因此对于 d 的匹配自然认为只能依赖于在可能的推导过程中 A 的后面的符号,所以这时选用产生式 $A \rightarrow \varepsilon$ 往下推导,而当前 A 后面的符号为 S,S 产生式右部的开始符号集合包含了 d,所以例 5.3 中可用 $S \rightarrow d$ 推导得到匹配。

由此可以看出,当某一非终结符的产生式中含有空产生式时,它的非空产生式右部的首符号集两两不相交,并与在推导过程中紧跟该非终结符右边可能出现的终结符集也不相交,则仍可构造确定的自顶向下语法分析过程和语法分析树,为此,定义一个文法符号的后跟符号的集合如下。

定义 5.2　设 $G = (V_T, V_N, P, S)$ 是上下文无关文法,$A \in V_N$,S 是开始符号。

$$\mathrm{FOLLOW}(A) = \{a \mid S \overset{*}{\Rightarrow} \mu A\beta \text{ 且 } a \in V_T, a \in \mathrm{FIRST}(\beta), \mu \in V_T{}^*, \beta \in V^+\}$$

若 $S \overset{*}{\Rightarrow} \mu A\beta$,且 $\beta \overset{*}{\Rightarrow} \varepsilon$,则 $\# \in \mathrm{FOLLOW}(A)$。

也可定义为:

$$\mathrm{FOLLOW}(A) = \{a \mid S \overset{*}{\Rightarrow} \dots Aa\dots, a \in V_T\}$$

若有 $S \overset{*}{\Rightarrow} \dots A$,则规定 $\# \in \mathrm{FOLLOW}(A)$。

这里'#'为输入串的结束符,或称输入串括号。

因此当文法中含有形如:

$A \rightarrow \alpha$

$A \rightarrow \beta$

的产生式时,其中 $A \in V_N$,$\alpha, \beta \in V^*$,若 α 和 β 不能同时推导出空,假定 α 不能推出 ε,而 $\beta \overset{*}{\Rightarrow} \varepsilon$,则当 $\mathrm{FIRST}(\alpha) \cap (\mathrm{FIRST}(\beta) - \{\varepsilon\}) \cup \mathrm{FOLLOW}(A)) = \varnothing$ 时,对于非终结符 A 的推导仍可唯一地确定候选产生式。

定义 5.3　给定上下文无关文法的产生式 $A \rightarrow \alpha$,$A \in V_N$,$\alpha \in V^*$,若 α 不能推出 ε,则 $\mathrm{SELECT}(A \rightarrow \alpha) = \mathrm{FIRST}(\alpha)$。

如果 $\alpha \overset{*}{\Rightarrow} \varepsilon$,则 $\mathrm{SELECT}(A \rightarrow \alpha) = (\mathrm{FIRST}(\alpha) - \{\varepsilon\}) \cup \mathrm{FOLLOW}(A)$。

定义 5.4　一个上下文无关文法是 LL(1) 文法的充分必要条件是,对每个非终结符 A 的两个不同产生式:

$A \rightarrow \alpha$

$A \rightarrow \beta$

满足:

$$\mathrm{SELECT}(A \rightarrow \alpha) \cap \mathrm{SELECT}(A \rightarrow \beta) = \varnothing$$

其中 α, β 不能同时推出 ε。

LL(1) 的含义如下:

(1) 第 1 个 L 表明自顶向下分析是从左向右扫描输入串;

(2) 第 2 个 L 表明分析过程中将用最左推导;

(3) "1"表明只需向右看一个符号便可决定如何推导,即选择哪个产生式(规则)进行推导。

与此类似,也可以有 LL(k)文法,也就是需向前查看 k 个符号才可以确定选用哪个产生式。通常采用 $k=1$,个别情况采用 $k=2$。

从前面的例子容易看出,能够使用自顶向下分析的 $G_1[S]$、$G_2[S]$ 和 $G_3[S]$ 文法都是 LL(1)文法。

针对例 5.3 的 $G_3[S]$ 文法:

$S \to aA$

$S \to d$

$A \to bAS$

$A \to \varepsilon$

不难看出:

$\text{SELECT}(S \to aA) = \{a\}$

$\text{SELECT}(S \to d) = \{d\}$

$\text{SELECT}(A \to bAS) = \{b\}$

$\text{SELECT}(A \to \varepsilon) = \{a, d, \#\}$

所以

$\text{SELECT}(S \to aA) \cap \text{SELECT}(S \to d) = \{a\} \cap \{d\} = \varnothing$

$\text{SELECT}(A \to bAS) \cap \text{SELECT}(A \to \varepsilon) = \{b\} \cap \{a, d, \#\} = \varnothing$

由定义 5.4 知例 5.3 的 $G_3[S]$ 文法是 LL(1)文法,所以可用确定的自顶向下分析。

例 5.4 设文法 $G_4[S]$ 为:

$S \to aAS$

$S \to b$

$A \to bA$

$A \to \varepsilon$

则

$\text{SELECT}(S \to aAS) = \{a\}$

$\text{SELECT}(S \to b) = \{b\}$

$\text{SELECT}(A \to bA) = \{b\}$

$\text{SELECT}(A \to \varepsilon) = \{a, b\}$

所以

$\text{SELECT}(S \to aAS) \cap \text{SELECT}(S \to b) = \{a\} \cap \{b\} = \varnothing$

$\text{SELECT}(A \to bA) \cap \text{SELECT}(A \to \varepsilon) = \{b\} \cap \{a, b\} \neq \varnothing$

因此,例 5.4 的 $G_4[S]$ 文法不是 LL(1)文法,因而也就不可能用确定的自顶向下分析。其原因可以对输入串 $W=ab$ 的下列两种不同推导过程看出。

(1) $S \Rightarrow aAS \Rightarrow abAS \Rightarrow abS$

(2) $S \Rightarrow aAS \Rightarrow aS \Rightarrow ab$

在第一种推导过程中,在句型 abS 中由于 S 不能推出 ε,所以第一种推导过程推不出 ab;而第(2)种推导过程则推出了 ab。在上述两种推导过程中,第 1 个输入符 a 的匹配都用了产生式 $S \to aAS$,得到句型 aAS。这时按最左推导需用 A 的产生式右部替换 A,而关于

A 的产生式有两个不同的右部,即有两个候选。当前的输入符号为 b,第(1)种推导过程认为产生式 $A{\to}bA$ 的右部开始符号为 b,所以可用 bA 替换 A,使 b 得到匹配,第(2)种推导过程认为 A 的后跟符集合中含有 b,所以用产生式 $A{\to}\varepsilon$ 进行推导,用 ε 替换了 A,得到句型 aS,符号 b 由 S 往下推导去匹配,而关于 S 的产生式恰有 $S{\to}b$,所以用它推导 b 得到匹配。

以上两种推导中,当第 2 步推导时当前输入符为 b,对句型 aS 中的 A 用哪个产生式推导不能唯一确定,也就是导致了这个文法不能构造确定的自顶向下分析。

5.2 LL(1)文法判别

当需选用自顶向下分析方法时,首先必须判别所给文法是否是 LL(1)文法。因而对任给文法需计算 FIRST、FOLLOW 与 SELECT 集合,进而判别文法是否为 LL(1)文法。

在下面的讨论中假定所给文法是经过压缩的,即文法中不包含多余规则。

例 5.5 判别如下的文法 $G_5[S]$ 是否为 LL(1)文法。

$S{\to}AB$
$S{\to}bC$
$A{\to}\varepsilon$
$A{\to}b$
$B{\to}\varepsilon$
$B{\to}aD$
$C{\to}AD$
$C{\to}b$
$D{\to}aS$
$D{\to}c$

判别步骤:

(1) 求出能推出 ε 的非终结符。

首先建立一个以文法的非终结符个数为上界的一维数组,其数组元素为非终结符,对应每一非终结符有一标志位,用以记录能否推出 ε。其值有三种情况"未定""是""否"。

例 5.5 文法 $G_5[S]$ 所对应数组 X[ ]的内容如表 5-1 所示。

表 5-1 非终结符能否推出 ε

非终结符	S	A	B	C	D
初值	未定	未定	未定	未定	未定
第 1 次扫描		是	是		否
第 2 次扫描	是			否	

计算能推出 ε 的非终结符步骤如下：

①将数组 X[ ] 中对应每一非终结符的标记置初值为"未定"。

②扫描文法中的产生式。

a.删除所有右部含有终结符的产生式，若这使得以某一非终结符为左部的所有产生式都被删除，则将数组中对应该非终结符的标记值改为"否"，说明该非终结符不能推出 ε。

b.若某一非终结符的某一产生式右部为 ε，则将数组中对应该非终结符的标志置为"是"，并从文法中删除该非终结符的所有产生式。

③扫描产生式右部的每一符号。

a.若所扫描到的非终结符号在数组中对应的标志为"是"，则删去该非终结符，若这使产生式右部为空，则对产生式左部的非终结符在数组中对应的标志改为"是"，并删除该非终结符为左部的所有产生式。

b.若所扫描到的非终结符号在数组中对应的标志为"否"，则删去该产生式，若这使产生式左部非终结符的有关产生式都被删去，则把在数组中该非终结符对应的标志改成"否"。

④重复③，直到扫描完一遍文法的产生式，数组中非终结符对应的标志再没有改变为止。

由②中 a.得知例 5.5 中对应非终结符 D 的标志改为"否"。

经过上述②中 a.、b.两步后文法中的产生式只剩下：$S{\to}AB$　$C{\to}AD$，也就是只剩下右部全是非终结符串的产生式。

再由③中的 a.步扫描到产生式 $S{\to}AB$ 时，在数组中 A、B 对应的标志都为"是"，删去后 S 的右部变为空，所以 S 对应标志置为"是"。

最后由③中的 b.扫描到产生式 $C{\to}AD$ 时，其中，A 对应的标志为"是"，D 对应的标志是"否"，删去该产生式后，再无左部为 C 的产生式，所以 C 的对应标志改为"否"。

（2）计算 FIRST 集

①根据定义计算

根据 FIRST 集定义为每一文法符号 $X \in V$ 计算 FIRST(X)。

a.若 $X \in V_T$，则 FIRST$(X) = \{X\}$。

b.若 $X \in V_N$ 且有产生式 $X{\to}a\ldots, a \in V_T$，则 $a \in$ FIRST(X)。

c.若 $X \in V_N$ 且 $X{\to}\varepsilon$，则 $\varepsilon \in$ FIRST(X)。

d.$X, Y_1, Y_2, \ldots, Y_n \in V_N$ 且 $X{\to}Y_1 Y_2 \ldots Y_n$，若 $Y_1, Y_2, \ldots, Y_{i-1} \overset{*}{\Rightarrow} \varepsilon$（其中 $1 \leq i \leq n$），则
FIRST$(Y_1) - \{\varepsilon\}$，FIRST$(Y_2) - \{\varepsilon\}$，$\ldots$，FIRST$(Y_{i-1}) - \{\varepsilon\}$，FIRST$(Y_i)$
都包含在 FIRST(X) 中。

e.若 d.中所有 $Y_i \overset{*}{\Rightarrow} \varepsilon (i = 1, 2, \ldots, n)$，则
FIRST$(X) =$ FIRST$(Y_1) \cup$ FIRST$(Y_2) \cup \ldots \cup$ FIRST$(Y_n) \cup \{\varepsilon\}$。

反复使用上述 b.至 e.步直到每个符号的 FIRST 集合不再增大为止。

求出每个文法符号的 FIRST 集合后也就不难求出一个符号串的 FIRST 集合。

若符号串 $\alpha \in V^*$，$\alpha = X_1 X_2 \ldots X_n$，当 X_1 不能推出 ε，则 FIRST$(\alpha) =$ FIRST(X_1)。

若对任何 $j(1 \leqslant j \leqslant i-1, 2 \leqslant i \leqslant n)$、$\varepsilon \in \text{FIRST}(X_j)$、$\varepsilon \notin \text{FIRST}(X_i)$，

则 $\text{FIRST}(\alpha) = \bigcup_{j=1}^{i-1} (\text{FIRST}(X_j) - \{\varepsilon\}) \cup \text{FIRST}(X_i)$。

当所有 $\text{FIRST}(X_j) (1 \leqslant j \leqslant n)$ 都含有 ε 时，则

$\text{FIRST}(\alpha) = \bigcup_{j=1}^{n} (\text{FIRST}(X_j))$。

由此方法可计算出例 5.5 文法各非终结符的 FIRST 集。

$\text{FIRST}(S) = \{\text{FIRST}(A) - \{\varepsilon\}\} \cup \{\text{FIRST}(B) - \{\varepsilon\}\} \cup \{\varepsilon\} \cup \{b\} = \{b, a, \varepsilon\}$

$\text{FIRST}(A) = \{b\} \cup \{\varepsilon\} = \{b, \varepsilon\}$

$\text{FIRST}(B) = \{\varepsilon\} \cup \{a\} = \{a, \varepsilon\}$

$\text{FIRST}(C) = \{\text{FIRST}(A) - \{\varepsilon\}\} \cup \text{FIRST}(D) \cup \text{FIRST}(b) = \{b, a, c\}$

$\text{FIRST}(D) = \{a\} \cup \{c\} = \{a, c\}$

所以最终求得：

$\text{FIRST}(S) = \{a, b, \varepsilon\}$

$\text{FIRST}(A) = \{b, \varepsilon\}$

$\text{FIRST}(B) = \{a, \varepsilon\}$

$\text{FIRST}(C) = \{a, b, c\}$

$\text{FIRST}(D) = \{a, c\}$

每个产生式的右部符号串的开始符号集合为：

$\text{FIRST}(AB) = \{a, b, \varepsilon\}$

$\text{FIRST}(bC) = \{b\}$

$\text{FIRST}(\varepsilon) = \{\varepsilon\}$

$\text{FIRST}(b) = \{b\}$

$\text{FIRST}(aD) = \{a\}$

$\text{FIRST}(AD) = \{a, b, c\}$

$\text{FIRST}(b) = \{b\}$

$\text{FIRST}(aS) = \{a\}$

$\text{FIRST}(c) = \{c\}$

②由关系图法求文法符号的 FIRST 集合：

a. 每个文法符号对应图中一个结点，对应终结符的结点时用符号本身标记，对应非终结符（如 $A \in V_N$）的结点用 $\text{FIRST}(A)$ 标记。

b. 如果文法中有产生式 $A \to \alpha X\beta$，且 $\alpha \overset{*}{\Rightarrow} \varepsilon$，则从对应 A 的结点到对应 X 的结点连一条箭弧。

c. 凡是从 $\text{FIRST}(A)$ 结点有路径可达的终结符结点所标记的终结符都是 $\text{FIRST}(A)$ 的成员。

d. 根据判别步骤(1)确定 ε 是否为某非终结符 FIRST 集的成员，若是，则将 ε 加入该非终结符的 FIRST 集中。

以例 5.5 文法 $G_5[S]$ 为例计算 FIRST 集的关系图如图 5-4 所示。

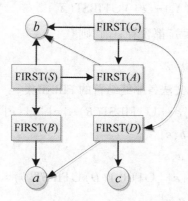

图 5-4　计算 FIRST 集的关系图

由关系图法求得例 5.5 文法 $G_5[S]$ 非终结符的 FIRST 集结果如下：

$FIRST(S) = \{a, b, \varepsilon\}$

$FIRST(A) = \{b, \varepsilon\}$

$FIRST(B) = \{a, \varepsilon\}$

$FIRST(C) = \{a, b, c\}$

$FIRST(D) = \{a, c\}$

与根据定义求得的结果相同。

注意：不能把 ε 结点画在关系图中。

（3）计算 FOLLOW 集

①根据定义计算

对文法中每一非终结符 A 计算 FOLLOW(A)。

a.设 S 为文法的开始符号，把 $\{\#\}$ 加入 FOLLOW(S) 中（这里"#"为句子括号）。

b.若有 $A \rightarrow \alpha B \beta$ 的产生式，则把 FIRST(β) 中非空串元素加入 FOLLOW(B) 中。

如果 $\beta \overset{*}{\Rightarrow} \varepsilon$，则把 FOLLOW$(A)$ 也加入 FOLLOW(B) 中。

c.反复使用 b.直到每个非终结符的 FOLLOW 集不再增大为止。

现计算例 5.5 文法 $G_5[S]$ 各非终结符的 FOLLOW 集。

$FOLLOW(S) = \{\#\} \cup FOLLOW(D)$

$FOLLOW(A) = (FIRST(B) - \{\varepsilon\}) \cup FOLLOW(S) \cup FIRST(D)$

$FOLLOW(B) = FOLLOW(S)$

$FOLLOW(C) = FOLLOW(S)$

$FOLLOW(D) = FOLLOW(B) \cup FOLLOW(C)$

由以上最终计算结果得：

$FOLLOW(S) = \{\#\}$

$FOLLOW(A) = \{a, \#, c\}$

FOLLOW(B) = {#}

FOLLOW(C) = {#}

FOLLOW(D) = {#}

②用关系图法求非终结符的 FOLLOW 集

a.文法 G 中的每个符号和"#"对应图中的一个结点,对应终结符和"#"的结点用符号本身标记,对应非终结符结点(如 $A \in V_N$)则用 FOLLOW(A)或 FIRST(A)标记。

b.从开始符号 S 的 FOLLOW(S)结点到"#"号的结点连一条箭弧。

c.如果文法中有产生式 $A \rightarrow \alpha B \beta X$ 且 $\beta \overset{*}{\Rightarrow} \varepsilon$,则从 FOLLOW($B$)结点到 FIRST($X$)结点连一条弧,当 $X \in V_T$ 时,则与 X 相连。

d.如果文法中有产生式 $A \rightarrow \alpha B \beta$ 且 $\beta \overset{*}{\Rightarrow} \varepsilon$ 则从 FOLLOW(B)结点到 FOLLOW(A)结点连一条箭弧。

e.对每一 FIRST(A)结点如果有产生式 $A \rightarrow \alpha X \beta$ 且 $\alpha \overset{*}{\Rightarrow} \varepsilon$,则从 FIRST($A$)到 FIRST($X$)连一条箭弧。

f.凡是 FOLLOW(A)结点有路径可以到达的终结符或"#"号的结点,其所标记的终结符或"#"号即为 FOLLOW(A)的成员。

现在对例 5.5 文法 $G_5[S]$用关系图法计算 FOLLOW 集如图 5-5 所示。

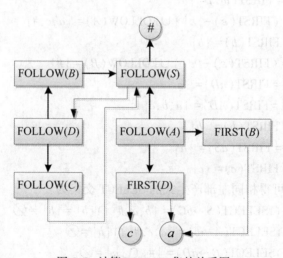

图 5-5 计算 FOLLOW 集的关系图

则得:

FOLLOW(S) = {#}

FOLLOW(A) = {a,#,c}

FOLLOW(B) = {#}

FOLLOW(C) = {#}

FOLLOW(D) = {#}

与根据定义结果相同。

（4）计算 SELECT 集

对例 5.5 文法 $G_5[S]$ 的 FIRST 集和 FOLLOW 集计算结果如表 5-2 所示。

表 5-2　文法 $G_5[S]$ 的 FIRST 集和 FOLLOW 集表

非终结符名	是否推出 ε	FIRST 集	FOLLOW 集
S	是	$\{b,a,\varepsilon\}$	$\{\#\}$
A	是	$\{b,\varepsilon\}$	$\{a,c,\#\}$
B	是	$\{a,\varepsilon\}$	$\{\#\}$
C	否	$\{a,b,c\}$	$\{\#\}$
D	否	$\{a,c\}$	$\{\#\}$

每个产生式的 SELECT 集合计算为：

$\text{SELECT}(S{\rightarrow}AB)=(\text{FIRST}(AB)-\{\varepsilon\})\cup\text{FOLLOW}(S)=\{b,a,\#\}$

$\text{SELECT}(S{\rightarrow}bC)=\text{FIRST}(bC)=\{b\}$

$\text{SELECT}(A{\rightarrow}\varepsilon)=(\text{FIRST}(\varepsilon)-\{\varepsilon\})\cup\text{FOLLOW}(A)=\{a,c,\#\}$

$\text{SELECT}(A{\rightarrow}b)=\text{FIRST}(b)=\{b\}$

$\text{SELECT}(B{\rightarrow}\varepsilon)=(\text{FIRST}(\varepsilon)-\{\varepsilon\})\cup\text{FOLLOW}(B)=\{\#\}$

$\text{SELECT}(B{\rightarrow}aD)=\text{FIRST}(aD)=\{a\}$

$\text{SELECT}(C{\rightarrow}AD)=\text{FIRST}(AD)=\{a,b,c\}$

$\text{SELECT}(C{\rightarrow}b)=\text{FIRST}(b)=\{b\}$

$\text{SELECT}(D{\rightarrow}aS)=\text{FIRST}(aS)=\{a\}$

$\text{SELECT}(D{\rightarrow}c)=\text{FIRST}(c)=\{c\}$

由以上计算结果可得相同左部产生式的 SELECT 交集为：

$\text{SELECT}(S{\rightarrow}AB)\cap\text{SELECT}(S{\rightarrow}bC)=\{b,a,\#\}\cap\{b\}=\{b\}\neq\varnothing$

$\text{SELECT}(A{\rightarrow}\varepsilon)\cap\text{SELECT}(A{\rightarrow}b)=\{a,c,\#\}\cap\{b\}=\varnothing$

$\text{SELECT}(B{\rightarrow}\varepsilon)\cap\text{SELECT}(B{\rightarrow}aD)=\{\#\}\cap\{a\}=\varnothing$

$\text{SELECT}(C{\rightarrow}AD)\cap\text{SELECT}(C{\rightarrow}b)=\{b,a,c\}\cap\{b\}=\{b\}\neq\varnothing$

$\text{SELECT}(D{\rightarrow}aS)\cap\text{SELECT}(D{\rightarrow}c)=\{a\}\cap\{c\}=\varnothing$

由 LL(1) 文法定义知该文法不是 LL(1) 文法，因为关于 S 和 C 的相同左部其产生式的 SELECT 集的交集不为空。

5.3　非 LL(1) 文法的等价转换

确定的自顶向下分析方法要求对给定语言的文法必须是 LL(k) 形式。针对 LL(1) 文法,不一定每个语言都是 LL(1) 文法,对一个语言的非 LL(1) 文法能否变换为等价的 LL(1) 形式以及如何变换是本节讨论的主要问题。

由 LL(1) 文法的定义可知若文法中含有直接或间接左递归,或含有左公共因子,则该文法肯定不是 LL(1) 文法;因而,设法消除文法中的左递归、提取左公共因子对文法进行等价变换,在某些特殊情况下可能使其变为 LL(1) 文法。

1.提取左公共因子

若文法中含有形如:$A\rightarrow\alpha\beta\,|\,\alpha\gamma$ 的产生式,这导致了对相同左部的产生式其右部的 FIRST 集相交,也就是 $\text{SELECT}(A\rightarrow\alpha\beta)\cap\text{SELECT}(A\rightarrow\alpha\gamma)\neq\varnothing$,不满足 LL(1) 文法的充分必要条件。

现将产生式 $A\rightarrow\alpha\beta\,|\,\alpha\gamma$ 进行等价变换为:

$A\rightarrow\alpha(\beta\,|\,\gamma)$

可进一步引进新非终结符 A',使产生式变换为:

$A\rightarrow\alpha A'$

$A'\rightarrow\beta\,|\,\gamma$

一般形式为:

$A\rightarrow\alpha\beta_1\,|\,\alpha\beta_2\,|\,...\,|\,\alpha\beta_n$,提取左公共因子后变为:

$A\rightarrow\alpha(\beta_1\,|\,\beta_2\,|\,...\,|\,\beta_n)$,再引进非终结符 A',变为:

$A\rightarrow\alpha A'$

$A'\rightarrow\beta_1\,|\,\beta_2\,|\,...\,|\,\beta_n$

若在 $\beta_i,\beta_j,\beta_k,...$(其中 $1\leq i,j,k\leq n$)中仍含有左公共因子,这时可再次提取,这样反复进行提取直到引进新非终结符的有关产生式再无左公共因子为止。

例 5.6 若文法 $G_6[S]$ 的产生式为:

(1) $S\rightarrow aSb$

(2) $S\rightarrow aS$

(3) $S\rightarrow\varepsilon$

对产生式(1)、(2)提取左公共因子后得:

$S\rightarrow aS(b\,|\,\varepsilon)$

$S\rightarrow\varepsilon$

进一步变换为文法 $G'_6[S]$:

$S\rightarrow aSA$

$A\rightarrow b$

$A\rightarrow\varepsilon$

$S\rightarrow\varepsilon$

例 5.7 若文法 $G_7[S]$ 的产生式为:

(1) $A\rightarrow ad$

(2) $A\rightarrow Bc$

(3) $B\rightarrow aA$

(4) $B{\rightarrow}bB$

产生式(2)的右部以非终结符开始,因此左公共因子可能是隐式的,这种情况下,对右部以非终结符开始的产生式,用其相同左部而右部以终结符开始的产生式进行相应替换,对文法 $G_7[S]$ 分别用(3)、(4)的右部替换(2)中的 B,可得:

(1) $A{\rightarrow}ad$

(2) $A{\rightarrow}aAc$

(3) $A{\rightarrow}bBc$

(4) $B{\rightarrow}aA$

(5) $B{\rightarrow}bB$

提取产生式(1)、(2)的左公共因子得:

$A{\rightarrow}a(d|Ac)$

$A{\rightarrow}bBc$

$B{\rightarrow}aA$

$B{\rightarrow}bB$

引进新非终结符 A' 后得文法 $G'_7[S]$:

(1) $A{\rightarrow}aA'$

(2) $A{\rightarrow}bBc$

(3) $A'{\rightarrow}d$

(4) $A'{\rightarrow}Ac$

(5) $B{\rightarrow}aA$

(6) $B{\rightarrow}bB$

不难验证经提取左公共因子后文法 $G'_6[S]$ 仍不是 LL(1) 文法,而文法 $G'_7[S]$ 变成了 LL(1)文法,因此文法中不含左公共因子只是 LL(1) 文法的必要条件,而不是充分条件。

值得注意的是,对文法进行提取左公共因子变换后,有时会使某些产生式变成无用产生式,在这种情况下必须对文法重新压缩(或化简)。

例 5.8　若有文法 $G_8[S]$ 的产生式为:

(1) $S{\rightarrow}aSd$

(2) $S{\rightarrow}Ac$

(3) $A{\rightarrow}aS$

(4) $A{\rightarrow}b$

用产生式(3)、(4)中右部替换产生式(2)中右部的 A,文法变为:

(1) $S{\rightarrow}aSd$

(2) $S{\rightarrow}aSc$

(3) $S{\rightarrow}bc$

(4) $A{\rightarrow}aS$

(5) $A{\rightarrow}b$

对(1)、(2)提取左公共因子得:

$S{\rightarrow}aS(d|c)$

引入新非终结符 A' 后变为：

(1) $S \rightarrow aSA'$

(2) $S \rightarrow bc$

(3) $A' \rightarrow d \mid c$

(4) $A \rightarrow aS$

(5) $A \rightarrow b$

显然,原文法中非终结符 A 变成不可到达的符号,产生式(4)、(5)也就变为无用产生式,所以应删除。

此外也存在某些文法不能在有限步骤内提取完左公共因子的。

例 5.9 若有文法 $G_9[S]$ 的产生式为：

(1) $S \rightarrow Ap \mid Bq$

(2) $A \rightarrow aAp \mid d$

(3) $B \rightarrow aBq \mid e$

用(2)、(3)产生式的右部替换(1)中产生式的 A、B 使文法变为：

(1) $S \rightarrow aApp \mid aBqq$

(2) $S \rightarrow dp \mid eq$

(3) $A \rightarrow aAp \mid d$

(4) $B \rightarrow aBq \mid e$

对(1)提取左公共因子则得：

$S \rightarrow a(App \mid Bqq)$

再引入新非终结符 S' 结果得等价文法为：

(1) $S \rightarrow aS'$

(2) $S \rightarrow dp \mid eq$

(3) $S' \rightarrow App \mid Bqq$

(4) $A \rightarrow aAp \mid d$

(5) $B \rightarrow aBq \mid e$

同样,分别用(4)、(5)产生式的右部替换(3)中右部的 A、B 再提取左公共因子,最后结果得：

(1) $S \rightarrow aS'$

(2) $S \rightarrow dp \mid eq$

(3) $S' \rightarrow aS''$

(4) $S' \rightarrow dpp \mid eqq$

(5) $S'' \rightarrow Appp \mid Bqqq$

(6) $A \rightarrow aAp \mid d$

(7) $B \rightarrow aBq \mid e$

可以看出,若对(5)中产生式 A、B 继续用(6)、(7)产生式的右部替换,只能使文法的产生式愈来愈多地无限增加下去,而不能得到提取左公共因子后的预期结果。

由上面例子可以说明如下问题：

（1）不一定每个文法的左公共因子都能在有限步内替换成无左公共因子的文法，上面文法 $G_9[S]$ 就是如此。

（2）一个文法提取了左公共因子后，只解决了相同左部产生式右部的 FIRST 集不相交问题，当改写后的文法不含空产生式且无左递归时，则改写后的文法是 LL(1) 文法，若还有空产生式时，则还需用 LL(1) 文法的判别方式进行判断才能确定是否为 LL(1) 文法。

2. 消除左递归

观察如下产生式形式：

①$A \to A\beta$　　　　$A \in V_N, \beta \in V^*$

②$A \to B\beta$

$B \to A\alpha$　　　　$A, B \in V_N; \alpha, \beta \in V^*$

含①中情况的产生式，则称文法含有直接左递归，含②中的产生式可以形成推导 $A \overset{+}{\Rightarrow} A...$，则称文法中含有间接左递归。文法中只要含有①或含有②或二者皆有均认为文法是左递归的，一个文法是左递归时不能采用确定的自顶向下分析方法。

例 5.10　文法 $G_{10}[S]$ 含有直接左递归：

$S \to Sa$

$S \to b$

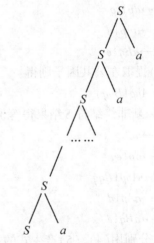

所能产生的语言 $L = \{ba^n \mid n \geq 0\}$，输入串 $baaaa\#$ 应是该语言的句子，但用自顶向下分析时可看出当输入符为 b 时，为了匹配 b 则应选用 $S \to b$ 来推导，但这样就推不出后半部分，而若用 $S \to Sa$ 推导则出现图 5-6 的情况，无法确定到什么时候才用 $S \to b$ 替换。在处理 S 的过程中，在当前输入符号尚未得到匹配就又进入递归调用处理 S 的过程，这样就会造成死循环。

例 5.11　有文法 $G_{11}[S]$ 为：

（1）$A \to aB$

（2）$A \to Bb$

（3）$B \to Ac$

（4）$B \to d$

图 5-6　含直接左递归文法的语法分析树结构

若有输入串为 $adbcbcbc\#$，则分析过程的语法树为图 5-7(a)。

这时 B 若用产生式（4）替换，则推导到此终止，不能推出 $adbcbcbc\#$，而若选用（3）则有图 5-7(b)。

由上述例子不难看出含有左递归的文法绝对不是 LL(1) 文法，所以也就不可能用确定的自顶向下分析方法。然而，为了使某些含有左递归的文法经等价变换消除左递归后可能变为 LL(1) 文法，可采取下列变换公式：

（1）消除直接左递归

把直接左递归改写为直接右递归，如对文法 $G_{10}[S]$：

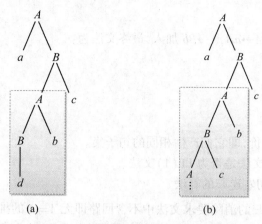

图 5-7 含间接左递归文法的语法分析树

$S \rightarrow Sa$

$S \rightarrow b$

可改写为：

$S \rightarrow bS'$

$S' \rightarrow aS' | \varepsilon$

改写后的文法和原文法产生的语言都为：$\{ba^n | n \geqslant 0\}$，不难验证改写后的文法为LL(1)文法。

一般情况下，假定关于 A 的全部产生式是：

$A \rightarrow A\alpha_1 | A\alpha_2 | \ldots | A\alpha_m | \beta_1 | \beta_2 | \ldots | \beta_n$

其中，$\alpha_i(1 \leqslant i \leqslant m)$ 不等于 ε，$\beta_j(1 \leqslant j \leqslant n)$ 不以 A 开头，消除直接左递归后改写为：

$A \rightarrow \beta_1 A' | \beta_2 A' | \ldots | \beta_n A'$

$A' \rightarrow \alpha_1 A' | \alpha_2 A' | \ldots | \alpha_m A' | \varepsilon$

（2）消除间接左递归

对于间接左递归的消除需先通过产生式非终结符置换，将间接左递归变为直接左递归，然后消除直接左递归。

以文法 $G_{11}[S]$ 为例：

（1）$A \rightarrow aB$

（2）$A \rightarrow Bb$

（3）$B \rightarrow Ac$

（4）$B \rightarrow d$

用产生式(1)、(2)的右部置换产生式(3)中的非终结符 A 得到左部为 B 的产生式为：

（1）$B \rightarrow aBc$

（2）$B \rightarrow Bbc$

（3）$B \rightarrow d$

消除左递归后得：

$B \rightarrow (aBc | d) B'$

$B' \rightarrow bcB' | \varepsilon$

再把其余的产生式 $A \rightarrow aB, A \rightarrow Bb$ 加入,最终文法为:

(1) $A \rightarrow aB$

(2) $A \rightarrow Bb$

(3) $B \rightarrow (aBc | d) B'$

(4) $B' \rightarrow bcB' | \varepsilon$

该文法与 $G_{11}[S]$ 等价,即它们产生相同的句子集。

可以检查改写后的文法是否为 LL(1) 文法。

(3) 消除文法中一切左递归的算法

对文法中一切左递归的消除要求文法中不含回路即无 $A \overset{+}{\Rightarrow} A$ 的推导。

满足这个要求的充分条件是,文法中不包含形如 $A \rightarrow A$ 的有害规则和 $A \rightarrow \varepsilon$ 的空产生式。

算法步骤:

①把文法的所有非终结符按某一顺序排序,如

$A_1, A_2, \ldots, A_n$

②从 A_1 开始消除左部为 A_1 的产生式的直接左递归,然后把左部为 A_1 的所有规则的右部逐个替换左部为 A_2 右部以 A_1 开始的产生式中的 A_1,并消除左部为 A_2 的产生式中的直接左递归。继而以同样方式把 A_1、A_2 的右部代入左部为 A_3 右部以 A_1 或 A_2 开始的产生式中,消除左部为 A_3 的产生式之直接左递归,直到把左部为 $A_1, A_2, \ldots, A_{n-1}$ 的右部代入左部为 A_n 的产生式中,从 A_n 中消除直接左递归。

把上述算法归结为:

若非终结符的排序为 $A_1, A_2, \ldots, A_n$。

```
FOR i: = 1 TO N DO
  BEGIN
    FOR j: = 1 TO i-1 DO
      BEGIN
        若 A_j 的所有产生式为:
        A_j→δ_1|δ_2|...|δ_k
        替换形如 A_i→A_jγ 的产生式为:
        A_i→δ_1γ|δ_2γ|...|δ_kγ
      END
    消除 A_i 中一切直接左递归。
  END
```

③去掉无用产生式。

例 5.12　有文法 $G_{12}[S]$ 为:

(1) $S \rightarrow Qc | c$

(2) $Q \rightarrow Rb | b$

(3) $R \rightarrow Sa | a$

该文法的每个非终结符为间接左递归,按上述方法消除该文法的一切左递归。

若非终结符排序为 S、Q、R。

左部为 S 的产生式(1)无直接左递归,(2)中右部不含 S,所以把(1)右部代入(3)得:

(4)$R{\rightarrow}Qca|ca|a$ 再将(2)的右部代入(4)得:

(5) $R{\rightarrow}Rbca|bca|ca|a$ 对(5)消除直接左递归得:

$R{\rightarrow}(bca|ca|a)R'$

$R'{\rightarrow}bcaR'|\varepsilon$

最终文法变为:

$S{\rightarrow}Qc|c$

$Q{\rightarrow}Rb|b$

$R{\rightarrow}(bca|ca|a)R'$

$R'{\rightarrow}bcaR'|\varepsilon$

若非终结符的排序为 R、Q、S。

则把(3)代入(2)得:

$Q{\rightarrow}Sab|ab|b$

再将此代入(1)得:

$S{\rightarrow}Sabc|abc|bc|c$

消除该产生式的左递归后,文法变为:

$S{\rightarrow}(abc|bc|c)S'$

$S'{\rightarrow}abcS'|\varepsilon$

$Q{\rightarrow}Rb|b$

$R{\rightarrow}Sa|a$

由于 Q 和 R 为不可到达的非终结符,所以以 Q 和 R 为左部及包含 Q 和 R 的产生式应删除。最终文法变为:

$S{\rightarrow}(abc|bc|c)S'$

$S'{\rightarrow}abcS'|\varepsilon$

当非终结符的排序不同时,最后结果的产生式形式不同,但它们是等价的。

5.4 递归子程序方法

在递归下降 LL(1)分析程序中,每个非终结符都对应一个子程序,分析程序从调用文法开始符号所对应的分析子程序开始执行。非终结符对应的分析子程序根据下一个单词符号可确定自顶向下分析过程中应该使用的产生式,根据所选定的产生式,分析程序依据产生式右端依次出现的符号来选取对应的分析策略。

(1)每遇到一个终结符,则判断当前读入的单词是否与该终结符相匹配,若匹配,再读取下一个单词继续分析;若不匹配,则进行出错处理;

(2)每遇到一个非终结符,则调用该非终结符对应的递归下降子程序进行下一轮的分析。

例如,设有如下产生式:

<function>→FUNC ID(<parameter_list>) <statement>

其中,<function>、<parameter_list>和<statement> 是非终结符,而 FUNC 和 ID 是终结符。若它是左部为<function>的唯一产生式,那么非终结符<function>对应的分析子程序 ParseFunction( )可描述为:

```
void ParseFunction( )
{
    MatchToken(T_FUNC);        //匹配 FUNC
    MatchToken(T_ID);          //匹配 ID
    MatchToken(T_LPAREN);      //匹配(
    ParseParameterList( );
    MatchToken(T_RPAREN);      //匹配)
    ParseStatement( );
}
```

其中,ParseParameterList( )和 ParseStatement( )分别为非终结符<parameter_list>和<statement>对应的分析子程序,而函数 MatchToken( )则是用于匹配当前终结符和正在扫描的单词符号,函数 MatchToken( )可描述为:

```
void MatchToken( int expected)
{
    if (lookahead ! = expected)    //判别当前单词是否与期望的终结符匹配
    {
        printf("syntax error \n");    //若不匹配,则报告出错信息,跳出
        exit(0);
    }
    else           // 若匹配,消费掉当前单词并读入下一个
        lookahead = getToken( );    //将单词符号的单词种别赋值给 lookahead
}
```

其中,lookahead 为全局量,存放当前所有扫描单词符号的单词种别。

在随后的讨论以及例子中,将继续使用全局量 lookahead 和 MatchToken( )函数。为叙述简洁,如不特别指明,后面将文法中的终结符直接用来代表当前所扫描单词符号的单词种别。

一般情况下,设 LL(1)文法中某一非终结符 A 所对应的所有产生式的集合为:

$$A \rightarrow u_1 | u_2 | \cdots | u_n$$

那么相对于非终结符 A 的分析子程序 ParseA( )可以具有如下形式的一般结构:

```
void ParseA( )
{
    switch (lookahead)   {
        case SELECT (A → u₁):
            ……               /* 根据 u₁设计的分析过程 */
            break;
```

```
        case SELECT (A →u₂):
            ……            /＊根据 u₂设计的分析过程 ＊/
            break；
        …
        case SELECT (A →uₙ):
            ……            /＊根据 uₙ设计的分析过程 ＊/
            break；
        default：
            printf(" syntax error \n")；
            exit(0)；
    }
}
```

值得注意的是,由于这是 LL(1)文法,所以产生式 $A \to u_1$, $A \to u_2$,…, $A \to u_n$ 的 *SELECT* 集合是两两互不相交的,故上述选择语句中的各个选择之间是互斥的。

例 5.13 设文法 $G_{13}[S]$ 为:

$S \to AaS | BbS | d$

$A \to a$

$B \to \varepsilon | c$

计算出各个产生式的 SELECT 集合:

$SELECT(S \to AaS) = \{a\}$

$SELECT(S \to BbS) = \{c, b\}$

$SELECT(S \to d) = \{d\}$

$SELECT(A \to a) = \{a\}$

$SELECT(B \to \varepsilon) = \{b\}$

$SELECT(B \to c) = \{c\}$

因为 $SELECT(S \to AaS)$, $SELECT(S \to BbS)$ 以及 $SELECT(S \to d)$ 互不相交, $SELECT(B \to \varepsilon)$ 和 $SELECT(S \to d)$ 不相交,所以, $G_{13}[S]$ 是 LL(1)文法。

文法 $G_{13}[S]$ 的开始符号 S 对应的分析子程序可以描述为:

```
void ParseS( )
{
    switch (lookahead)  {
        case a：
            ParseA( )；
            MatchToken(a)；
            ParseS( )；
            break；
        case b,c：
            ParseB( )；
            MatchToken(b)；
```

```
        ParseS( );
        break;
    case d:
        MatchToken(d);
        break;
    default:
        printf("syntax error \n")
        exit(0);
    }
}
```

文法 $G_{13}[S]$ 的非终结符 A 对应的分析子程序可以描述为:
```
void ParseA( )
{
    if (lookahead = = a)    {
        MatchToken(a);
    }
    else {
        printf("syntax error \n");
        exit(0);
    }
}
```

文法 $G_{13}[S]$ 非终结符 B 对应的分析子程序可以描述为:
```
void ParseB( )
{
    if (lookahead = = c)    {
        MatchToken(c);
    }
    else if (lookahead = = b) {
    }
    else {
        printf("syntax error \n");
        exit(0);
    }
}
```

5.5   预测分析方法

预测分析方法是一种自顶向下分析方法,一个预测分析器是由三个部分组成:
①预测分析程序;

②先进后出栈；

③预测分析表。

其中,只有预测分析表与文法有关,而分析表又可用一个矩阵 M(或称二维数组)表示。矩阵的元素 $M[A,a]$ 中的下标 A 表示非终结符,a 为终结符或句子括号'#',矩阵元素 $M[A,a]$ 中的内容是一条关于 A 的产生式,表明当用非终结符 A 向下推导时,面临输入符 a 时,所应选取的候选产生式,当元素内容无产生式时,则表明用 A 为左部向下推导时遇到了不该出现的符号,因此元素内容为转向出错处理的信息。

预测分析程序的工作过程示意如图 5-8 所示。

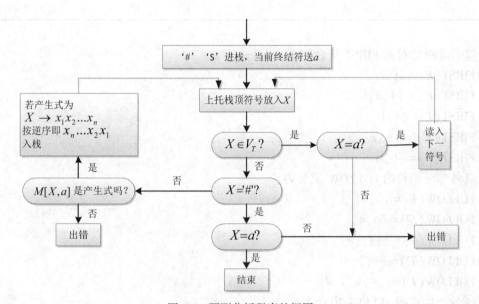

图 5-8　预测分析程序的框图

图中符号说明如下：

#：句子括号即输入串的括号

S：文法的开始符号

X：存放当前栈顶符号的工作单元

a：存放当前输入符号的工作单元

现以表达式文法为例构造预测分析表。

表达式文法为：

$E \rightarrow E+T \mid T$

$T \rightarrow T * F \mid F$

$F \rightarrow i \mid (E)$

预测分析表构造步骤：

(1)判断文法是否为 LL(1)文法

由于文法中含有左递归,所以必须先消除左递归,使文法变为：

$E \rightarrow TE'$

$E' \rightarrow +TE' | \varepsilon$

$T \rightarrow FT'$

$T' \rightarrow * FT' | \varepsilon$

$F \rightarrow i | (E)$

①推出 ε 的非终结符表为:

E	E'	T	T'	F
否	是	否	是	否

②各非终结符的 FIRST 集合如下:

$FIRST(E) = \{ (, i \}$

$FIRST(E') = \{ + , \varepsilon \}$

$FIRST(T) = \{ (, i \}$

$FIRST(T') = \{ * , \varepsilon \}$

$FIRST(F) = \{ (, i \}$

③各非终结符的 FOLLOW 集合为:

$FOLLOW(E) = \{) , \# \}$

$FOLLOW(E') = \{) , \# \}$

$FOLLOW(T) = \{ + ,) , \# \}$

$FOLLOW(T') = \{ + ,) , \# \}$

$FOLLOW(F) = \{ * , + ,) , \# \}$

④各产生式的 SELECT 集合为:

$SELECT(E \rightarrow TE') = \{ (, i \}$

$SELECT(E' \rightarrow +TE') = \{ + \}$

$SELECT(E' \rightarrow \varepsilon) = \{) , \# \}$

$SELECT(T \rightarrow FT') = \{ (, i \}$

$SELECT(T' \rightarrow * FT') = \{ * \}$

$SELECT(T' \rightarrow \varepsilon) = \{ + ,) , \# \}$

$SELECT(F \rightarrow (E)) = \{ (\}$

$SELECT(F \rightarrow i) = \{ i \}$

由上可知,有相同左部产生式的 SELECT 集合的交集为空,所以文法是 LL(1) 文法。

(2)构造预测分析表

每个终结符或"#"号用 a 表示,若 $a \in SELECT(A \rightarrow \alpha)$,则把 $A \rightarrow \alpha$ 放入 $M[A,a]$ 中;把所有无定义的 $M[A,a]$ 标上出错标记。

为了使表简化,其产生式的左部可以不写入表中,表中空白处为出错。

上例的预测分析表如表 5-3 所示。

表 5-3   表达式文法的预测分析表

	i	+	*	(	)	#
E	→*TE'*			→*TE'*		
E'		→+*TE'*			→ε	→ε
T	→*FT'*			→*FT'*		
T'		→ε	→ * *FT'*		→ε	→ε
F	→*i*			→*(E)*		

下面用预测分析程序、分析栈和预测分析表对输入串 $i+i*i\#$ 进行分析,给出栈的变化过程如表 5-4 所示。

表 5-4   对符号串 $i+i$ * $i\#$ 的分析过程

步骤	分析栈	剩余输入串	推导所用产生式或匹配
1	#*E*	$i+i*i\#$	$E→TE'$
2	#*E'T*	$i+i*i\#$	$T→FT'$
3	#*E'T'F*	$i+i*i\#$	$F→i$
4	#*E'T'i*	$i+i*i\#$	"i"匹配
5	#*E'T'*	$+i*i\#$	$T'→ε$
6	#*E'*	$+i*i\#$	$E'→+TE'$
7	#*E'T+*	$+i*i\#$	"+"匹配
8	#*E'T*	$i*i\#$	$T→FT'$
9	#*E'T'F*	$i*i\#$	$F→i$
10	#*E'T'i*	$i*i\#$	'i'匹配
11	#*E'T'*	$*i\#$	$T'→ * FT'$
12	#*E'T'F* *	$*i\#$	' * '匹配
13	#*E'T'F*	$i\#$	$F→i$
14	#*E'T'i*	$i\#$	'i'匹配
15	#*E'T'*	#	$T'→ε$
16	#*E'*	#	$E'→ε$
17	#'	#	接受

典型例题解析

1.对文法 $G[S]$:

$S→a|\Lambda|(T)$

$T{\rightarrow}T,S\,|\,S$

(1)对文法 G 进行改写。

(2)经改写后的文法是否是 LL(1) 的？给出它的预测分析表。

(3)给出输入串 (a,a)# 的分析过程,并说明该串是否为 G 的句子。

解题思路:

(1) T 存在左递归,将其修改为右递归,因此文法 $G[S]$ 改为:

$S{\rightarrow}a\,|\,\Lambda\,|\,(T)$

$T{\rightarrow}ST'$

$T'{\rightarrow},ST'\,|\,\varepsilon$

(2)求 FIRST 集和 FOLLOW 集,如表 5-5 所示:

表 5-5　求　　集

非终结符名	能否最终⇒ε	FIRST 集	FOLLOW 集
S	否	$a,\Lambda,($	$,,),$#
T	否	$a,\Lambda,($	$)$
T'	是	$,,\varepsilon$	$)$

SELECT$(S{\rightarrow}a)=\{a\}$

SELECT$(S{\rightarrow}\Lambda)=\{\Lambda\}$

SELECT$(S{\rightarrow}(T))=\{($

因此可得非终结符 S 的三个 SELECT 集合两两交集为空集。

SELECT$(T{\rightarrow}ST')=\{a,\Lambda,($

SELECT$(T'{\rightarrow},ST')=\{,\}$

SELECT$(T'{\rightarrow}\varepsilon)=$FOLLOW$(T')=\{)\}$

因此可得到

SELECT$(T'{\rightarrow},ST')\cap$SELECT$(T'{\rightarrow}\varepsilon)=\varnothing$。

所以文法是 LL(1) 文法。可得到预测分析表如表 5-6 所示:

表 5-6　预测分析表

	a	Λ	$($	$)$	,	#
S	${\rightarrow}a$	${\rightarrow}\Lambda$	${\rightarrow}(T)$			
T	${\rightarrow}ST'$	${\rightarrow}ST'$	${\rightarrow}ST'$			
T				${\rightarrow}\varepsilon$	${\rightarrow},ST'$	

(3)对输入串 (a,a) 进行分析,分析过程如表 5-7 所示:

表 5-7　(a,a) 分析过程

步骤	分析栈	当前输入串	剩余输入串	产生式或匹配
1	#S	(	(a,a)#	→(T)
2	#$)T($	(	(a,a)#	(匹配
3	#$)T$	a	$a,a)$#	→ST'
4	#$)T'S$	a	$a,a)$#	→a
5	#$)T'a$	a	$a,a)$#	a 匹配
6	#$)T'$	,	$,a)$#	→$,ST'$
7	#$)T'S,$	,	$,a)$#	, 匹配
8	#$)T'S$	a	$a)$#	→a
9	#$)T'a$	a	$a)$#	a 匹配
10	#$)T'$	)	$)$#	→ε
11	#$)$	)	$)$#	) 匹配
12	#	#	#	接受

输入串(a,a)被接受,表明输入串(a,a)是该文法的句子。

习　题

1.对文法 $G[S]$

$S→a|\Lambda|(T)$

$T→T,S|S$

(1)给出$(a,(a,a))$和$(((a,a),\Lambda,(a)),a)$的最左推导。

(2)对文法 G 进行改写,然后对每个非终结符写出不带回溯的递归子程序。

(3)经改写后的文法是否是 LL(1)的？给出它的预测分析表。

(4)给出输入串(a,a)#的分析过程,并说明该串是否为 G 的句子。

2.已知文法 $G[S]$：

$S→MH|a$

$H→LS_0|\varepsilon$

$K→dML|\varepsilon$

$L→eHf$

$M→K|bLM$

判断 G 是否是 LL(1)文法,如果是,构造 LL(1)预测分析表。

3. 对于一个文法若消除了左递归,提取了左公共因子后是否一定为 LL(1)文法？试对下面文法进行改写,并对改写后的文法进行判断。

(1)$A→baB|\varepsilon$

$B \rightarrow Abb \mid a$

（2）$A \rightarrow aABe \mid a$

$B \rightarrow Bb \mid d$

（3）$S \rightarrow Aa \mid b$

$A \rightarrow SB$

$B \rightarrow ab$

（4）$S \rightarrow AS \mid b$

$A \rightarrow SA \mid a$

（5）$S \rightarrow Ab \mid Ba$

$A \rightarrow aA \mid a$

$B \rightarrow a$

（6）$S \rightarrow aSbS \mid bSaS \mid \varepsilon$

4. 判断文法 $G[S]: S \rightarrow Ab \mid Ba$

$A \rightarrow aA \mid a$

$B \rightarrow a$

其是 LL(1)的吗？若不是，请改写为等价的 $G'[S]$，并证明改写后的文法是否为 LL(1)
的。

第6章   自下向上优先分析

本章导言

优先分析法又分简单优先分析法和算符优先分析法。简单优先分析法准确、规范,但分析效率较低,实用价值不大。而算符优先分析则相反,它虽存在不规范的问题,但分析速度快,特别是适用于表达式分析,因此在实际应用中常常采取适当措施克服其缺点。本章主要介绍算符优先分析法,对简单优先分析法只作粗略介绍。

6.1   简单优先分析法

简单优先分析法的基本思想是对一个文法按一定原则求出该文法所有符号(包括终结符和非终结符)之间的优先关系,按照这种关系确定归约过程中的句柄,它的归约过程是一种规范归约。

简单优先分析法是按照文法符号(终结符和非终结符)的优先关系确定句柄的,因此,此节介绍任意两个文法符号之间的优先关系是怎样确定的,以及如何构造优先关系表。

6.1.1   优先关系

首先定义优先关系的表示:

$X \doteq Y$ 表示 X 和 Y 的优先关系相等。

$X \gtrdot Y$ 表示 X 的优先级比 Y 的优先级大。

$X \lessdot Y$ 表示 X 的优先级比 Y 的优先级小。

对已知文法中的任意两个文法符号 X 与 Y,可以按其在句型中出现的相邻关系来确定它们的优先关系。

(1)$X \doteq Y$ 当且仅当文法 G 中存在产生式规则 $A \to ...XY...$;

(2)$X \lessdot Y$ 当且仅当文法 G 中存在产生式规则 $A \to ...XB...$,且存在推导 $B \overset{+}{\Rightarrow} Y...$;

(3)$X \gtrdot Y$ 当且仅当文法 G 中存在产生式规则 $A \to ...BD...$,且存在推导 $B \overset{+}{\Rightarrow} ...X$ 和 $D \overset{*}{\Rightarrow} Y...$。

例 6.1   若有文法 $G[S]$:

$S \to bAb$

$A \to (B \mid a$

$B \to Aa)$

根据上面=、>、<关系的定义,由文法的产生式可求得文法符号之间的优先关系如下:

(1)求=关系:由 $S \to bAb$、$A \to (B$、$B \to Aa)$ 可得:$b \doteq A$、$A \doteq b$、$(\doteq B$、$A \doteq a$、$a \doteq)$。

(2)求<关系:由 $S \to bAb$,且 $A \overset{+}{\Rightarrow} (B$ 和 $A \overset{+}{\Rightarrow} a$ 可得:$b \lessdot ($、$b \lessdot a$。

由 $A \to (B$ 且 $B \overset{+}{\Rightarrow} (B...$、$B \overset{+}{\Rightarrow} a...$、$B \overset{+}{\Rightarrow} A...$,可得:$(\lessdot ($、$(\lessdot a$、$(\lessdot A$。

(3)求>关系:由 $S \to bAb$ 且 $A \overset{+}{\Rightarrow} ...)$、$A \overset{+}{\Rightarrow} ...B$、$A \overset{+}{\Rightarrow} a$ 可得:$) \gtrdot b$、$a \gtrdot b$、$B \gtrdot b$。

由 $B \to Aa)$ 且 $A \overset{+}{\Rightarrow} ...)$、$A \overset{+}{\Rightarrow} a$、$A \overset{+}{\Rightarrow} ...B$ 可得:$) \gtrdot a$、$a \gtrdot a$、$B \gtrdot a$。

上述关系也可以用语法树的结构表示如图 6-1 所示。

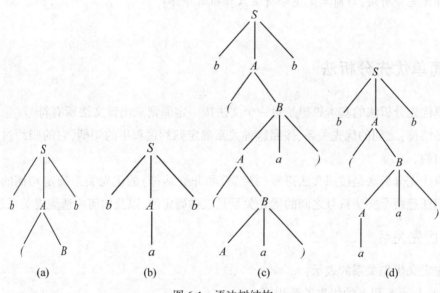

图 6-1　语法树结构

由语法树层次可看出,当(B 为某句型的句柄时,它们将同时归约,同样 bAb、Aa)也是如此。当 $b($、ba 出现在某句型中时,则'('和'a'在句柄中时,'b'不在句柄中,因此必须'('和'a'先归约,所以'b'的优先级比'('和'a'小;当$(($、$(a$、$(A$ 出现在某句型中时,右边的'('、'a'、'A'出现在句柄中,而左边的'('不被包含在句柄中,所以左边'('的优先级小于右边相邻的'('、'a'、'A'。对于大于关系,当 ab、aa 出现在某句型中时,左边的'a'在句柄中,右边的'a'和'b'不可能在句柄中,所以有 $a \gtrdot b$ 和 $a \gtrdot a$ 的关系存在;同样 b)、)a 出现在某一句型中时,')'在句柄中而'a'、'b'不在句柄中,因此')'先归约,则有)$\gtrdot a$ 和)$\gtrdot b$ 的关系;当然,对含有 Bb 和 Ba 的句型,'B'先归约,则有关系 $B \gtrdot b$ 和 $B \gtrdot a$。

为了表示的简洁明了,也可以把文法符号之间的关系用矩阵表示,称为优先关系矩阵。

例 6.1 文法的简单优先关系矩阵可用表 6-1 表示。

表 6-1　例 6.1 文法的简单优先关系矩阵

	S	b	A	(	B	a	)	#
S								⋗
b			≐	⋖		⋖		⋗
A		≐				≐		
(			⋖	⋖	≐	⋖		
B		⋗				⋗		
a		⋗				⋗	≐	
)						⋗		
#	⋖	⋖						≐

在表 6-1 简单优先关系矩阵中,矩阵中元素要么只有一种关系,要么为空,元素为空时表示该文法的任何句型中不会出现该符号对的相邻关系,在分析过程中若遇到这种相邻关系出现,则为出错,也就可以肯定输入符号串不是该文法的句子。

'#' 用来表示句子括号,'#' 的优先级小于所有符号,所有符号的优先级大于 '#',当然表 6-1 仅给出了与 '#' 有相邻关系的文法符号。

6.1.2　定义与操作步骤

简单优先文法必须满足以下条件:

(1)在文法符号集 V 中,任意两个符号之间最多只有一种优先关系成立。

(2)在文法中任意两个产生式没有相同的右部。

其中第一条必须满足是显然的,对第二条来说,若不满足,则会出现归约不唯一。

由简单优先分析法的基本思想可设计如下优先分析算法,首先根据已知优先文法构造相应优先关系矩阵,并将文法的产生式保存,设置符号栈 S,算法步骤如下:

(1)将输入符号串 $a_1a_2...a_n$# 依次逐个存入符号栈 S 中,直到遇到栈顶符号 a_i 的优先级 ⋗ 下一个待输入符号 a_j 时为止。

(2)栈顶当前符号 a_i 为句柄尾,由此向栈底方向找句柄的头符号 a_k,即找到 $a_{k-1} ⋖ a_k$ 为止。

(3)由句柄"$a_k...a_i$"在文法的产生式中查找右部为"$a_k...a_i$"的产生式,若找到,则用相应左部代替该句柄;若找不到则出错,这时可断定输入串不是该文法的句子。

(4)重复上述(1)至(3),直到归约完输入符号串,栈 S 中只剩文法的开始符号为止。

对于例 6.1 中的文法 $G[S]$,分析符号串 $b(aa)b$ 是否为此文法的句子。其分析过程如表 6-2 所示。

表 6-2　自下向上分析符号串 $b(aa)b$

步骤	符号栈	关系	输入串	规则
1	#	⋖	b (a a) b #	
2	# b	⋖	(a a) b #	
3	# b (	⋖	a a) b #	
4	# b (a	⋗	a) b #	
5	# b (A	≐	a) b #	$A \to a$
6	# b (A a	≐	) b #	
7	# b (A a)	⋗	b #	
8	# b (B	⋗	b #	$B \to Aa)$
9	# b A	≐	b #	$A \to (B$
10	# bA b	⋗	#	
11	#S	⋗	#	$S \to bAb$

由表 6-2 可见,分析成功,因此符号串 $b(aa)b$ 是此文法的句子。

6.2　算符优先分析法

算符优先分析法的基本思想则是只规定算符之间的优先关系,也就是只考虑终结符之间的优先关系,由于算符优先分析不考虑非终结符之间的优先关系,在归约过程中只要找到可归约串就归约,并不考虑归约到哪个非终结符,因而算符优先归约不是规范归约。

6.2.1　算符优先文法定义

首先给出算符文法的定义。

定义 6.1　设有文法 G,如果 G 中没有形如 $A \to ...BC...$ 的产生式,其中 B 和 C 为非终结符,则称 G 为算符文法,也称 OG 文法。

例如:表达式的二义性文法:

$E \to E+E \,|\, E-E \,|\, E * E \,|\, E/E \,|\, E \uparrow E \,|\, (E) \,|\, i$

其中任何一个产生式中都不包含两个非终结符相邻的情况,因此该文法是算符文法。

算符文法有如下两个重要性质。

性质 1　在算符文法中任何句型都不包含两个相邻的非终结符。

证明:用归纳法。

设 γ 是句型,$S \overset{*}{\Rightarrow} \gamma$,$S = \omega_0 \Rightarrow \omega_1 \Rightarrow ... \Rightarrow \omega_{n-1} \Rightarrow \omega_n = \gamma$。

推导长度为 n,当 $n=1$ 时,$S = \omega_0 \Rightarrow \omega_1 = \gamma$,即 $S \Rightarrow \gamma$,必存在产生式 $S \to \gamma$,而由算符文法的定义,文法的产生式中无相邻的非终结符,显然满足性质 1。

假设 $n>1$ 且 ω_{n-1} 满足性质 1。

若 $\omega_{n-1}=\alpha A\delta$,其中 A 为非终结符。

由假设 α 的尾符号和 δ 的首符号都不可能是非终结符,否则与假设矛盾。

又若 $A\rightarrow\beta$ 是文法的产生式,则有:

$$\omega_{n-1}\Rightarrow\omega_n=\alpha\beta\delta=\gamma$$

而 $A\rightarrow\beta$ 是文法产生式,不含两个相邻的非终结符,所以 $\alpha\beta\delta$ 也不含两个相邻的非终结符,满足性质 1,证毕。

性质 2　如果 Ab(或 bA)出现在算符文法的句型 γ 中,其中 $A\in V_N$ 且 $b\in V_T$,则 γ 中任何含此 b 的短语必含有 A。

证明:用反证法。

由算符文法的性质 1 知:

$$S\overset{*}{\Rightarrow}\gamma=\alpha bA\beta$$

若存在 $B\overset{*}{\Rightarrow}\alpha b$,这时 b 和 A 不同时归约,则必有 $S\overset{*}{\Rightarrow}BA\beta$,这样在句型 $BA\beta$ 中,存在相邻的非终结符 B 和 A,所以与性质 1 矛盾,证毕。

注意:含 b 的短语必含 A,含 A 的短语不一定含 b。

定义 6.2　设 G 是一个不含 ε 产生式的算符文法,a 和 b 是任意两个终结符,A、B、C 是非终结符,算符优先关系 $\dot=$、$\lessdot$、$\gtrdot$ 定义如下:

(1)$a\dot= b$ 当且仅当 G 中含有形如 $A\rightarrow\ldots ab\ldots$ 或 $A\rightarrow\ldots aBb\ldots$ 的产生式;

(2)$a\lessdot b$ 当且仅当 G 中含有形如 $A\rightarrow\ldots aB\ldots$ 的产生式,且 $B\overset{+}{\Rightarrow}b\ldots$ 或 $B\overset{+}{\Rightarrow}Cb\ldots$;

(3)$a\gtrdot b$ 当且仅当 G 中含有形如 $A\rightarrow\ldots Bb\ldots$ 的产生式,且 $B\overset{+}{\Rightarrow}\ldots a$ 或 $B\overset{+}{\Rightarrow}\ldots aC$。

以上三种关系也可由下列语法树来说明:

(1)$a\dot= b$ 则存在语法子树如图 6-2(a),其中 δ 为 ε 或为 B,这样 a 和 b 在同一句柄中同时归约,所以优先级相同。

(2)$a\lessdot b$ 则存在语法子树如图 6-2(b),其中 δ 为 ε 或 C,a 和 b 不在同一句柄中,b 先归约,所以 a 的优先级低于 b。

(3)$a\gtrdot b$ 则存在语法子树如图 6-2(c),其中 δ 为 ε 或为 C,a 和 b 不在同一句柄中,a 先归约,所以 a 的优先级大于 b。

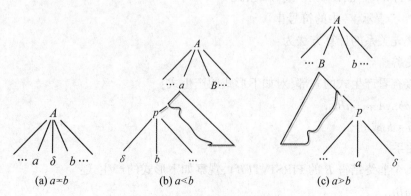

图 6-2　由语法树结构决定优先级

下面给出算符优先文法的定义。

定义 6.3　设有不含 ε 产生式的算符文法 G,如果对任意两个终结符 a 和 b 之间至多只有 $<$、$>$ 和 $\doteq$ 三种关系的一种成立,则称 G 是一个算符优先文法,即 OPG 文法。

由定义 6.2 和 6.3,很容易证明前面的表达式二义性文法: $E\rightarrow E+E\,|\,E-E\,|\,E*E\,|\,E/E\,|$ $\uparrow E\,|\,(E)\,|\,i$,不是算符优先文法。因为对算符 $+$ 与 $*$ 而言,由 $E\rightarrow E+E$ 和 $E\overset{+}{\Rightarrow}E*E$ 可知 $+\lessdot*$,由语法子树图 6-3(a) 可看出。又由 $E\rightarrow E*E$ 和 $E\overset{+}{\Rightarrow}E+E$ 可得 $+\gtrdot*$,由语法子树图 6-3(b) 也可看出。这样 $+$ 和 $*$ 的优先关系不唯一,所以该表达式文法仅是算符文法而不是算符优先文法。

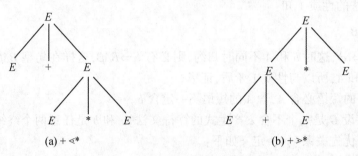

图 6-3　二义性文法的语法树

这里必须再次强调,两个终结符之间的优先关系是有序的,允许有 $a>b$ 和 $b>a$ 同时存在,而不允许有 $a>b$、$a<b$ 和 $a\doteq b$ 三种情况之两种同时存在。

6.2.2　算符优先关系表构造

由定义 6.2 可按如下算法计算出给定文法中任何两个终结符对 (a,b) 之间的优先关系,首先定义如下两个集合:

$\text{FIRSTVT}(B)=\{b\,|\,B\overset{+}{\Rightarrow}b...\text{ 或 }B\overset{+}{\Rightarrow}Cb...\}$

$\text{LASTVT}(B)=\{a\,|\,B\overset{+}{\Rightarrow}...a\text{ 或 }B\overset{+}{\Rightarrow}...aC\}$

其中 "…" 表示 V^* 中的符号串。

三种优先关系的计算方法为:

① $\doteq$ 关系

可直接查看产生式的右部,对如下形式的产生式:

$A\rightarrow...ab...A\rightarrow...aBb...$

则有 $a\doteq b$ 成立。

② $<$ 关系

求出每个非终结符 B 的 $\text{FIRSTVT}(B)$,观察如下形式的产生式:

$A\rightarrow...aB...$

对每一 $b\in\text{FIRSTVT}(B)$

有 $a \lessdot b$ 成立。

③ $\gtrdot$ 关系

计算每个非终结符 B 的 LASTVT(B),观察如下形式的产生式:

$A \to \dots Bb \dots$

对每一 $a \in$ LASTVT(B)

有 $a \gtrdot b$ 成立。

现在可用上述方法计算下列表达式文法的算符优先关系。

例 6.2

(0) E'→#E#

(1) E→E+T

(2) E→T

(3) T→T*F

(4) T→F

(5) F→P↑F|P

(6) P→(E)

(7) P→i

计算优先关系步骤如下:

①$\doteq$关系

由产生式(0)E'→#E#和(6) P→(E),

可得#$\doteq$#,($\doteq$)。

为了求$\lessdot$和$\gtrdot$关系,首先计算每个非终结符的 FIRSTVT 集合和 LASTVT 集合。

FIRSTVT(E') = {#}

FIRSTVT(E) = {+, * , ↑, (,i}

FIRSTVT(T) = { * , ↑, (,i}

FIRSTVT(F) = { ↑, (,i}

FIRSTVT(P) = {(,i}

LASTVT(E') = {#}

LASTVT(E) = {+, * , ↑,) ,i}

LASTVT(T) = { * , ↑,) ,i}

LASTVT(F) = { ↑,) ,i}

LASTVT(P) = {) ,i}

逐条扫描产生式,寻找终结符在前非终结符在后的相邻符号对,以及非终结符在前终结符在后的相邻符号对,即如下形式的产生式:

$A \to \dots aB \dots$

$A \to \dots Bb \dots$

②$\lessdot$关系:列出所给表达式文法中终结符在前非终结符在后的所有相邻符号对,并确定相关算符的$\lessdot$关系。

#E 则有：　#< FIRSTVT(E)

+T 则有：　+< FIRSTVT(T)

　*F 则有：　* < FIRSTVT(F)

　↑F 则有：　↑< FIRSTVT(F)

　(E 则有：　(< FIRSTVT(E)

③>关系：列出所给表达式文法中非终结符在前终结符在后的所有相邻符号对,并确定相关算符的>关系。

E#则有:LASTVT(E)>#

E+则有:LASTVT(E)>+

T*则有:LASTVT(T)> *

P↑则有:LASTVT(P)>↑

E)则有:LASTVT(E)>)

由此,可以构造优先关系矩阵,如表6-3所示。

表 6-3　表达式文法算符优先关系表

	+	*	↑	i	(	)	#
+	>	<	<	<	<	>	>
*	>	>	<	<	<	>	>
↑	>	>	>	<	<	>	>
i	>	>	>			>	>
(	<	<	<	<	<	≐	
)	>	>	>			>	>
#	<	<	<	<	<		≐

对 FIRSTVT 集的构造可以给出一个算法,这个算法基于下面两条规则:

①有产生式 $A{\to}a...$ 或 $A{\to}Ba...$,则 $a \in$ FIRSTVT(A),其中 A、B 为非终结符,a 为终结符。

②$a \in$ FIRSTVT(B)且有产生式 $A{\to}B...$则有 $a \in$ FIRSTVT(A)。

为了计算方便,建立一个布尔数组 $F[m,n]$ 和一个后进先出栈 STACK,其中 m 为非结符个数,n 为终结符个数。将所有的非终结符排序,用 i_A 表示非终结符 A 的序号,再将所有的终结符排序,用 j_a 表示终结符 a 的序号。算法的目的是要使数组每一个元素最终取值满足:$F[i_A,j_a]$ 的值为真,当且仅当 $a \in$ FIRSTVT(A)。至此,显然所有非终结符的 FIRSTVT 集已完全确定。

步骤如下:

首先按规则①对每个数组元素赋初值。观察这些初值,若 $F[i_A,j_a]$ 的值是真,则将(A,a)推入栈 STACK 中,直至对所有数组元素的初值都按此处理完,然后对栈做以下运算。

将栈顶弹出,设为(B,a),再用规则②检查所有产生式,若有形为 $A{\rightarrow}B{...}$ 的产生式,而 $F[i_A,j_a]$ 的值是假,则令其变为真,且将(A,a)推进栈,如此重复直到栈弹空为止。

具体算法可用程序描述为:

PROCEDURE   INSERT(A,a);

      IF   NOT $F[i_A,j_a]$ THEN

        BEGIN

          $F[i_A,j_a]:=$TRUE

          PUSH(A,a) ONTO   STACK

        END

此过程用于当 $a \in$ FIRSTVT(A) 时置 $F[i_A,j_a]$ 为真,并将符号对(A,a)下推到栈 STACK 中。其主程序为:

BEGIN   (MAIN)

    FOR i 从 1 到 m,j 从 1 到 n

    DO $F[i_A,j_a]:=$FALSE;

    FOR 每个形如 A→a...或 A→Ba...的产生式

    DO   INSERT(A,a)

    WHILE   STACK   非空 DO

    BEGIN

      把 STACK 的顶项记为(B,a)弹出去

      FOR 每个形如 $A{\rightarrow}B{...}$ 的产生式 DO

        INSERT(A,a)

    END

END(MAIN)

例如:对例 6.2 表达式文法求每个非终结符的 FIRSTVT(B),第 1 次扫描产生式后,栈 STACK 的初值为:

$(6)(P,i)$

$(5)(P,()$

$(4)(F,{\uparrow})$

$(3)(T,*)$

$(2)(E,+)$

$(1)(E',\#)$

由产生式 $F{\rightarrow}P$、$T{\rightarrow}F$、$E{\rightarrow}T$ 栈顶的内容逐次改变为:

(F,i)、(T,i)、(E,i)

再无右部以 E 开始的产生式,所以(E,i)弹出后无进栈项,这时栈顶为$(P,()$,同样由产生式:

$F{\rightarrow}P$、$T{\rightarrow}F$、$E{\rightarrow}T$

当前栈顶的变化依次为：

$(F,()$、$(T,()$、$(E,()$

$(E,()$弹出后无进栈项，此时当前栈顶为$(F,\uparrow)$，由产生式

$T{\rightarrow}F$、$E{\rightarrow}T$

当前栈顶的变化依次为：

$(T,\uparrow)$、$(E,\uparrow)$

$(E,\uparrow)$弹出后无进找项。

当前栈项为$(T,*)$，由产生式 $E{\rightarrow}T$，栈顶变为$(E,*)$，以下逐次弹出栈顶元素后，都再无进栈项，直至栈空。

由算法可知，凡在栈中出现过的非终结符和终结符对，在相应数组元素的布尔值为真，在表 6-4 的数组中用"1"表示。

表 6-4 布尔数组的值

	+	*	$\uparrow$	i	(	)	#
E'							1
E	1	1	1	1	1		
T		1	1	1	1		
F			1	1	1		
P				1	1		

因而，由数组布尔元素值知文法中每个非终结符的 FIRSTVT(A) 集合为：

FIRSTVT(E') = {#}

FIRSTVT(E) = {+, *, $\uparrow$, i, (}

FIRSTVT(T) = {*, $\uparrow$, i, (}

FIRSTVT(F) = {$\uparrow$, i, (}

FIRSTVT(P) = {i, (}

与直接由定义计算结果相同。此算法也可以由下面的简单关系图求得，简单关系图的构造方法为：

① 图中的结点为某个非终结符的 FIRSTVT 集或终结符。

② 对每一个形如 $A{\rightarrow}a...$ 和 $A{\rightarrow}Ba...$ 的产生式，则构造由 FIRSTVT(A) 结点到终结符结点 a 用箭弧连接的图形。

③ 对每一形如 $A{\rightarrow}B...$ 的产生式，则对应图中由 FIRSTVT(A) 结点到 FIRSTVT(B) 结点用箭弧连接。

④ 若某一非终结符 A 的 FIRSTVT(A) 经箭弧有路径能到达某终结符结点 a，则有 $a \in$ FIRSTVT(A)。

例如，上述表达式文法的 FIRSTVT(A) 集合可用关系图法计算，如图 6-4 所示。

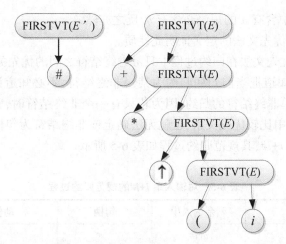

图 6-4　关系图法计算 FIRSTVT 集合

显然所求结果与前面两种方法计算得相同。

用类似的方法可求得每个非终结符的 LASTVT(A)的集合,读者可以自己练习。

有了文法中的每个非终结符的 FIRSTVT 集和 LASTVT 集,就可以构造文法 G 的优先关系表,进而判断文法 G 是否为算符优先文法。

6.2.3　算符优先分析算法

有了算符优先文法和算符优先关系表,就可以对任意输入的符号串进行归约分析,进而判定输入串是否为该文法的句子。然而,用算符优先分析法的归约过程与规范归约是不同的。

(1)算符优先分析句型的性质

由算符文法的性质,可以知道算符文法的任何一个句型应为如下形式:

$$\#N_1 a_1 N_2 a_2 \ldots N_n a_n N_{n+1}\#$$

其中 $N_i(1 \leqslant i \leqslant n+1)$ 为非终结符或空,$a_i(1 \leqslant i \leqslant n)$ 为终结符。

若有句型 $\ldots N_i a_i \ldots N_j a_j N_{j+1} \ldots$,当 $a_i \ldots N_j a_j$ 属于句柄,则 N_i 和 N_{j+1} 也在句柄中,因为算符文法的任何句型中均无两个相邻的非终结符,并且终结符和非终结符相邻时,含终结符的句柄必含相邻的非终结符。

该句柄中终结符之间的关系为:

$a_{i-1} \lessdot a_i$

$a_i \doteq a_{i+1} \doteq \cdots \doteq a_{j-1} \doteq a_j$

$a_j \gtrdot a_{j+1}$

这是因为算符优先文法有以下性质:如果 aNb(或 ab)出现在句型 r 中,则 a 和 b 之间有且只有一种优先关系,即:

若 $a \lessdot b$,则在 r 中必含有 b 而不含 a 的短语存在。

若 $a \gtrdot b$,则在 r 中必含有 a 而不含 b 的短语存在。

若 $a \doteq b$,则在 r 中含有 a 的短语必含有 b,反之亦然。

读者可根据算符优先文法的定义证明此性质。

由此可见,算符优先文法在归约过程中只考虑终结符之间的优先关系来确定句柄,而与非终结符无关,只需知道把当前句柄归约为某一非终结符,不必知道该非终结符的具体名字,这样也就去掉了单非终结符的归约,因为若只有一个非终结符时,无法与句型中该非终结符的左部及右部的串比较优先关系,也就无法确定该非终结符为句柄,例如,若例 6.2 的表达式文法有输入串 $i+i\#$,其规范归约过程如表 6-5 所示。

表 6-5　对输入串 $i+i\#$ 的规范归约过程

步骤	栈	剩余输入串	句柄	动作及归约产生式
(1)	#	$i+i\#$		移进 i
(2)	#i	$+i\#$	i	归约,P→i
(3)	#P	$+i\#$	P	归约,F→P
(4)	#F	$+i\#$	F	归约,T→F
(5)	#T	$+i\#$	T	归约,E→T
(6)	#E	$+i\#$		移进+
(7)	#E+	$i\#$		移进 i
(8)	#E+i	#	i	归约,P→i
(9)	#E+P	#	P	归约,F→P
(10)	#E+F	#	F	归约,T→F
(11)	#E	#	$E+T$	归约,E→E+T
(12)	#E	#		接受

而用算符优先归约时步骤如表 6-6 所示。

表 6-6　对输入串 $i+i\#$ 的算符优先归约过程

步骤	栈	优先关系	当前符号	剩余输入串	移进或归约
(1)	#	<	i	$+i\#$	移进 i
(2)	#i	>	+	$i\#$	归约
(3)	#N	<	+	$i\#$	移进+
(4)	#N+	<	i	#	移进+
(5)	#N+i	>	#		归约
(6)	#N+N	>	#		
(7)	#N	$\doteq$	#		归约
(8)	#N		#		接受

由此可以看到,用算符优先归约时,在第(3)步和第(6)步栈顶的 N 都不能作为句柄进行归约,因为在句型#N+i#中,只有#<+,所以单个 N 构不成句柄,在句型#N+N#中,只有#<+和+>#,因而右边的 N 也不能构成句柄,至于在规范归约的过程中 N 能构成句柄的原因,可由简单优先文法或后面将要介绍的 LR 分析法看出。

为了解决在算符优先分析过程中如何寻找句柄的问题,现在引进最左素短语的概念。

(2)最左素短语

定义 6.4 设有文法 $G[S]$,其句型的素短语是一个短语,它至少包含一个终结符,并除自身外不包含其他素短语,最左边的素短语称最左素短语。

例如,表达式文法 $G[E]$:

$E \rightarrow E+T \mid T$

$T \rightarrow T*F \mid F$

$F \rightarrow P \uparrow F \mid P$

$P \rightarrow (E) \mid i$

现有句型#$T+T*F+i$#,它的语法树如图 6-5 所示。其短语有:

$T+T*F+i$ 相对于非终结符 E 的短语。

$T+T*F$ 相对于非终结符 E 的短语。

T 相对于非终结符 E 的短语。

$T*F$ 相对于非终结符 T 的短语。

i 相对于非终结符 P、F、T 的短语。

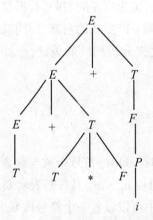

图 6-5 句型 $T+T*F+i$ 的语法树

而由定义 6.4 知 i 和 $T*F$ 为素短语,$T*F$ 为最左素短语,也为算符优先文法的句柄。一个算符优先文法的最左素短语 $N_i a_i N_{i+1} \ldots a_j N_j$ 满足如下条件:

$a_{i-1} \lessdot a_i \doteq a_{i+1} \cdots \doteq a_j \gtrdot a_{j+1}$

上述句型#$T+T*F+i$#写成算符分析过程的形式为:

$\#N_1a_1N_2a_2N_3a_3a_4\#$，其中 $a_1=+$、$a_2=*$、$a_3=+$、$a_4=i$

$a_1 \lessdot a_2 (\, +\lessdot * \,)$

$a_2 \gtrdot a_3 (\, *\gtrdot +)$

由此，$N_2a_2N_3$ 即 $T*F$ 是最左素短语。在实际分析过程中不必考虑非终结符是 T 还是 F 或是 E，而只要知道是非终结符即可，具体在表达式文法中都为运算对象。上述句型$\#T+T*F+i\#$的归约过程，由于去掉了单非终结符 $E \to T$、$T \to F$、$F \to P$ 的归约，所以得不到真正的语法树，而只是构造出语法树的框架，如图 6-6 所示。

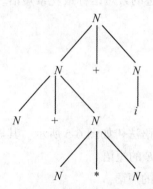

图 6-6　算符优先分析时语法树框架

（3）算符优先分析归约算法

自下向上的算符优先分析法，也为自左向右归约，不是规范归约。规范归约的关键是如何寻找当前句型的句柄，句柄为某一产生式的右部，归约就是用与句柄相同的产生式右部之左部非终结符代替句柄。算符优先分析归约的关键，是如何找最左素短语，而最左素短语 $N_ia_iN_{i+1}a_{i+1}...a_jN_{j+1}$ 应满足：

$a_{i-1} \lessdot a_i$

$a_i \doteq a_{i+1} \doteq \cdots \doteq a_j$

$a_j \gtrdot a_{j+1}$

在文法的产生式中存在右部符号串的符号个数与该素短语的符号个数相等，非终结符号对应 $N_k(k=i,...j+1)$，终结符对应 $a_i,...a_j$，其符号表示要与实际的终结符相一致才有可能形成素短语。由此，在分析过程中可以设置一个符号栈 S，用以存储归约或待形成最左素短语的符号串，用一个工作单元 a 存放当前读入的终结符号，归约成功的标志是当读到句子结束符#时，S 栈中只剩#N，即只剩句子最左括号‘#’和一个非终结符 N。下面给出分析过程的示意图，如图 6-7 所示。

在归约时要检查是否有对应产生式的右部与 $S[j+1]...S[k]$ 形式相符，忽略非终结符名的不同，若有才可归约，否则出错。在这个分析过程中把‘#’也放在终结符集中。

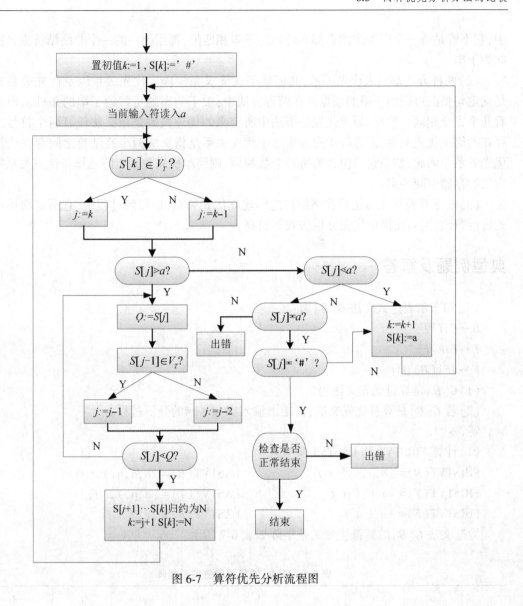

图 6-7　算符优先分析流程图

6.3　两种优先分析方法的比较

简单优先分析法和算符优先分析法存在不少相似之处。

（1）两种方法都是自上而下语法分析法。它们对一个符号串进行分析的过程,实际上是对这个符号串进行归约的过程。在归约的每一步,它们都要寻找句型的一个可归约子串。这个可归约子串在简单优先分析法中称为句柄,在算符优先分析法中则称为最左素短语。每当这个可归约子串确定之后,都要去查文法的产生式表,看是否有一个产生式的右部和这个可归约子串匹配,如果有,那么就用一个非终结符去替换可归约子串。在简单优先分析方法中,它是用那个相匹配的产生式的左部符号去替换可归约子串。但在算符优先分析方法中,它不管是哪一个产生式的右部和可归约子串相匹配,都用统一的一个非终结符去替换可归约子串。

(2)两种方法都引入优先关系,并创建了优先关系矩阵。优先关系以及优先关系矩阵是确定句型的可归约子串的依据。在两种方法中,关于句型的可归约子串的条件从形式上看几乎完全相同。但是,简单优先分析法中所定义的优先关系是指文法任意两个符号之间存在的简单优先关系,而算符优先分析法中优先关系是指文法两个终结符之间存在的算符优先关系。因此,如果它们包含的符号个数相同,则简单优先关系矩阵比算符优先关系矩阵占用的存储空间要多。

(3)由于算符优先方法只在终结符之间建立优先关系,在归约过程中,它不对简单产生式进行归约,因而比简单优先分析法效率更高。

典型例题及解答

1.已知布尔表达式文法 $G[B]$ 为:

$B \rightarrow BoT \mid T$

$T \rightarrow TaF \mid F$

$F \rightarrow nF \mid (B) \mid t \mid f$

(1) $G[B]$ 是算符优先文法吗?

(2)若 $G[B]$ 是算符优先文法,请给出输入串 *ntofat*# 的分析过程。

解答:

(1)计算 FIRSTVT 和 LASTVT 集合:

FIRSTVT$(B) = \{o,a,n,(,t,f\}$　　　　　LASTVT$(B) = \{o,a,n,),t,f\}$

FIRSTVT$(T) = \{a,n,(,t,f\}$　　　　　　LASTVT$(T) = \{a,n,),t,f\}$

FIRSTVT$(F) = \{n,(,t,f\}$　　　　　　　LASTVT$(F) = \{n,),t,f\}$

构造文法 $G[B]$ 的算符优先关系矩阵如表 6-7 所示。

表 6-7　$G[B]$ 的算符优先关系矩阵

	o	a	n	(	)	t	f	#
o	⋗	⋖	⋖	⋖	⋗	⋖	⋖	⋗
a	⋗	⋗	⋖	⋖	⋗	⋖	⋖	⋗
n	⋗	⋗	⋖	⋖	⋗	⋖	⋖	⋗
(	⋖	⋖	⋖	⋖	≐	⋖	⋖	
)	⋗	⋗			⋗			⋗
t	⋗	⋗			⋗			⋗
f	⋗	⋗			⋗			⋗
#	⋖	⋖	⋖	⋖		⋖	⋖	≐

在上表中,终结符之间的优先关系是唯一的,因此,$G[B]$是一个算符优先文法。

(2)对输入串 *ntofat*#的分析过程如表 6-8 所示:

表 6-8 *ntofat*#的分析过程

步骤	符号栈	当前符号	剩余输入串	移进或归约
1	#	*n*	*tofat* #	移进
2	# *n*	*t*	*ofat* #	移进
3	# *nt*	*o*	*fat* #	归约
4	# *nN*	*o*	*fat* #	归约
5	# *N*	*o*	*fat* #	移进
6	# *No*	*f*	*at* #	移进
7	# *Nof*	*a*	*t* #	归约
8	# *NoN*	*a*	*t* #	移进
9	# *NoNa*	*t*	#	移进
10	# *NoNat*	#		归约
11	# *NoNaN*	#		归约
12	# *NoN*	#		归约
13	# *N*	#		接受

习 题

1.根据下图语法树确定全部简单优先关系。

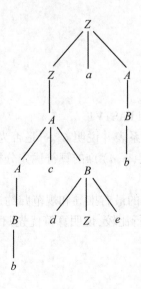

2.设有文法 $G[Z]$：

$Z→T+T\,|\,T$

$T→F*F\,|\,F$

$F→(Z)\,|\,i$

(1)试构造此文法的简单优先关系矩阵。

(2)此文法是否为简单优先文法？为什么？

3.下列文法 G_1 和 G_2 是否为简单优先文法,如果不是,将其改为等价的(简单)优先文法。

$G_1[Z]:$ $Z→aAa$

                  $T→A+b\,|\,b$

$G_2[Z]:$ $Z→aAAa$

                  $A→bBb$

                  $B→cB\,|\,c$

4.设有文法 $G[E]$：

$E→E+T\,|\,E-T\,|\,T$

$T→T*F\,|\,T/F\,|\,F$

$F→F↑P\,|\,P$

$P→(E)\,|\,i$

(1)构造此文法的算符优先关系矩阵

(2)列出下列句型中的短语和素短语。

(a)$E-T/F+T$ (b)$E-T/F+F↑i$

(c)$(T*(i)-T)$ (d)$(i*(i)-i↑i)$

5.设有文法 $G[Z]$：

$Z→A(∧)$

$A→(\,|\,Ai\,|\,B)$

$B→i$

试构造算符优先关系。

6.已知文法 $G[S]$ 为：

$S→a\,|\,Λ\,|\,(T)$

$T→T,S\,|\,S$

(1)计算 $G[S]$ 的 FIRSTVT 和 LASTVT。

(2)构造 $G[S]$ 的算符优先关系表并说明 $G[S]$ 是否为算符优先文法。

(3)给出输入串 (a,a)# 和 $(a,(a,a))$# 的算符优先分析过程。

7.对题 6 的 $G[S]$

(1)给出 $(a,(a,a))$ 和 (a,a) 的最右推导和规范归约过程。

(2)将(1)和题 1 中的(4)进行比较,说明算符优先归约和规范归约的区别。

8.有文法 $G[S]$：

$S→V$

$V \rightarrow T \mid ViT$

$T \rightarrow F \mid T+F$

$F \rightarrow)V^* \mid ($

(1)给出(+(i (的规范推导。

(2)指出句型 $F+Fi$ (的短语,句柄,素短语。

(3) $G[S]$ 是否是 OPG? 若是,给出(1)中句子的分析过程。

第7章　LR分析

本章导言

LR(k)分析程序总是按从左至右扫描输入串,并按自下而上进行规范归约。在这种分析过程中,它至多向前查看 k 个输入符号就能确定当前的动作是移进还是归约;若动作为归约,则它还能唯一地选中一个产生式去归约当前已识别出的句柄。若该输入串是给定文法的一个句子,则它总可以把这个输入串归约到文法的开始符号;否则报错,指明它不是该文法的一个句子。

本章将主要介绍 LR(k)分析的基本思想,当 $k \leqslant 1$ 时 LR 分析器的基本构造原理和方法。其中 LR(0)分析器是在分析过程中不需向右查看输入符号,因而它对文法的限制较大,对绝大多数高级语言的语法分析器是不适用的,然而它又是构造其他 LR 类分析器的基础。当 $k=1$ 时,已能满足当前绝大多数高级语言编译程序的需要。本章将着重介绍 LR(0)、SLR(1)、LALR(1)和 LR(1)四种分析器的构造方法。

7.1　LR 分析概述

一般来说,大多数用上下文无关文法描述的程序语言都可用 LR(k)分析程序进行识别,它比同类的一些分析程序,如"移进-归约"分析程序以及优先分析程序,功能更强,也更有效。此外,还可用自动方式构造一个 LR(k)分析程序的核心部分,即分析表。

与 LL(k)分析程序类似,一个 LR(k)分析程序主要由两部分组成,即一个总控程序和一个分析表。一般来说,所有 LR 分析程序的总控程序基本上是相同的,只是分析表各不相同。

LR(0)分析表构造法构造的 LR(0)分析表虽然功能很弱,但它的构造原理和方法却是其他分析表构造法的基础;简单 LR(或 SLR)分析表构造法是一种比较容易实现的方法,但 SLR 分析表的功能不太强,而且对某些文法可能根本就构造不出相应的 SLR 分析表;规范 LR 分析表构造法,相比之下用此法构造的分析表功能最强,而且适合于多种文法,但实现代价比较高;向前 LR(即 LALR)分析表构造法构造的分析表的功能介于 SLR 分析表和规范 LR 分析表之间,适用于绝大多数程序语言的文法,而且可以设法有效地实现它。

给定文法 G[S],考虑该文法中一个终结符串 w 的规范推导 $S \Rightarrow w_1 \Rightarrow w_2 \Rightarrow \cdots \Rightarrow w$。假定 $\mu A v \Rightarrow \mu x v$ 是该推导中的一个推导步,$A \rightarrow x$ 是用于该推导步的产生式,$\mu x v$ 或是 w_i 之一或是 w 本身,μ 和 $v \in (V_N \cup V_T)^*$。

对每一个这样的推导和推导步,仅通过扫描 μx 和(至多)查看 v 中开始的 k 个符号就能唯一确定选用产生式 $A \to x$,则称 G[S] 为 LR(k)文法。

注意:由于 A 是 $\mu A v$ 中最右的非终结符,所以 v 必是一个终结符串。

一个 LR 分析器由三个部分组成:

(1)总控程序,也可以称为驱动程序。对所有的 LR 分析器来说,总控程序都是相同的。

(2)分析表或分析函数。不同的文法分析表不同,同一个文法采用的 LR 分析器不同时,分析表也不同,分析表又可分为动作表(ACTION)和状态转换表(GOTO)两个部分,它们都可用二维数组来表示。

(3)分析栈,包括文法符号栈和相应的状态栈,均是先进后出栈。

分析器的动作由栈顶状态和当前输入符号所决定,其中 LR(0)分析器不需向前查看输入符号。LR 分析器工作过程如图 7-1 所示。

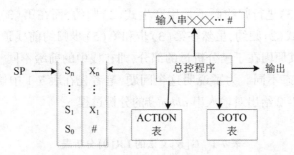

图 7-1 LR 分析器工作过程示意图

ACTION[S_i, a]规定了栈顶状态为 S_i 时遇到输入符号 a 应执行的动作,动作有四种可能:

(1)移进

当 ACTION[S_i, a] = S_j 成立,则把 S_j 移入状态栈,把 a 移入文法符号栈,其中 i、j 表示状态号。

(2)归约

当在栈顶形成句柄为 β 时,则用 β 归约为相应的非终结符 A,即当文法中有 $A \to \beta$ 的产生式,而 β 的长度为 r,即 $|\beta| = r$,则从状态栈和文法符号栈中自栈顶向下去掉 r 个符号,即栈指针 SP 减去 r。并把 A 移入文法符号栈内,再把满足 GOTO[S_i, a] = S_j 的状态 S_j 移进栈,其中 S_i 为修改指针后的栈顶状态。

(3)接受 acc

当归约到文法符号栈中只剩文法的开始符号 S 时,并且输入符号串已结束,即当前输入符是#,则为分析成功。

(4)报错

当遇到状态栈顶为某一状态下出现不该遇到的文法符号时,则报错,说明输入串不是该文法能接受的句子。

LR 分析器的关键部分是分析表的构造,后边将针对每种不同的 LR 分析器,详细介绍其构造思想及方法。

7.2　LR(0)分析

LR(0)分析表构造的思想和方法是构造其他 LR 分析表的基础,对于如下文法 G[S]:

(1) $S{\rightarrow}aAcBe$

(2) $A{\rightarrow}b$

(3) $A{\rightarrow}Ab$

(4) $B{\rightarrow}d$

对输入串 $abbcde$#用自底向上归约的方法进行分析,当归约到第(5)步时栈中符号串为#aAb,采用了产生式(3)进行归约而不是用产生式(2)归约,而在第(3)步归约时栈中符号串为#ab 时却用产生式(2)归约,虽然在第(3)步和第(5)步归约前栈顶符号都为 b,但归约所用产生式却不同,其原因在于已分析过的部分,即在栈中的前缀不同。在 LR 分析中就体现为状态栈的栈顶状态不同。为了说明这个问题,笔者先在表 7-1 中给出该文法 G[S]的LR(0)分析表,在表 7- 2 给出对输入串 $abbcde$#的分析过程。

表 7-1　G[S]文法的 LR(0)分析表

状态	ACTION						GOTO		
	a	c	e	b	d	#	S	A	B
0	S_2						1		
1						acc			
2				S_4				3	
3		S_5		S_6					
4	r_2	r_2	r_2	r_2	r_2	r_2			
5					S_8				7
6	r_3	r_3	r_3	r_3	r_3				
7			S_9						
8	r_4	r_4	r_4	r_4	r_4	r_4			
9	r_1	r_1	r_1	r_1	r_1	r_1			

表 7-2 对输入串 *abbcde*#的分析过程

步骤	状态栈	符号栈	输入串	ACTION	GOTO
（1）	0	#	*abbcde*#	S_2	
（2）	02	#*a*	*bbcde*#	S_4	
（3）	024	#*ab*	*bcde*#	r_2	3
（4）	023	#*aA*	*bcde*#	S_6	
（5）	0236	#*aAb*	*cde*#	r_3	3
（6）	023	#*aA*	*cde*#	S_5	
（7）	0235	#*aAc*	*de*#	S_8	
（8）	02358	#*aAcd*	*e*#	r_4	7
（9）	02357	#*aAcB*	*e*#	S_9	
（10）	023579	#*aAcBe*	#	r_1	1
（11）	01	#*S*	#	acc	

7.2.1 可归前缀和子前缀

为使最右推导和最左归约的关系看得更清楚,可以在推导过程中加入一些附加信息。若对上述文法 G[S]中的每条产生式编上序号用[i]表示,并将其加在产生式的尾部,就使产生式变为:

$S{\rightarrow}aAcBe[1]$

$A{\rightarrow}b[2]$

$A{\rightarrow}Ab[2]$

$B{\rightarrow}d[4]$

但[i]不属产生式的文法符号,对输入串 *abbcde* 进行推导时把序号也代入,最右推导形成如下:

$S \Rightarrow aAcBe[1] \Rightarrow aAcd[4]e[1]$

  $\Rightarrow aAb[3]cd[4]e[1] \Rightarrow ab[2]b[3]cd[4]e[1]$

输入串 *abbcde* 是该文法的句子。

它的逆过程最左归约(规范归约)则为:

$ab[2]b[3]cd[4]e[1]$ 　　　　用产生式(2)归约

$\Leftarrow aAb[3]cd[4]e[1]$ 　　　用产生式(3)归约

$\Leftarrow aAcd[4]e[1]$ 　　　　用产生式(4)归约

$\Leftarrow aAcBe[1]$ 　　　　　用产生式(1)归约

$\Leftarrow S$

其中"$\Leftarrow$"表示归约。对一个合法的句子而言,每次归约后得到的都是由已归约部分和输入剩余部分合起来构成文法的规范句型,而用哪个产生式继续归约,则仅取决于当前句型

的前部,例中每次归约前句型的前部依次为:

$ab[2]$

$aAb[3]$

$aAcd[4]$

$aAcBe[1]$

表 7-2 的分析过程正是每次采取归约动作前符号栈中的内容,即分别对应步骤(3)、(5)、(8)、(10)时符号栈中的符号串,把这种规范句型的前部称为可归前缀。

再来分析上述每个可归前缀的前缀:

ε,a,ab

ε,a,aA,aAb

$\varepsilon,a,aA,aAc,aAcd$

$\varepsilon,a,aA,aAc,aAcB,aAcBe$

不难发现,前缀 a、aA、aAc 都不只是某一个规范句型的前缀,因此把在规范句型中形成可归前缀之前包括可归前缀在内的所有前缀都称为活前缀。活前缀为一个或若干规范句型的前缀。在规范归约过程中的任何时刻,只要已分析过的部分即在符号栈中的符号串均为规范句型的活前缀,则表明输入串已被分析过的部分是该文法某规范句型的一个正确部分。

为了适于 LR 分析的进行,需对文法作扩充,在原文法 G 中增加产生式 $S'{\rightarrow}S$,S 为原文法 G 的开始符号,所得的新文法称为 G 的拓广文法,以 G' 表示,S' 为拓广后文法 G' 的开始符号,文法 G' 和 G 等价。对文法进行拓广的目的是为了对某些右部含有开始符号的文法,在归约过程中能分清是否已归约到文法的最初开始符,还是在文法右部出现的开始符号,拓广文法的开始符号 S' 只在左部出现,以确保不会混淆。

由此可以形式地定义活前缀如下:

定义 7.1　若 $S'\underset{R}{\overset{*}{\Rightarrow}}aA\omega\underset{R}{\Rightarrow}\alpha\beta\omega$ 是文法 G 的拓广文法 G' 中的一个规范推导,符号串 γ 是 $\alpha\beta$ 的前缀,则称 γ 是一个活前缀。也就是说 γ 是规范句型 $\alpha\beta\omega$ 的前缀,但它的右端不超过该句型句柄的末端。

由以上分析很容易理解,在 LR 分析过程中,实际上是把 $\alpha\beta$ 的前缀放在符号栈中,一旦在栈中出现 $\alpha\beta$,即句柄已经形成,则用产生式 $A{\rightarrow}\beta$ 进行归约。

7.2.2　识别活前缀的有限自动机

在 LR 方法实际分析过程中,并不是去直接分析文法符号栈中的符号是否形成句柄,但它给一个启示后,就可以把终结符和非终结符都作为一个有限自动机的输入符号,每在一个符号进栈时,将其作为已识别过了的符号,而当状态进行转换,识别到可归前缀时,在栈中形成句柄,则认为到达了识别句柄的终态。如果对上述文法 $G[S]$ 用拓广文法表示如下:

$S'{\rightarrow}S[0]$

$S{\rightarrow}aAcBe[1]$

$A{\rightarrow}b[2]$

$A{\rightarrow}Ab[3]$

$B{\rightarrow}d[\,4\,]$

现列出句子 *abbcde* 的可归前缀：

$S[\,0\,]$

$ab[\,2\,]$

$aAb[\,3\,]$

$aAcd[\,4\,]$

$aAcBe[\,1\,]$

构造识别其活前缀及可归前缀的有限自动机如图 7-2 所示。

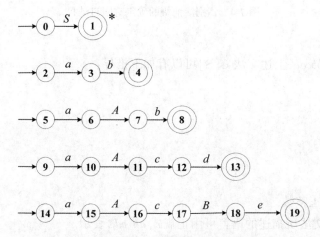

图 7-2　识别活前缀及可归前缀的有限自动机

　　每一个终态都是句柄识别态,用 ⓘ 表示,仅带"＊"号的状态既为句柄识别态又是句子识别态,句子识别态仅有唯一的一个。

　　如果加一个开始状态 X 并用 ε 弧和每个识别可归前缀的有限自动机连接,则等价转换可见图 7-3,将图 7-3 确定化并重新编号后等价转换可见图 7-4。

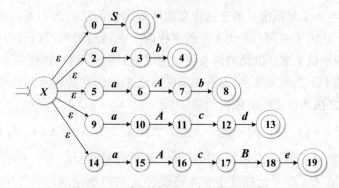

图 7-3　识别活前缀的不确定有限自动机

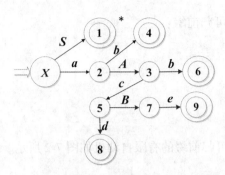

图 7-4　识别活前缀的确定有限自动机

针对输入串 $abbcde$, 上述文法 G[S] 可以有如下推导:

$S' \Rightarrow S$

$\quad \Rightarrow aAcBe$

$\quad \Rightarrow aAcde$

$\quad \Rightarrow aAbcde$

$\quad \overset{i}{\Rightarrow} ab^i bcde$

其中 i 为任意正整数。

由此可见, 该文法所描述的语言可用正规式 $ab^+ cde$ 表示。

用有限自动机识别时, 每当识别完句柄, 则状态回退句柄串长度的状态数, 例如: 在图 7-4 中, 若已识别到状态⑥, 这时句柄已形成, 而且句柄是 Ab, 则应用 $A \rightarrow Ab$ 归约, 状态应退回到②, 又因左部为 A, 所以, 当在状态②时又遇到 A, 这时应转向状态③。在状态③再遇输入串的一个 b, 又转到状态⑥, 重复上述过程。

然而对于任何一个复杂的文法, 它的可归前缀并不是如此简单就能计算出来。

7.2.3　活前缀及可归前缀的一般计算方法

仅根据对某些句子规范推导的逆过程直观地看出它的活前缀和可归前缀, 然后构造其有限自动机, 在上述例子中用一个句子归约过程的所有活前缀和可归前缀构造出的有限自动机, 刚好也是识别整个文法的活前缀及可归前缀的有限自动机, 这仅是一个特殊情况。然而, 对一个随机的上下文无关文法, 需有确定的办法来求出它的所有活前缀和可归前缀, 才能构造其识别该文法活前缀的有限自动机。

定义 7.2　设 $G = (V_N, V_T, P, S)$ 是一个上下文无关文法, 对于 $A \in V_N$ 有 $LC(A) = \{ \alpha | S' \overset{*}{\underset{R}{\Rightarrow}} \alpha A \omega, \alpha \in V^*, \omega \in V_T^* \}$, 其中 S' 是 G 的拓广文法 G' 的开始符号。

这里 $LC(A)$ 表明了在规范推导中在非终结符 A 左边所出现的符号串的集合。有了这个集合就可以找出不包含句柄部分在内的所有活前缀。

推论: 若文法 G 中有产生式: $B \rightarrow \gamma A \delta$,

则有:LC(A) $\supseteq$ LC(B) · {γ},

因为对任一形为 $\alpha B \omega$ 的句型,必有规范推导:

$$S' \underset{R}{\overset{*}{\Rightarrow}} \alpha B \omega \underset{R}{\Rightarrow} \alpha \gamma A \delta \omega$$

即对任意一个 $\alpha \in$ LC(B),定有 $\alpha \gamma \in$ LC(A)。

所以 LC(B) · {γ} $\subseteq$ LC(A)。

由定义 7.2 的推论和文法的产生式可列出方程组,那么上述文法 $G[S]$ 可有方程组:

$$\begin{cases} \text{LC}(S') = \{\varepsilon\} \\ \text{LC}(S) = \text{LC}(S') \cdot \{\varepsilon\} = \{\varepsilon\} \\ \text{LC}(A) = \text{LC}(S) \cdot \{a\} \cup \text{LC}(A) \cdot \{\varepsilon\} = \{a\} \\ \text{LC}(B) = \text{LC}(S) \cdot \{aAc\} = \{aAc\} \end{cases}$$

实际上,前缀的集合可以用正规式表示,为方便起见,下面用正规式来表示前缀集合。即上述方程组可表示为:

LC(S') = ε

LC(S) = ε

LC(A) = ε

LC(B) = aAc

这仅求出了每个非终结符在规范推导过程中,用该非终结符的右部替换该非终结符之前它的左部可能出现的串,也就是在规范归约过程中用句柄归约为该非终结符之前不包含句柄部分的串,因而,只要再把句柄加入,就求得了包含句柄的活前缀,对 LR(0)方法来说,包含句柄的活前缀计算非常简单,只需把上面已求得的活前缀再加产生式的右部。

规定:LR(0)CONTEXT($A \rightarrow \beta$) = LC(A) · β,LR(0)CONTEXT($A \rightarrow \beta$)可简写为 LR(0) C($A \rightarrow \beta$),这样对上述文法,包含句柄的活前缀可有:

LR(0)C($S' \rightarrow S$) = S

LR(0)C($S \rightarrow aAcBe$) = $aAcBe$

LR(0)C($A \rightarrow b$) = ab

LR(0)C($A \rightarrow Ab$) = aAb

LR(0)C($B \rightarrow d$) = $aAcd$

包含句柄的活前缀也就是可归前缀,将它们展开,也就得到了所有的活前缀。

用它构造识别文法活前缀的有限自动机,不难发现其结果与图 7-2 相同,说明了所用算法与前面用直观方法所求一致,为了进一步说明这种计算的结果为 $V_N \cup V_T$ 的正规式,下面再举一例,设文法 G' 为:

(0) $S' \rightarrow E$

(1) $E \rightarrow aA$

(2) $E \rightarrow bB$

(3) $A \rightarrow cA$

(4) $A \rightarrow d$

(5) $B \rightarrow cB$

(6) $B \rightarrow d$

求不包含句柄在内的活前缀方程组为:

$$
\begin{cases}
LC(S') = \varepsilon \\
LC(E) = LC(S') \cdot \varepsilon = \varepsilon \\
LC(A) = LC(E) \cdot a | LC(A) \cdot c = ac^* \\
LC(B) = LC(E) \cdot b | LC(B) \cdot c = bc^*
\end{cases}
$$

所以包含句柄的活前缀为:

$LR(0)C(S' \rightarrow E) = E$

$LR(0)C(E \rightarrow aA) = aA$

$LR(0)C(E \rightarrow bB) = bB$

$LR(0)C(A \rightarrow cA) = ac^* cA$

$LR(0)C(A \rightarrow d) = ac^* d$

$LR(0)C(B \rightarrow cB) = bc^* cB$

$LR(0)C(B \rightarrow d) = bc^* d$

由此可构造以文法符号为字母表的识别活前缀(包含句柄在内)的不确定有限自动机, 如图 7-5 所示。

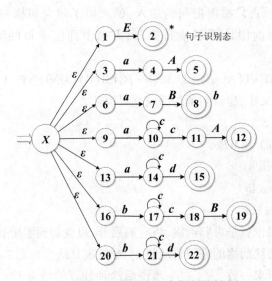

图 7-5　识别可归前缀的不确定有限自动机

如前所述,所有的状态都为活前缀的识别状态,有双圈①的状态为识别句柄的状态,双圈旁边有'＊'号的为识别句子的状态,识别句子的状态是唯一的。对图 7-5 的不确定有限状态自动机可用子集法进行确定化,结果如图 7-6 所示。

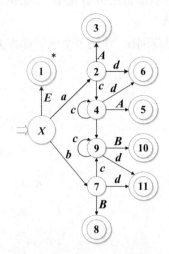

图 7-6 识别可归前缀的有限自动机

因此,对任何一个上下文无关文法,只要能构造出它的识别可归前缀的有限自动机,就可以构造其相应的分析表,也就是前面所介绍的状态转换表和动作表。用这种方法构造识别可归前缀的有限自动机,从理论的角度讲是很严格的,然而,对于一个实用的高级语言的文法而言,实现起来却很复杂,因此下面再介绍一种实用方法。

7.2.4 LR(0)项目集规范族的构造

(1)LR(0)项目

在文法 G 中每个产生式的右部适当位置添加一个圆点构成项目。

例如,产生式 $S{\to}aAcBe$ 对应有 6 个项目。

[1] $S{\to}\cdot aAcBe$

[2] $S{\to}a\cdot AcBe$

[3] $S{\to}aA\cdot cBe$

[4] $S{\to}aAc\cdot Be$

[5] $S{\to}aAcB\cdot e$

[6] $S{\to}aAcBe\cdot$

一个产生式可对应的项目个数为它的右部符号串长度加 1,值得注意的是对空产生式,$A{\to}\varepsilon$ 仅有项目 $A{\to}\cdot$ 。

每个项目的含义与圆点的位置有关,圆点的左部表示分析过程的某时刻欲用该产生式归约时已识别过的句柄部分,圆点右部表示期待的后缀部分。

例中项目的编号用 [ ] 中的数字表示,第[0]个项目意味着希望用 S 的右部归约,当前输入串中符号应为 a;项目[1]表明用该产生式归约已与第一个符号 a 匹配过了,需分析非终结符 A 的右部;项目[2]表明 A 的右部已分析完归约为 A,目前希望遇到输入串中的符号为

c；依此类推，直到项目[5]为 S 的右部都已分析完毕，则句柄已形成，可以进行归约。

（2）构造识别活前缀的 NFA

把文法的所有产生式的项目都列出，并使每个项目都作为 NFA 的一个状态。

以项目的文法 $G'[S']$ 为例：

$S' \to E$

$E \to aA \mid bB$

$A \to cA \mid d$

$B \to cB \mid d$

1. $S' \to \cdot E$

2. $S' \to E \cdot$

3. $E \to \cdot aA$

4. $E \to a \cdot A$

5. $E \to aA \cdot$

6. $A \to \cdot cA$

7. $A \to c \cdot A$

8. $A \to cA \cdot$

9. $A \to \cdot d$

10. $A \to d \cdot$

11. $E \to \cdot bB$

12. $E \to b \cdot B$

13. $E \to bB \cdot$

14. $B \to \cdot cB$

15. $B \to c \cdot B$

16. $B \to cB \cdot$

17. $B \to \cdot d$

18. $B \to d \cdot$

由于 S' 仅在第一个产生式的左部出现，因此规定项目 1 为初态，其余每个状态都为活前缀的识别态，圆点在最后的项目为句柄识别态，第一个产生式的句柄识别态为句子识别态。状态之间的转换关系确定方法如下：

若 i 项目为：$X \to X_1 X_2 \cdots X_{i-1} \cdot X_i \cdots X_n$

j 项目为：$X \to X_1 X_2 \cdots X_{i-1} X_i \cdot X_{i+1} \cdots X_n$

i 项目和 j 项目出于同一个产生式，对应于 NFA 为状态 j 的圆点只落后于状态 i 的圆点一个符号的位置，那么从状态 i 到状态 j 连一条标记为 X_i 的箭弧。如果 X_i 为非终结符，则也会有以它为左部的有关项目及其相应的状态，例如：

$i \quad X \to \gamma \cdot A\delta$

$k \quad A \to \cdot \beta$

则从状态 i 画标记为 ε 的箭弧到状态 k。对于 A 的所有产生式圆点在最左边的状态都连一条从 i 状态到该状态的箭弧,箭弧上标记为 ε。

对于文法 G'的所有项目对应的状态,按上面的规则可构造出识别活前缀的有限自动机 NFA,如图 7-7 所示。

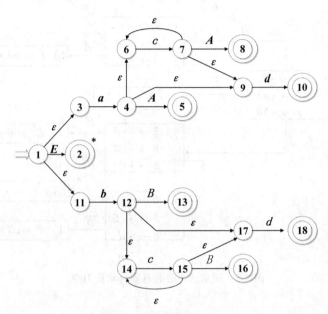

图 7-7　识别活前缀的 NFA

图中双圈表示句柄识别态,双圈外有"*"为句子识别态。也可以根据圆点所在的位置和圆点后是终结符还是非终结符把项目分为以下几种:

①移进项目,形如 $A{\rightarrow}\alpha \cdot a\beta$,其中 $\alpha,\beta\in V^*,a\in V_T$,即圆点后面为终结符的项目为移进项目,对应状态为移进状态,分析时把 a 移进符号栈。

②待约项目,形如 $A{\rightarrow}\alpha \cdot B\beta$,其中 $\alpha,\beta\in V^*,B\in V_N$,即圆点后面为非终结符的项目称待约项目,它表明所对应的状态等待着把非终结符 B 所能推出的串归约为 B,才能继续分析 A 的右部。

③归约项目,形如 $A{\rightarrow}\alpha \cdot$ 其中 $\alpha\in V^*$,即圆点在最右端的项目,称归约项目,它表明一个产生式的右部已分析完,句柄已形成,可以归约。

④接受项目,形如 $S'{\rightarrow}\alpha \cdot$ 其中 $\alpha\in V^+$,$S'{\rightarrow}\alpha$ 为拓广文法,S' 为左部的产生式只有一个,因而它是归约项目的特殊情况,对应状态称为接受状态。

规定 $S'{\rightarrow} \cdot \alpha$ 为初态。实际上接受项目中的 α 为文法的开始符号。

对于图 7-7 识别活前缀的 NFA,可以使用子集法将其确定化。对确定化后的 DFA,如把每个子集中所含状态集对应的项目写在新的状态中,结果如图 7-8 所示。

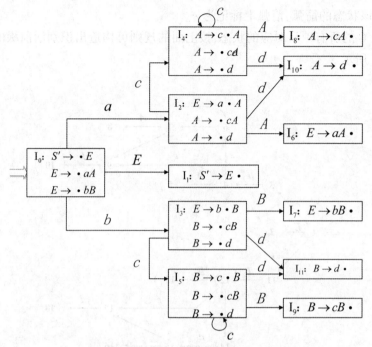

图 7-8　识别活前缀的有限自动机 DFA

（3）LR（0）项目集规范族的构造

构成识别一个文法活前缀的 DFA 项目集（状态）的全体，称为这个文法的 LR（0）项目集规范族。

构造识别活前缀的 DFA 若按上述方法，列出拓广文法的所有项目，按规定原则构造其 NFA（如图 7-7 所示），然后再确定化为 DFA（如图 7-8 所示），这样做确定化的工作量较大。可以分析图 7-8 中每个状态中项目集的构成，不难发现如下规律：

若状态中包含形如 $A \to \alpha \cdot a\beta$ 的项目，则形如 $B \to \cdot \gamma$ 的项目也在此状态内。例如 0 状态中项目集为：$\{S' \to \cdot E, E \to \cdot aA, E \to \cdot bB\}$，回顾由 NFA 确定化到 DFA 时，$E \to \cdot aA$ 和 $E \to \cdot bB$ 正是属于 $S' \to \cdot E$ 所在项目集中。因而，设想用闭包函数（CLOSURE）来求 DFA 一个状态的项目集。

若文法 G 已拓广为 G'，而 S 为文法 G 的开始符号，拓广后增加产生式 $S' \to S$。如果 I 是文法 G' 的一个项目集，定义和构造 I 的闭包 CLOSURE（I）如下：

① I 的项目均在 CLOSURE（I）中。

② 若 $A \to \alpha \cdot B\beta$ 属于 CLOSURE（I），则每一形如 $B \to \cdot \gamma$ 的项目也属于 CLOSURE（I）。

③ 重复②直到不出现新的项目为止，即 CLOSURE（I）不再扩大。

由此，可以很容易构造出初态的闭包，即 $S' \to \cdot S$ 属于 I，再按上述步骤求其闭包。

有了初态的项目集，即可构造出其他状态的项目集。在构造识别活前缀的 NFA 时，除

了箭弧上标记为 ε 的外,其两个相邻状态对应的项目是出自同一个产生式,只是圆点的位置相差1。

箭弧上的标记为前一个状态和后一个状态对应项目圆点间的符号,而识别活前缀的 DFA 的每个状态是一个项目集,项目集中的每个项目都不相同,每个项目圆点后的符号不一定相同,因而对每个项目圆点移动一个位置后,箭弧上的标记也不会完全相同,这样,对于不同的标记将转向不同的状态。

例如初态 $\{S'\to\cdot E,E\to\cdot aA,E\to\cdot bB\}$ 对第一个项目圆点右移一个位置后变为 $S'\to E\cdot$,箭弧标记应为 E;对第二个项目 $E\to\cdot aA$,圆点右移一个位置后,项目变为 $E\to a\cdot A$,箭弧标记为 a;同样第三个项目为圆点右移一个位置后变为 $E\to b\cdot B$,箭弧标记为 b。显然,初态发出了三个不同标记的箭弧,因而转向三个不同的状态,也就由初态派生出三个新的状态,对于每个新的状态又可以利用前面的方法,若圆点后为非终结符则可对其求闭包,得到该状态的项目集。圆点后面为终结符或在一个产生式的最后,则不会再增加新的项目,例中新状态的项目 $E\to a\cdot A$,求其闭包可得到项目集为 $\{E\to a\cdot A,A\to\cdot cA,A\to\cdot d\}$。同样,另一新状态的项目 $E\to b\cdot B$,求其闭包得到项目集为 $\{E\to b\cdot B,B\to\cdot cB,B\to\cdot d\}$,对于新状态仅含项目为 $S'\to E\cdot$ 的则不会再增加新的项目。这样由初态出发对其项目集的每个项目的圆点向右移动一个位置用箭弧转向不同的新状态,箭弧上用移动圆点经过的符号标记。新状态的初始项目即圆点移动后的项目称为核。例中 $A\to a\cdot A$ 和 $B\to\cdot bB$ 都为核,对核求闭包就构成了新状态的项目集。为把这个过程写成一般的形式,定义转换函数 $\mathrm{GO}(I,X)$ 如下:

$$\mathrm{GO}(I,X)=\mathrm{CLOSURE}(J)$$

其中:I 为包含某一项目集的状态,X 为一文法符号,$X\in V_N\cup V_T$,$J=\{$任何形如 $A\to aX\cdot\beta$ 的项目 $|A\to\alpha\cdot X\beta$ 属于 $I\}$。

这也表明,若状态 I 识别活前缀 γ,则状态 J 识别活前缀 γX。圆点不在产生式右部最左边的项目称为核,但开始状态拓广文法的第一个项目 $S'\to\cdot S$ 除外。因此用 $\mathrm{GO}(I,X)$ 转换函数得到的 J 为转向后状态所含项目集的核。核可能是一个或若干个项目组成。因此,就可以使用闭包函数(CLOSURE)和转向函数($\mathrm{GO}(I,X)$)构造文法 G' 的 LR(0)项目集规范族,步骤如下:

① 置项目 $S'\to\cdot S$ 为初态集的核,对该核求闭包 $\mathrm{CLOSURE}(\{S'\to\cdot S\})$ 得到初态的项目集。

② 对初态集或其他所构造的项目集应用转换函数 $\mathrm{GO}(I,X)=\mathrm{CLOSURE(J)}$ 求出新状态 J 的项目集。

③ 重复②直到不出现新的项目集为止。

由于任何一个高级语言相应文法的产生式是有限的,每个产生式右部的文法符号个数是有限的,因此每个产生式可列出的项目也为有限的,由有限的项目组成的子集即项目集作为 DFA 的状态也是有限的,所以不论用哪种方法构造识别活前缀的有限自动机必定会在有穷的步骤内结束。

到目前为止,介绍了构造识别文法活前缀 DFA 的三种方法。

① 第 1 种方法是根据形式定义求出活前缀的正规式,然后由此正规式构造与之等价的 NFA,再确定化为 DFA。

② 第 2 种方法是求出文法的所有项目,按一定规则构造识别活前缀的 NFA,再确定化为 DFA。

③ 第 3 种方法是把拓广文法的第一个项目 $\{S'\rightarrow \cdot S\}$ 作为初态集的核,通过求核的闭包和转换函数,求出 LR(0) 项目集规范族,再由转换函数建立状态之间的连接关系得到识别活前缀的 DFA。

显然第 1 种方法从理论上讲比较严格;第 2、3 种方法较为直观;从直观上的分析与理论上实现的结果吻合。三种做法虽然不同,但出发点都是把 LR 分析方法的归约过程当做识别文法规范句型活前缀的过程,因为只要分析到的当前状态是活前缀的识别态,则说明已分析过的部分是该文法的某规范句型的一部分,也就说明了已分析过的部分是正确的。

进一步分析所构造的 LR(0) 项目集规范族的项目类型,分为如下四种:

① 移进项目

圆点后为终结符的项目,形如 $A\rightarrow \alpha \cdot a\beta$,其中 $\alpha,\beta \in V^*$,$a\in V_T$,相应状态为移进状态。

② 归约项目

圆点在产生式右部最后的项目,形如 $A\rightarrow \beta \cdot$ 其中 $\beta \in V^*$,对于 $\beta=\varepsilon$ 的项目为 $A\rightarrow \cdot$,其对应于产生式 $A\rightarrow \varepsilon$,相应状态为归约状态。

③ 待约项目

圆点后为非终结符的项目,形如 $A\rightarrow \alpha \cdot B\beta$,其中 $\alpha,\beta \in V^*$,$B\in V_N$,这表明用产生式 A 的右部归约时,首先要将 B 的产生式右部归约为 B,对 A 的右部才能继续进行分析,也就是期待着继续分析过程中首先能进行归约而得到 B。

④ 接受项目

当归约项目为 $S'\rightarrow S\cdot$ 时,则表明已分析成功,即输入串为该文法的句子,相应状态为接受状态。

一个项目集中可能包含以上四种不同的项目,但是一个项目集中不能有下列情况存在:

① 移进和归约项目同时存在。

形如:$\begin{cases}A\rightarrow \alpha \cdot a\beta \\ B\rightarrow \gamma \cdot\end{cases}$

这时面临输入符号为 a 时,不能确定移进 a 还是把 γ 归约为 B,因为 LR(0) 分析是不向前看符号,所以对归约的项目,不管当前符号是什么都应归约。对于同时存在移进和归约的项目称为移进-归约冲突。

② 归约和归约项目同时存在。

形如:$\begin{cases}A\rightarrow \beta \cdot \\ B\rightarrow \gamma \cdot\end{cases}$

因这时不管面临什么输入符号都不能确定归约为 A,还是归约为 B,对同时存在两个以上归约项目的状态称归约-归约冲突。

对一个文法的LR(0)项目集规范族,不存在移进-归约和归约-归约冲突时,称这个文法为LR(0)文法。

(4)LR(0)分析表的构造

LR(0)分析表是LR(0)分析器的重要组成部分,它是总控程序分析动作的依据。对于不同的文法,LR(0)分析表不同,它可以用一个二维数组表示,行标为状态号,列标为文法符号和#号,分析表的内容可由两部分组成,一部分为动作表(ACTION),它表示当前状态下所面临输入符应做的动作是移进、归约、接受或出错,动作表的列标只包含终结符和#;另一部分为转换表(GOTO),它表示在当前状态下面临文法符号时应转向的下一个状态,相当于识别活前缀的有限自动机DFA的状态转换矩阵。因此构造一个文法的LR(0)分析表时,先构造其识别活前缀的自动机DFA,这样可以很方便地利用DFA的项目集和状态转换函数构造它的LR(0)分析表,在实际应用中为了节省存储空间,通常把关于终结符部分的GOTO表和ACTION表重叠,也就是把当前状态下面临终结符应进行的移进-归约动作和转向动作用同一数组元素表示。

LR(0)分析表的构造算法如下:

假设已构造出LR(0)项目集规范族为:

$$C = \{I_0, I_1, \cdots, I_n\}$$

其中I_k为项目集的名字,k为状态号,令包含$S' \rightarrow S \cdot$项目的集合I_k的下标k为分析器的初始状态。那么分析表的ACTION表和GOTO表构造步骤为:

① 若项目$A \rightarrow a \cdot a\beta$属于$I_k$且转换函数$GO(I_k, a) = I_j$,当$a$为终结符时则置ACTION$[k, a]$为$S_j$,其动作含义为将终结符$a$移进符号栈,状态$j$进入状态栈,即状态$k$时遇$a$转向状态$j$。

② 项目$A \rightarrow \alpha \cdot$属于$I_k$,则对任何终结符 a 和#,置 ACTION $[k, a]$和ACTION$[k, \#]$为"r_j",j 为在文法 G' 中产生式$A \rightarrow \alpha$的序号。r_j动作的含义是把当前文法符号栈顶的符号串α归约为 A,并将栈指针从栈顶向下移动$|\alpha|$的长度,符号栈中弹出$|\alpha|$个符号,非终结符 A 变为当前面临的符号。

③ $GO(I_k, A) = j$,则置 GOTO$[k, A]$为"j",其中 A 为非终结符,表示当前状态为"k"时,遇文法符号 A 时状态应转向 j,因此 A 移入文法符号栈,j 移入状态栈。

④ 项目$S' \rightarrow S \cdot$属于I_k,则置 ACTION$[k, A]$为"acc",表示接受。

⑤ 凡不能用上述方法填入的分析表的元素,均应填上"报错标志"。为了表的清晰仅在表中用空白表示错误标志。

根据这种方法构造的 LR(0)分析表不含多重定义时,称这样的分析表为 LR(0)分析表,能用 LR(0)分析表的分析器称为 LR(0)分析器,能构造 LR(0)分析表的文法称为 LR(0)文法。

若对文法 G' 的产生式编号如下:

1. $S' \rightarrow E$

2. $E \rightarrow aA$

3. $E \rightarrow bB$

4. $A \rightarrow cA$

5. $A \rightarrow d$

6. $B \rightarrow cB$

7. $B \rightarrow d$

按上述算法构造这个文法的 LR(0) 分析表见表 7-3。

表 7-3　LR(0) 分析表

状态	ACTION					GOTO			
	a	b	c	d	#	E	A	B	
0	S_2	S_3				1			
1					acc				
2			S_4	S_{10}			6		
3			S_5	S_{11}				7	
4			S_4	S_{10}			8		
5			S_5	S_{11}				9	
6	r_1	r_1	r_1	r_1	r_1				
7	r_2	r_2	r_2	r_2	r_2				
8	r_3	r_3	r_3	r_3	r_3				
9	r_5	r_5	r_5	r_5	r_5				
10	r_4	r_4	r_4	r_4	r_4				
11	r_6	r_6	r_6	r_6	r_6				

(5) LR(0) 分析器的工作过程

为一个文法构造了它的 LR(0) 分析表后,就可以在 LR 分析器的总控程序控制下对输入串进行分析,即根据输入串的当前符号和分析栈的栈顶状态查找分析表应采取的动作,对状态栈和符号栈进行相应的操作,即移进、归约、接受或报错。具体说明如下:

① ACTION[S, a] = S_j,a 为终结符,则把 a 移入符号栈,j 移入状态栈。

② ACTION[S, a] = r_j,a 为终结符或#,则用第 j 个产生式归约,并将两个栈的指针减去 k,其中 k 为第 j 个产生式右部的符号串长度,这时当前面临符号为第 j 个产生式左部的非终结符,不妨设为 A,归约后栈顶状态设为 n,则再进行 GOTO[n , A]。

③ ACTION[S, a] = acc, a 应为#号,则为接受,表示分析成功。

④ 若 GOTO[S, A] = j, A 为非终结符,表明前一动作是用关于 A 的产生式归约的,当前面临非终结符 A 时,A 应移入符号栈,j 移入状态栈。

⑤ ACTION$[S,a]$ = 空白,则转向出错处理。

现用表 7-3 的 LR(0) 分析表对输入串 $bccd$ 用 LR(0) 分析器进行分析,其状态栈和符号栈及输入串的变化过程如表 7-4 所示。

表 7-4　对输入串 $bccd\#$ 的 LR(0) 分析过程

步骤	状态栈	符号栈	输入串	ACTION	GOTO
（1）	0	#	$bccd\#$	S_3	
（2）	03	#b	$ccd\#$	S_5	
（3）	035	#bc	$cd\#$	S_5	
（4）	0355	#bcc	$d\#$	S_{11}	
（5）	0355(11)	#bccd	#	r_6	9
（6）	03559	#bccB	#	r_5	9
（7）	0359	#bcB	#	r_5	7
（8）	037	#bB	#	r_2	1
（9）	01	#E	#	acc	

7.3　SLR（1）分析

由于大多数实用的程序设计语言的文法不能满足 LR(0) 文法的条件,本节将介绍一种 SLR(1) 文法,其思想是允许 LR(0) 规范族中有冲突的项目集存在,并用向前查看一个符号的办法来进行处理解决。因为只对有冲突的状态才向前查看一个符号,以确定做哪种动作,所以称这种分析方法为简单的 LR(1) 分析法,用 SLR（1）表示。能用这种分析法分析的文法就是 SLR(1) 文法。

先看文法例:

<实型变量说明>→ real<标识符表>

<标识符表>→<标识符表>,i

<标识符表>→i

将该文法缩写并拓广后得文法 G' 如下:

（1）$S'{\to}S$

（2）$S{\to}rD$

（3）$D{\to}D,i$

（4）$D{\to}i$

首先构造该文法的 LR(0) 项目集规范族如表 7-5 所示。

表 7-5　文法 G' 的 LR(0) 项目集族

状态	核集合	闭包增加项目	项目集
I_0	$S' \to \cdot S$	$S \to \cdot rD$	$S' \to \cdot S$ $S \to \cdot rD$
I_1	$S' \to S \cdot$		$S' \to S \cdot$
I_2	$S \to r \cdot D$	$D \to D,i$ $D \to \cdot i$	$S \to r \cdot D$ $D \to D,i$ $D \to \cdot i$
I_3	$S \to rD \cdot$ $D \to D \cdot ,i$		$S \to rD \cdot$ $D \to D \cdot ,i$
I_4	$D \to i \cdot$		$D \to i \cdot$
I_5	$D \to D, \cdot i$		$D \to D, \cdot i$
I_6	$D \to D,i \cdot$		$D \to D,i \cdot$

再用 GO 函数构造出识别活前缀的 DFA 如图 7-9 所示。

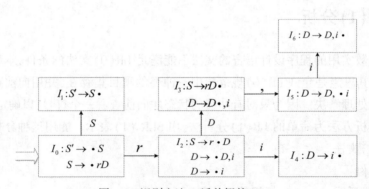

图 7-9　识别文法 G' 活前缀的 DFA

分析每个状态包含的项目集,不难发现在状态 I_3 中含项目:

$$\begin{cases} S \to rD \cdot & \text{归约项目} \\ D \to D \cdot ,i & \text{移进项目} \end{cases}$$

也就是按 $S \to rD \cdot$ 项目的动作认为用 $S \to rD$ 产生式进行归约的句柄已形成,不管当前的输入符号是什么,都应把 rD 归约成 S;但是按 $D \to D \cdot ,i$ 项目当面临输入符为","号时,应将","号移入符号栈,状态转向 I_5。显然该文法不是 LR(0) 文法,也可在构造它的 LR(0) 分析表时发现这个问题,如表 7-6 所示。

表 7-6 文法 G' 的 LR(0) 分析表

状态	ACTION				GOTO	
	r	,	i	#	S	D
0	S_2				1	
1				acc		
2			S_4			3
3	r_1	r_1,S_5	r_1	r_1		
4	r_3	r_3	r_3	r_3		
5			S_6			
6	r_2	r_2	r_2	r_2		

在这种情况下，只需要考查当用句柄 rD 归约成 S 时，S 的后跟符号集合中不包含当前所有移进项目的移进符号的集合时，则这种移进-归约冲突便可解决，例中 S 的后跟符集合为{#}，移进项目只有一个“，”，因而移进项目中期待移进的符号集合为{，}，这样可以在状态 I_3 中，当遇“，”时，做移进动作，当遇“#”时，做归约动作，上述 LR(0) 分析表做局部改动后不再存在冲突，称为 SIR(1) 文法，其分析表如表 7-7 所示。

表 7-7 实数说明文法的 SLR(1) 分析表

状态	ACTION				GOTO	
	r	,	i	#	S	D
0	S_2				1	
1				acc		
2			S_4			3
3		S_5		r_1		
4	r_3	r_3	r_3	r_3		
5			S_6			
6	r_2	r_2	r_2	r_2		

假定一个 LR(0) 规范族中含有如下的项目集 I：
$$I=\{X\rightarrow\alpha\cdot b\beta,A\rightarrow\gamma\cdot,B\rightarrow\delta\cdot\}$$
也就是在该项目集中含有移进-归约冲突和归约-归约冲突。其中 α、β、γ、δ 为文法符号串，b 为终结符。那么只要在所有含有 A 和 B 的句型中，直接跟在 A 和 B 后的可能终结符的集合，即 FOLLOW (A) 和 FOLLOW(B)，互不相交，且都不包含 b，也就是只要满足：
$$\text{FOLLOW}(A)\cap\text{FOLLOW}(B)=\varnothing$$
$$\text{FOLLOW}(A)\cap\{b\}=\varnothing$$
$$\text{FOLLOW}(B)\cap\{b\}=\varnothing$$
那么，当在状态 I 面临某输入符号为 a 时，则动作可由以下规则来决定。
① 若 $a=b$，则移进。

② 若 $a \in$ FOLLOW(A),则用产生式 $A \rightarrow \gamma$ 进行归约。

③ 若 $a \in$ FOLLOW(B),则用产生式 $B \rightarrow \delta$ 进行归约。

④ 此外,报错。

对于 LR(0) 规范族的一个项目集 I 中,可能含有多个移进项目和多个归约项目,可假设项目集 I 中有 m 个移进项目:$A_1 \rightarrow a_1 \cdot a_1 \beta_1$,$A_2 \rightarrow a_2 \cdot a_2 \beta_2$,$\cdots$,$A_m \rightarrow a_m \cdot a_m \beta_m$,同时含有 n 个归约项目:$B_1 \rightarrow \gamma_1 \cdot$,$B_2 \rightarrow \gamma_2 \cdot$,$\cdots$,$B_n \rightarrow \gamma_n \cdot$,只要集合 $\{a_1, a_2, \cdots, a_m\}$ 和 FOLLOW(B_1),FOLLOW(B_2),$\cdots$,FOLLOW(B_n) 两两交集都为空,那么仍可用上述规则解决冲突,即考查当前输入符号,决定动作。

① 若 $a \in \{a_1, a_2, \cdots, a_m\}$,则移进。

② 若 $a \in$ FOLLOW(B_i),$i = 1, 2, \cdots, n$ 用 $B_i \rightarrow \gamma_i$ 进行归约。

③ 此外,报错。

如果对于一个文法的 LR(0) 项目集规范族的某些项目集或 LR(0) 分析表中所含有的动作冲突都能用上述方法解决,则称这个文法是 SLR(1) 文法,所构造的分析表为 SLR(1) 分析表,使用 SLR(1) 分析表的分析器称为 SLR(1) 分析器。

例如,可以构造算术表达式文法的 LR(0) 项目集规范族,然后分析它是 LR(0) 文法还是 SLR(1) 文法,现将表达式文法 G 拓广如下:

(0) $S' \rightarrow E$

(1) $E \rightarrow E + T$

(2) $E \rightarrow T$

(3) $T \rightarrow T * F$

(4) $T \rightarrow F$

(5) $F \rightarrow (E)$

(6) $F \rightarrow i$

该文法的 LR(0) 项目集规范族为:

$I_0 : S' \rightarrow \cdot E$

$E \rightarrow \cdot E + T$

$E \rightarrow \cdot T$

$T \rightarrow \cdot T * F$

$T \rightarrow \cdot F$

$F \rightarrow \cdot (E)$

$F \rightarrow \cdot i$

$I_1 : S' \rightarrow E \cdot$

$E \rightarrow E \cdot + T$

$I_2 : E \rightarrow T \cdot$

$T \rightarrow T \cdot * F$

$I_3 : T \rightarrow F \cdot$

$I_4 : F \rightarrow (\cdot E)$

$E \rightarrow \cdot E + T$

$E \rightarrow \cdot T$

$$T \rightarrow \cdot T * F$$
$$T \rightarrow \cdot F$$
$$E \rightarrow \cdot (E)$$
$$F \rightarrow \cdot i$$
$$I_5 : F \rightarrow i \cdot$$
$$I_6 : E \rightarrow E + \cdot T$$
$$T \rightarrow \cdot T * F$$
$$T \rightarrow \cdot F$$
$$F \rightarrow \cdot (E)$$
$$F \rightarrow \cdot i$$
$$I_7 : T \rightarrow T * \cdot F$$
$$F \rightarrow \cdot (E)$$
$$F \rightarrow \cdot i$$
$$I_8 : F \rightarrow (E \cdot)$$
$$E \rightarrow E \cdot + T$$
$$I_9 : E \rightarrow E + T \cdot$$
$$T \rightarrow T \cdot * F$$
$$I_{10} : T \rightarrow T * F \cdot$$
$$I_{11} : F \rightarrow (E) \cdot$$

与此相应的识别该文法活前缀的有限自动机如图 7-10 所示。

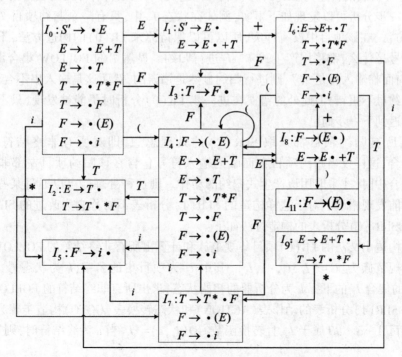

图 7-10 识别表达式文法活前缀的 DFA

不难看出,在 I_1、I_2、I_9 中存在移进-归约冲突,因而这个表达式文法不是 LR(0) 文法,也就不能构造 LR(0) 分析表,现在分别考查这三个项目集中的冲突是否能用 SLR(1) 方法解决。

在 I_1 中:
$$\begin{cases} S' \to E \cdot \\ E \to E \cdot + T \end{cases}$$

由于 FOLLOW$(S') = \{\#\}$,而 $S' \to E \cdot$ 是唯一的接受项目,所以当且仅当遇到句子的结束符#时才被接受。又因 $\{\#\} \cap \{+\} = \varnothing$,因此 I_1 中的冲突可解决。

在 I_2 中:
$$\begin{cases} E \to T \cdot \\ T \to T \cdot * F \end{cases}$$

可计算非终结符 E 的 FOLLOW 集为:
$$\text{FOLLOW}(E) = \{+,), \#\}$$

这样 FOLLOW$(E) \cap \{*\} = \{+,), \#\} \cap \{*\} = \varnothing$,因此面临输入符为+、)或#时,则用产生式 $E \to T$ 进行归约。当面临输入符为 $*$ 时,则移进,其他情况则报错。

在 I_9 中:
$$\begin{cases} E \to E + T \cdot \\ T \to T \cdot * F \end{cases}$$

与 I_2 中的情况类似,因归约项目的左部非终结符 E 的后跟符集合 FOLLOW（E）= $\{+,), \#\}$ 与移进项目圆点后终结符不相交,所以冲突可以用 SLR(1) 方法解决,与 I_2 不同的只是在面临输入符为+、)或#时用产生式 $E \to E + T$ 归约。

文法在 I_1、I_2、I_9 三个项目集(状态)中存在的移进-归约冲突都可以用 SLR(1) 方法解决,因此该文法是 SLR(1) 文法。可构造其相应的 SLR(1) 分析表。

SLR(1) 分析表的构造与 LR(0) 分析表的构造类似,仅在含有冲突的项目集中分别进行处理。但进一步分析可以发现如下事实,例如在状态 I_2 中,只有一个归约项目 $T \to F \cdot$,按照 SLR(1) 方法,在该项目中没有冲突,所以可以保持原来 LR(0) 的构造方法,不论当前面临的输入符号是什么,都将用产生式 $T \to F$ 进行归约。显然 T 的 FOLLOW 集合没有"("符号,如果当前面临输入符是"(",则进行归约显然是错误的,然而这是输入串不合法的错误,在此照常归约虽不报错,但此处的错误在进一步 LR(0) 分析时仍能被发现,只不过是把错误的发现推迟到下一步而已。

如果对所有归约项目都采取 SLR(1) 的处理思想,即对所有非终结符都求出其 FOLLOW 集合,这样仅当归约项目在面临的输入符号包含在该归约项目左部非终结符的 FOLLOW 集合中时,才采取用该产生式归约的动作。则这种处理就可以通过某些不该归约的动作而提前发现错误。对于这样构造的 SLR(1) 分析表不妨称它为改进的 SLR(1) 分析表。改进的 SLR (1) 分析表的构造方法如下:

假设已构造出文法的 LR(0) 项目集规范族和计算出所有非终结符的 FOLLOW 集合。

项目集规范族为:$C = \{I_0, I_1, \cdots, I_n\}$,其中 I_k 为项目集的名字,k 为状态号,令包含 $S' \to \cdot S$ 项目的集合 I_k 的下标 k 为分析器的初始状态,求出所有非终结符的 FOLLOW 集。

改进的 SLR(1) 分析表的动作表(ACTION)和状态转换表(GOTO)构造步骤为:

①若项目 $A \to \alpha \cdot a\beta$ 属于 I_k,且转换函数 GO$(I_k, a) = I_j$,当 a 为终结符时,则置 ACTION$[k, a]$ 为 S_j。

②若项目 $A \to \alpha \cdot$ 属于 I_k,则对 a 为任何终结符或#,且满足 $a \in$ FOLLOW(A) 时,置

ACTION[k,a]=r_j，j 为产生式 $A{\rightarrow}\alpha$ 在文法 G' 中的编号。

③若 $GO(I_k,A)=I_j$，则置 GOTO[k,A]=j，其中 A 为非终结符，j 为某一状态号。

④若项目 $S'{\rightarrow}S\cdot$ 属于 I_k，则置 ACTION[k,#]=acc，表示接受。

⑤凡不能用上述方法填入的分析表的元素，均应填上"报错标志"，在表中用空白标志。

用上述步骤对算术表达式文法构造的 SLR（1）分析表如表 7-8 所示。

表 7-8　改进的 SLR(1)分析

状态	ACTION						GOTO		
	i	+	*	(	)	#	E	T	F
0	S_5			S_4			1	2	3
1		S_6				acc			
2		r_2	S_7		r_2	r_2			
3		r_4	r_4		r_4	r_4			
4	S_2			S_4			8	2	3
5		r_6	r_6		r_6	r_6			
6	S_2			S_4				9	3
7	S_2			S_4					10
8		S_6			S_{11}				
9		r_1	S_7		r_1	r_1			
10		r_3	r_3		r_3	r_3			
11		r_5	r_5		r_5	r_5			

对符号串 $i+i*i$，给出 SLR(1)分析器，用表 7-8 的 SLR(1)分析表进行分析时栈的变化过程如表 7-9 所示。

表 7-9　对输入串 $i+i*i$ #的 SLR(1)分析过程

步骤	状态栈	符号栈	输入串	ACTION	GOTO
（1）	0	#	$i+i*i$ #	S_5	
（2）	05	#i	$+i*i$ #	r_6	3
（3）	03	#F	$+i*i$ #	r_4	2
（4）	02	#T	$+i*i$ #	r_2	1
（5）	01	#E	$+i*i$ #	S_6	
（6）	016	#E+	$i*i$ #	S_5	
（7）	0165	#E+i	$*i$ #	r_6	3
（8）	0163	#E+F	$*i$ #	r_4	9

步骤	状态栈	符号栈	输入串	ACTION	GOTO
（9）	0169	$\#E+T$	$*\,i\,\#$	S_7	
（10）	01697	$\#E+T*$	$i\,\#$	S_5	
（11）	016975	$\#E+T*i$	$\#$	r_6	10
（12）	016975(10)	$\#E+T*F$	$\#$	r_3	9
（13）	0169	$\#E+T$	$\#$	r_1	1
（14）	01	$\#E$	$\#$	acc	

　　尽管采用 SLR(1)方法能够对某些 LR(0)项目集规范族中存在动作冲突的项目集进行构造,通过用向前查看一个符号的办法来解决冲突,但是仍有许多文法构造的 LR(0)项目集规范族存在的动作冲突不能用 SLR(1)方法解决。

　　例如文法 G' 为:

（1） $S'{\rightarrow}S$

（2） $S{\rightarrow}aAd$

（3） $S{\rightarrow}bAc$

（4） $S{\rightarrow}aec$

（5） $S{\rightarrow}bed$

（6） $A{\rightarrow}e$

　　首先用 $S'{\rightarrow}\cdot S$ 作为初态集的项目,然后用闭包函数构造识别法和转换函数构造识别文法 G' 的活前缀的有限自动机 DFA,如图 7-11 所示,可以发现在项目集 I_5 和 I_7 中存在移进和归约冲突。

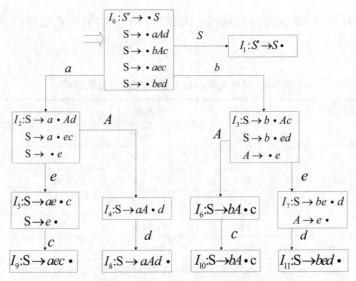

图 7-11　LR(0)识别 G' 的活前缀的 DFA

$$I_5 : \begin{cases} S \to ae \cdot c \\ A \to e \cdot \end{cases} \qquad I_7 : \begin{cases} S \to be \cdot d \\ A \to e \cdot \end{cases}$$

$\text{FOLLOW}(A) = \{c, d\}$

在 I_5 中,$\text{FOLLOW}(A) \cap \{c\} = \{c, d\} \cap \{c\} \neq \varnothing$。

在 I_7 中,$\text{FOLLOW}(A) \cap \{d\} = \{c, d\} \cap \{d\} \neq \varnothing$。

因此 I_5、I_7 中的冲突不能用 SLR(1)方法解决。只能考虑用下面将要介绍的 LR(1)方法解决。

7.4 LR(1)分析

由于用 SLR (1)方法解决动作冲突时,对于归约项目 $A \to \alpha \cdot$,只要当前面临输入符为 $a \in \text{FOLLOW}(A)$ 时,则确定采用产生式 $A \to \alpha$ 进行归约,但如果栈里的符号串为 $\beta\alpha$,归约后变为 βA,再移进当前符 a,则栈里变为 βAa,而实际上 βAa 未必为文法规范句型的活前缀。

例如,在识别表达式文法的活前缀 DFA 中(见图 7-10),在项目集 I_2 存在移进-归约冲突,即 $\{E \to T \cdot , T \to T \cdot {}^* F\}$,若栈顶状态为 2,栈中符号串为#$T$,当前输入符为")",而")"属 FOLLOW (E) 中,这时按 SLR (1)方法,应用产生式 $E \to T$ 进行归约,归约后栈顶符号串为# E,而再加当前符")"后,栈中为# E),不是表达式文法规范句型的活前缀。因此可以看出,SLR(1)方法虽然相对 LR(0)有所改进,但仍然存在着多余归约,也说明 SLR(1)方法向前查看一个符号的方法仍不够确切,LR(1)方法恰好是要解决 SLR(1)方法在某些情况下存在的无效归约问题。

现在再看图 7-11,在 I_5、I_7 项目集中的移进-归约冲突,不能用 SLR (1)方法解决的原因如下:

先看 I_5:

$$I_5 : \begin{cases} S \to ae \cdot c \\ A \to e \cdot \end{cases}$$

因

$$S' \underset{R}{\Rightarrow} S \underset{R}{\Rightarrow} aAd \underset{R}{\Rightarrow} aed$$

$$S' \underset{R}{\Rightarrow} S \underset{R}{\Rightarrow} aec$$

这两个最右推导已包括了活前缀为 a 的所有句型,因此,不难看出,对活前缀 ae 来说,当面临输入符号为 c 时应移进,面临 d 时应用产生式 $A \to e$ 归约。因为 $S' \underset{R}{\Rightarrow} S \underset{R}{\Rightarrow} aAc$,所以 aAc 不是该文法的规范句型。这也说明了并不是 FOLLOW (A) 的每个元素,在含 A 的所有句型中在 A 的后面都会出现,例中 d 只在规范句型 aAd 中 A 的后面出现,因此面临输入符为 d 才应归约。

再看 I_7:

$$I_7 : \begin{cases} S \to be \cdot d \\ A \to e \cdot \end{cases}$$

而

$$S' \underset{R}{\Rightarrow} S \underset{R}{\Rightarrow} bAc \underset{R}{\Rightarrow} bec$$

$$S' \underset{R}{\Rightarrow} S \underset{R}{\Rightarrow} bed$$

这两个最右推导,包含了活前缀为 b 的所有句型,可见 FOLLOW (A) 中的 c 只能跟在句型 bAc 中 A 的后面,这样在 I_7 中当面临输入符为 c 时,才能归约。

根据项目集的构造原则有：

若$[A{\rightarrow}\alpha \cdot B\beta]$属于项目集 I，则$[B{\rightarrow} \cdot \gamma]$也属于 I，这里 $B{\rightarrow}\gamma$ 为一产生式。由此不妨考虑，把 FIRST(β)作为用产生式 $B{\rightarrow}\gamma$ 归约的搜索符，称为向前搜索符，作为归约时查看的符号集合用以代替 SLR (1)分析中的 FOLLOW 集，把此搜索符号的集合也放在相应项目的后面，这种处理方法即为 LR(1)方法。

7.4.1　LR(1)项目集规范族的构造

"$S'{\rightarrow} \cdot S$,#"属于初始项目集，把#作为向前搜索符，表示活前缀 γ(若 γ 是有关 S 产生式的某一右部)要归约成 S 时，必须面临输入符为#才行。对初始项目"$S'{\rightarrow} \cdot S$,#"求闭包后再用转换函数逐步求出整个文法的 LR(1)项目集规范族。

具体构造步骤如下：

(1)构造 LR(1)项目集的闭包函数

① 假定 I 是一个项目集，I 的任何项目都属于 CLOSURE(I)。

② 若有项目"$A{\rightarrow}\alpha \cdot B\beta$,a"属于 CLOSURE (I)，$B{\rightarrow}\gamma$ 是文法中的产生式，$\beta \in V$，$b \in$ FIRST(βa)；则"$B{\rightarrow} \cdot \gamma$,b"也是属于 CLOSURE(I)。

③ 重复②直到 CLOSURE(I)不再增大为止。

(2)构造转换函数。

LR (1)转换函数的构造与 LR(0)的相似，GO(I, X) = CLOSURE(J)，其中 I 是 LR(1)的项目集，X 是文法符号。

$J = \{$任何形如$[A{\rightarrow}\alpha X \cdot \beta, a]$的项目$| [A{\rightarrow}\alpha \cdot X\beta, a] \in I\}$

对文法 G' 的 LR(1)项目集族的构造，仍以$[S'{\rightarrow} \cdot S$,#]为初态集的初始项目，然后对其求闭包和转换函数，直到项目集不再增大。

也就是对状态 I 经过符号 X 后转向状态 J，求出 J 的核后，对核求闭包即为 CLOSURE(J)。

现在可以对上面 7.4 例中不能用 SLR(1)方法解决 I_5、I_7 中移进-归约冲突的文法，构造它的 LR(1)项目集规范族如下：

I_0：$S'{\rightarrow} \cdot S$,#

　　　$S{\rightarrow} \cdot aAd$,#

　　　$S{\rightarrow} \cdot bAc$,#

　　　$S{\rightarrow} \cdot aec$,#

　　　$S{\rightarrow} \cdot bed$,#

I_1：$S'{\rightarrow}S \cdot$,#

I_2：$S{\rightarrow}a \cdot Ad$,#

　　　$S{\rightarrow}a \cdot ec$,#

　　　$A{\rightarrow} \cdot e$,d

I_3：$S{\rightarrow}b \cdot Ac$,#

　　　$S{\rightarrow}b \cdot ed$,#

　　　$A{\rightarrow} \cdot e$,c

I_4：$S{\rightarrow}aA \cdot d$,#

I_5：$S{\rightarrow}ae \cdot c$,#

$S \rightarrow e \cdot , d$

$I_6: \quad S \rightarrow bA \cdot c, \#$

$I_7: \quad S \rightarrow be \cdot d, \#$

$A \rightarrow e \cdot , c$

$I_8: \quad S \rightarrow aAd \cdot , \#$

$I_9: \quad S \rightarrow aec \cdot , \#$

$I_{10}: S \rightarrow bAc \cdot , \#$

$I_{11}: S \rightarrow bed \cdot , \#$

LR(1)方法构造的项目集规范族在项目集 I_5 和 I_7 中的移进-归约冲突便可解决。由于归约项目的搜索符集合与移进项目的待移进符号不相交,所以在 I_5 中,当面临输入符为 d 时归约,为 c 时移进,而在 I_7 中,当面临输入符为 c 时归约,为 d 时移进,冲突已全部可以解决,因此该文法为 LR(1)文法。

7.4.2 LR(1)分析表的构造

一个 LR(1)项目可以由两个部分组成,一部分和 LR(0)项目相同,这部分称它为心,另一部分为向前搜索符集合。因而 LR(1)分析表的构造与 LR(0)分析表的构造在形式上基本相同,只是归约项目的归约动作取决于该归约项目的向前搜索符集,即只有当面临的输入符属于向前搜索符的集合,才做归约动作,其他情况均出错。具体构造过程如下:

若已构造出某文法的 LR(1)项目集规范族 $C, C = \{I_0, I_1, \cdots, I_n\}$,其中 I_k 的 k 为分析器的状态,则动作表 ACTION 和状态转换表 GOTO 构造方法如下:

① 若项目$[A \rightarrow \alpha \cdot B\beta, b]$属于$I_k$,且$GO(I_k, a) = I_j$,其中$a \in V_T$,则置 ACTION$[k, a] = S_j$,其$S_j$的含义是把输入符号$a$和状态$j$分别移入文法符号栈和状态栈。

② 若项目$[A \rightarrow \alpha \cdot , a]$属于$I_k$,则置 ACTION$[k, a] = r_j$,其中$a \in V_T, r_j$的含义为把当前栈顶符号串$\alpha$归约为$A$(即用产生式$A \rightarrow \alpha$归约),j为在文法中对产生式$A \rightarrow \alpha$的编号。

③ 若项目$[S' \rightarrow S \cdot , \#]$属于$I_k$,则置 ACTION$[k, \#] = acc$,表示"接受"。

④ 若$GO(I_k, A) = I_j$,其中$A \in V_N$,则置 GOTO$[k, A] = j$,表示转入j状态,置当前文法符号栈顶为A,状态栈顶为j。

⑤ 凡不能用规则①至④填入分析表中的元素,均置"报错标志",用"空白"表示。

根据上述规则,7.4 例中文法的 LR(1)项目集族构造其相应的 LR(1)分析表如表 7-10 所示。

表 7-10 LR(1)分析表

状态	ACTION						GOTO	
	a	b	c	d	e	$\#$	S	A
0	S_2	S_3		S_4			1	
1						acc		
2				S_5		r_2		4
3				S_7		r_4		6

续表

状态	ACTION						GOTO	
	a	b	c	d	e	#	S	A
4				S_8				
5			S_9	r_5		r_6		
6			S_{10}					
7			r_5	S_{11}				
8						r_1		
9						r_3		
10						r_2		
11						r_4		

由表 7-10 可以看出,对 LR(1)的归约项目不存在任何无效归约。但在多数情况下,同一个文法的 LR(1)项目集的个数比 LR(0)项目集的个数多,甚至可能多好几倍。这是由于同一个 LR(0)项目集的搜索符集合不同,多个搜索符集合则对应着多个 LR(1)项目集。这可以看成是 LR(1)项目集的构造使某些同心集进行了分裂,因而项目集的个数增多了。下面举例说明这一概念。

若文法 G 为:

(1) $S' \rightarrow S$

(2) $S \rightarrow BB$

(3) $B \rightarrow aB$

(4) $B \rightarrow b$

它的 LR(1)项目集族和转换函数如图 7-12 所示,LR(1)分析表如表 7-11 所示。

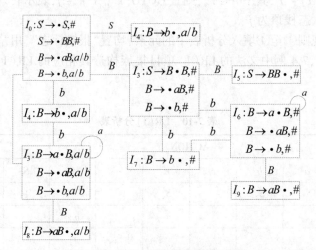

图 7-12　LR(1)项目集和转换函数

只要仔细分析该文法的 LR(1) 每个项目集的项目就不难发现,即使不考查搜索符,它的任何项目集中都没有动作冲突,因此实际上这个文法是 LR(0) 文法,读者可以自己构造它的 LR(0) 项目集,可以得知它的 LR(0) 分析器只含 7 个状态,而现在 LR(1) 分析器却含有 10 个状态,其中 I_3 和 I_6、I_4 和 I_7、I_8 和 I_9 分别为同心集。

表 7-11 LR(1) 分析表

状态	ACTION			GOTO	
	a	b	#	S	B
0	S_3	S_4		1	2
1			acc		
2	S_6	S_7			5
3	S_3	S_4			8
4	r_3	r_3			
5			r_1		
6	S_4	S_7			
7			r_3		9
8	r_2	r_2			
9			r_2		

如果一个文法的 LR(1) 分析表不含多重入口时,即任何一个 LR(1) 项目集中无移进-归约冲突和归约-归约冲突,则称该文法为 LR(1) 文法,所构造的相应分析表称为 LR(1) 分析表,使用 LR(1) 分析表的分析器称为 LR(1) 分析器或称规范 LR 分析器。一个文法是 LR(0) 文法一定也是 SLR (1) 文法,也是 LR(1) 文法,反之则不一定成立。

7.5 LALR(1) 分析

LR(1) 分析表的构造对搜索符的计算方法比较确切,对文法放宽了要求,也就是适应的文法广,可以解决 SLR(1) 方法解决不了的问题,但是由于它的构造对某些同心集的分裂可能对状态数目引起剧烈的增长,从而导致存储容量的急剧增加,也使应用受到一定的限制。为了克服 LR(1) 的这种缺点,可以采用对 LR(1) 项目集规范族合并同心集的方法,若合并同心集后不产生新的冲突,则为 LALR(1) 项目集。它的状态个数与 LR(0)、SLR(1) 的相同。

例如,分析图 7-12 中的项目集可发现同心集如下:

$I_3 : B \to a \cdot B, a/b$ $I_6 : B \to a \cdot B, \#$

     $B \to \cdot aB, a/b$ $B \to \cdot aB, \#$

     $B \to \cdot b, a/b$ $B \to \cdot b, \#$

$I_4 : B \to b \cdot, a/b$ $I_7 : B \to b \cdot, \#$

$I_8 : B \to aB \cdot, a/b$ $I_9 : B \to aB \cdot, \#$

即 I_3 和 I_6、I_4 和 I_7、I_8 和 I_9 分别为同心集,将同心集合并后为:

$I_{36} : B \to a \cdot B, a/b/\#$

     $B \to \cdot aB, a/b/\#$

     $B \to \cdot b, a/b/\#$

$I_{47} : B \to b \cdot, a/b/\#$

$I_{89} : B \to aB \cdot, a/b/\#$

同心集合并后仍不包含冲突,因此该文法满足 LALR(1) 要求。

构造前文法的 LALR(1) 分析表如下: I_3 和 I_6 合并后用 I_{36} 表示,I_4 和 I_7 合并后用 I_{47} 表示,I_8 和 I_9 合并后用 I_{89} 表示,对文法合并同心集后的 LALR(1) 分析表如表 7-12 所示。

表 7-12　合并同心集后的 LALR(1) 分析表

状态	ACTION			GOTO	
	a	b	$\#$	S	B
0	$S_{3,6}$	$S_{4,7}$		1	2
1			acc		
2	S_{36}	S_{47}			5
3,6	S_{36}	S_{47}			89
4,7	r_3	r_3	r_3		
5			r_1		
8,9	r_2	r_2	r_2		

由于合并同心集后在新的集合中不含归约-归约冲突,所以该文法是 LALR(1) 文法,能用 LALR(1) 分析表进行语法分析的分析器称为 LALR(1) 分析器。

现在举例说明,由于合并同心集可能对某些错误发现的时间产生推迟的现象。

上面所给文法识别的句子集合是正规式:$a^* ba^* b$,也就是该文法可推出的句子必须含有两个 b 且需以 b 为结尾。因而输入串若为 $ab\#$,显然不是这个文法能推出的句子。但用 LR(1) 分析表分析和用 LALR(1) 分析表分析时发现错误的时间不同,现将分析步骤分别写出:

用表 7-11 的 LR(1) 分析表分析输入串 $ab\#$ 的分析过程如表 7-13 所示。

表 7-13　对输入串 *ab*# 用 LR(1) 分析的过程

步骤	状态栈	符号栈	输入串	ACTION	GOTO
1	0	#	*ab*#	S_3	
2	03	#*a*	*b*#	S_4	
3	034	#*ab*	#	出错	

在 LR(1) 项目集规范族中,当分析进入状态 I_4 时,*b* 后只能出现 *a* 或 *b* 而不能出现#,因而出错。

而用表 7-12 的 LALR(1) 分析表分析同样的输入串 *ab*# 分析过程如表 7-14 所示。

表 7-14　对输入串 *ab*# 用 LALR(1) 分析的过程

步骤	状态栈	符号栈	输入串	ACTION	GOTO
1	0	#	*ab*#	$S_{3,6}$	
2	0(3,6)	#*a*	*b*#	$S_{4,7}$	
3	0(3,6)(4,7)	#*ab*	#	r_3	(8,9)
4	0(3,6)(8,9)	#*aB*	#	r_2	2
5	02	#*B*	#	出错	

用 LALR(1) 分析表由于 I_4 和 I_7 为同心集,在 LR(1) 分析中 I_4 的向前搜索符只有 $\{a, b\}$,而合并同心集后搜索符的集合变为 $\{a, b, \#\}$,所以集合扩大了,因而发现错误的时间也就推迟了。表 7-14 对 *ab*# 的分析进行了两步多余归约,但是发现错误的位置还是确切的。

为了说明 LR(1) 分析法强于 LAIR(1) 分析法,而 LALR(1) 分析法强于 SLR(1) 分析法,现分别举例如下:

若有文法 $G_1[S']$ 的产生式如下:

(0) $S' \rightarrow S$

(1) $S \rightarrow L = R$

(2) $S \rightarrow R$

(3) $L \rightarrow *R$

(4) $L \rightarrow i$

(5) $R \rightarrow L$

该文法的 LR(0) 项目集规范族为:

$I_0 : S' \rightarrow \cdot S$　　　　　　　$R \rightarrow \cdot L$

　　$S \rightarrow \cdot L = R$　　　　　$L \rightarrow \cdot *R$

　　$S \rightarrow \cdot R$　　　　　　　$L \rightarrow \cdot i$

　　$L \rightarrow \cdot *R$　　　　$I_5 : L \rightarrow i \cdot$

　　$L \rightarrow \cdot i$　　　　　$I_6 : S \rightarrow L = \cdot R$

$$R \rightarrow \cdot L \qquad\qquad R \rightarrow \cdot L$$

$$I_1 : S' \rightarrow S \cdot \qquad\qquad L \rightarrow \cdot * R$$

$$I_2 : S \rightarrow L \cdot = R \qquad\quad L \rightarrow \cdot i$$

$$R \rightarrow L \cdot \qquad\qquad I_7 : L \rightarrow * R \cdot$$

$$I_3 : S \rightarrow R \cdot \qquad\qquad I_8 : R \rightarrow L \cdot$$

$$I_4 : L \rightarrow * \cdot R \qquad\qquad I_9 : S \rightarrow L = R \cdot$$

不难发现,在项目集 I_2 中存在移进项目 $S \rightarrow L \cdot = R$ 和归约项目 $R \rightarrow L \cdot$,因此该文法不是 LR(0) 文法。若再考察是否能用 SLR (1) 方法解决,这就要看 R 的后跟符集合中是否包含"=",由文法的产生式规则可求出 FOLLOW(R) = {#, =},所以 FOLLOW(R) $\cap$ { = } = { = , #} $\cap$ { = } = $\varnothing$,因而在 I_2 中存在的移进-归约冲突不能用 SLR(1)方法解决,说明该文法不是 SL.R(1)文法,因此,进一步构造它的 LR(1)项目集规范族,以判定是否为 LR(1)文法或 LALR(1)文法。

上述文法的 LR(1)项目集规范族及转换函数如图 7-13 所示。

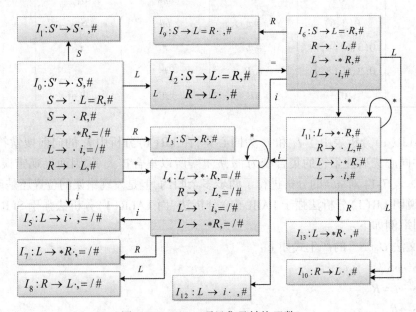

图 7-13　LR(1)项目集及转换函数

分析所有这些项目集可以发现,每个项目集中都不含移进-归约冲突和归约-归约冲突。在项目集 I_2 中,因归约项目[$R \rightarrow L \cdot$,#]的搜索符为'#',即当前输入符为#号时才用产生式 $R \rightarrow L$ 归约,而移进项目[$S \rightarrow L \cdot = R$,#]的移进符号为" = ",所以移进-归约的冲突可以由 LR(1)方法得到了解决,也说明了 LR(1)分析法的功能比 SLR(1)分析法的功能要强;同时也可以发现下列同心集,即 I_4 和 I_{11} 、 I_5 和 I_{12} 、 I_7 和 I_{13} 、 I_8 和 I_{10} ,它们两两之间除了搜索符不同外,"心"是相同的,因此可以将这些同心集合并,合并同心集后的项目集分别是:

I_4 与 I_{11} 合并为 I_4 :

$\{L \rightarrow * \cdot R, = / \#$

$R \rightarrow \cdot L, = / \#$

$L \rightarrow \cdot i, = / \#$

$L \rightarrow \cdot * R, = / \#\}$

I_5 与 I_{12} 合并为 I_5:

$\{L \rightarrow i \cdot, = / \#\}$

I_7 与 I_{13} 合并为 I_7:

$\{L \rightarrow * R \cdot, = / \#\}$

I_8 与 I_{10} 合并为 I_8:

$\{R \rightarrow L \cdot, = / \#\}$

进一步考察这些合并同心集后的项目集,发现它们仍不含归约-归约冲突,因此可判定该文法是 LALR(1) 文法,也是 LR(1) 文法,但却不是 LR(0) 和 SLR(1) 文法。

相应的 LALR(1) 分析表如表 7-15 所示。

表 7-15 LALR(1) 分析表

状态	ACTION				GOTO		
	=	*	i	#	S	L	R
0		S_4	S_5		1	2	3
1				acc			
2	S_6			r_5			
3				r_2			
4		S_4	S_5			8	7
5	r_4			r_4			
6		S_4	S_5			8	9
7	r_3			r_3			
8	r_5			r_5			
9				r_1			

再给出文法 $G_2[S']$ 为 LR(1) 文法而不是 LALR(1) 文法的例子,$G_2[S']$ 的产生式如下:

(0) $S' \rightarrow S$

(1) $S \rightarrow aAd$

(2) $S \rightarrow bBd$

(3) $S \rightarrow aBe$

(4) $S \rightarrow bAe$

(5) $A \rightarrow c$

(6) $B \rightarrow c$

可以直接构造它的 LR(1)项目集如下：

$I_0:S'\to \cdot S,\#$　　　　　　　$I_4:S\to aA\cdot d,\#$

　$S\to \cdot aAd,\#$　　　　　　$I_5:S\to aB\cdot e,\#$

　$S\to \cdot bBd,\#$　　　　　　$I_6:A\to c\cdot ,d$

　$S\to \cdot aBe,\#$　　　　　　　$B\to c\cdot ,e$

$I_1:S'\to S\cdot ,\#$　　　　　　$I_7:S\to bB\cdot d,\#$

$I_2:S\to a\cdot Ad,\#$　　　　　$I_8:S\to bA\cdot e,\#$

　$S\to a\cdot Be,\#$　　　　　　$I_9:A\to c\cdot ,e$

　$A\to \cdot c,d$　　　　　　　　$B\to c\cdot ,d$

　$B\to \cdot c,e$　　　　　　　$I_{10}:S\to aAd\cdot ,\#$

$I_3:S\to b\cdot Bd,\#$　　　　　$I_{11}:S\to aBe\cdot ,\#$

　$S\to b\cdot Ae,\#$　　　　　$I_{13}:S\to bBd\cdot ,\#$

　$B\to \cdot c,d$　　　　　　$I_{14}:S\to bAe\cdot ,\#$

　$A\to \cdot c,e$

检查每个项目集 I_i 可知,在任一项目集中都不含移进-归约冲突和归约-归约冲突。因此文法是 LR(1)的,进一步查看项目集可发现,I_6 和 I_9 是同心集,其中：

$I_6:A\to c\cdot ,d$　　　　　　$I_9:A\to c\cdot ,e$

　$B\to c\cdot ,e$　　　　　　　$B\to c\cdot ,d$

若合并后则变为：

$I_6:A\to c\cdot ,d/e$

　$B\to c\cdot ,e/d$

仍然有归约-归约冲突,其不是一个 LALR(1)文法。

典型例题分析

1. 文法 $G[S]$ 为：

$S\to AB$

$A\to aBa\mid \varepsilon$

$B\to bAb\mid \varepsilon$

1)该文法是 SLR(1)的吗?

2)若是请构造它的分析表;

3)给出输入串 $baab\#$的分析过程。

解答：

1)将文法 $G[S]$ 拓广为 G',增加生产式 $S'\to S$

若产生式排序为：

(0)$S'\to S$

(1)$S\to AB$

(2)$A\to aBa$

（3）$A \rightarrow \varepsilon$

（4）$B \rightarrow bAb$

（5）$B \rightarrow \varepsilon$

由产生式知：

First$(S') = \{\varepsilon, a, b\}$ Follow$(S') = \{\#\}$

First$(S) = \{\varepsilon, a, b\}$ Follow$(S) = \{\#\}$

First$(A) = \{\varepsilon, a\}$ Follow$(A) = \{b, \#\}$

First$(B) = \{\varepsilon, b\}$ Follow$(B) = \{a, \#\}$

构造 G' 的 LR(0)项目集规范族及识别活前缀的 DFA 如下图所示：

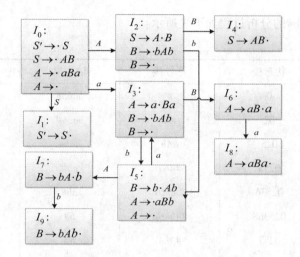

检查所有的 LR(0)项目集可发现：在I_0、I_2、I_3 和 I_5 中存在移进-归约冲突，在I_0和I_5中，移进项目为$[A \rightarrow \cdot aBa]$，归约项目为$[A \rightarrow \cdot]$，由 Follow(A)$= \{b, \#\}$，所以有$\{b, \#\} \cap \{a\} = \Phi$。在$I_2$和$I_3$中，移进项目为$[B \rightarrow \cdot bAb]$，归约项目为$[B \rightarrow \cdot]$，由 Follow(B)$= \{a, \#\}$，所以有$\{a, \#\} \cap \{b\} = \Phi$。这样，所有移进-归约冲突可以用 Follow 集解决，因此，该文法是 SLR(1)的。

2）构造的 SLR(1)分析表如下表所示：

状态	ACTION			GOTO		
	a	b	$\#$	S	A	B
0	S_3	r_3	r_3	1	2	
1			acc			
2	r_5	S_5	r_5			4
3	r_5	S_5	r_5			6
4			r_1			

续表

状态	ACTION			GOTO		
	a	b	#	S	A	B
5	S_3	r_3	r_3		7	
6	S_8					
7		S_9				
8		r_2	r_2			
9	r_1		r_4			

3) 对输入串 baab# 的分析过程如下表所示：

步骤	状态栈	符号栈	输入串	动作
1	0	#	baab#	归约：用 $A \to \varepsilon$
2	02	#A	baab#	移进
3	025	#Ab	aab#	移进
4	0253	#Aba	ab#	归约：用 $B \to \varepsilon$
5	02536	#AbaB	ab#	移进
6	025368	#AbaBa	b#	归约：用 $A \to aBa$
7	0257	#AbA	b#	移进
8	02579	#AbAb	#	归约：用 $B \to bAb$
9	024	#AB	#	归约：用 $S \to AB$
10	01	#S	#	接受

2. 若有文法 $G[S]$ 为：

$S \to S; M \mid M$

$M \to MbD \mid D$

$D \to D(S) \mid \varepsilon$

1) 证明 $G[S]$ 是 SLR(1) 文法，并构造它的分析表；

2) 给出 $G[S]$ 的 LR(1) 项目集规范族中的 I_0。

解答：

1) 将文法 $G[S]$ 拓广为 G'，增加产生式 $S' \to S$

若产生式排序为：

$(0) S' \to S; M \mid M$

$(1) S \to S; M$

(2)$S \rightarrow M$

(3)$M \rightarrow MbD$

(4)$M \rightarrow D$

(5)$D \rightarrow D(S)$

(6)$D \rightarrow \varepsilon$

由产生式可计算出:

First$(S') = \{\varepsilon, ;, n, b, (\}$ Follow$(S') = \{\#\}$

First$(S) = \{\varepsilon, ;, b, (\}$ Follow$(S) = \{;,), \#\}$

First$(M) = \{\varepsilon, b, (\}$ Follow$(M) = \{;, b,), \#\}$

First$(D) = \{\varepsilon, (\}$ Follow$(D) = \{;, b, (,), \#\}$

构造 G' 的 LR(0) 项目集规范族如下图所示:

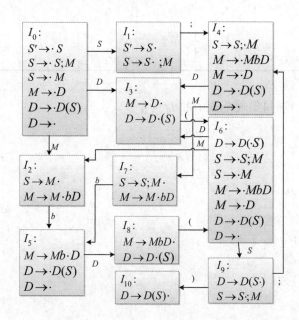

检查所有 LR(0) 项目集可发现:在 I_2、I_3、I_7 和 I_8 中存在移进-归约冲突:

在 I_2 中:归约项目 $[S \rightarrow M \cdot]$,移进项目 $[M \rightarrow M \cdot bD]$,Follow$(S) = \{;,), \#\}$,所以有 $\{;,), \#\} \cap \{b\} = \varnothing$;

在 I_3 中:归约项目 $[M \rightarrow D \cdot]$,移进项目 $[D \rightarrow D \cdot (S)]$,而 Follow$(M) = \{;, b,), \#\}$ 所以有 $\{;, b,), \#\} \cap \{(\} = \varnothing$;

在 I_7 中:归约项目 $[S \rightarrow S; M \cdot]$,移进项目 $[M \rightarrow M \cdot bD]$,解决同 I_2;

在 I_8 中:归约项目 $[M \rightarrow MbD \cdot]$,移进项目 $[D \rightarrow D \cdot (S)]$,解决同 I_3;

所以,G' 是 SLR(1) 文法。

构造的 SLR(1) 分析表如下表所示:

状态	ACTION					GOTO		
	;	b	(	)	#	S	M	D
0	r_6	r_6	r_6	r_6	r_6	1	2	3
1	S_4				acc			
2	r_2	S_5		r_2	r_2			
3	r_4	r_4	S_6	r_4	r_4			
4	r_6	r_6	r_6	r_6	r_6		7	3
5	r_6	r_6	r_6	r_6	r_6			8
6	r_6	r_6	r_6	r_6	r_6	9	2	3
7	r_1	S_5		r_1	r_1			
8	r_3	r_3	S_6	r_3	r_3			
9	S_4			S_{10}				
10	r_5	r_5	r_5	r_5	r_5			

2)$G(S)$的 LR(1)项目集规范族中的 I_0 为：

$I_0: S' \rightarrow \cdot S, \#$

$\qquad S \rightarrow \cdot S; M, ;/\#$

$\qquad S \rightarrow \cdot M, ;/\#$

$\qquad M \rightarrow \cdot MbD, ;/b/\#$

$\qquad M \rightarrow \cdot D, ;/b/\#$

$\qquad D \rightarrow \cdot D(S), ;/b/(/\#$

$\qquad D \rightarrow \cdot , ;/b/(/\#$

3.若有文法 $G(S)$ 为：

$S \rightarrow AdD \mid \varepsilon$

$A \rightarrow aAd \mid \varepsilon$

$D \rightarrow DdA \mid b \mid \varepsilon$

1)证明 G(S)不是 LR(0)和 SLR(1)文法；

2)判断 G(S)是否为 LR(1)和 LALR(1)文法；

3)若2)成立,请构造它们相应的分析表。

解答：

1)将文法 $G(S)$ 拓广为 G',增加产生式 $S' \rightarrow S$

若产生式排序为：

$(0) S' \rightarrow S$

$(1) S \rightarrow AdD$

$(2) S \rightarrow \varepsilon$

（3）$A \rightarrow aAd$

（4）$A \rightarrow \varepsilon$

（5）$D \rightarrow DdA$

（6）$D \rightarrow b$

（7）$D \rightarrow \varepsilon$

由产生式知：

$\text{First}(S') = \{\varepsilon, d, a\}$　　　　　　$\text{Follow}(S') = \{\#\}$

$\text{First}(S) = \{\varepsilon, d, a\}$　　　　　　$\text{Follow}(S) = \{\#\}$

$\text{First}(A) = \{\varepsilon, a\}$　　　　　　　$\text{Follow}(A) = \{d, \#\}$

$\text{First}(D) = \{\varepsilon, d, b\}$　　　　　　$\text{Follow}(D) = \{d, \#\}$

因 LR(0) 的 I_0 项目集是：$\{S' \rightarrow \cdot S, S \rightarrow \cdot AdD, S \rightarrow \cdot, A \rightarrow \cdot aAd, A \rightarrow \cdot\}$ 其中含有归约项目 $[S \rightarrow \cdot]$ 和 $[A \rightarrow \cdot]$，即 I_0 中有归约-归约冲突，又由 $\text{Follow}(S) = \{\#\}$，$\text{Follow}(A) = \{d, \#\}$，这样 $\{\#\} \cap \{d, \#\} = \varnothing$，因此，$G[S]$ 不是 LR(0) 和 SLR(1) 文法，得证。

2）构造 G' 的 LR(1) 项目集规范族如下图所示：

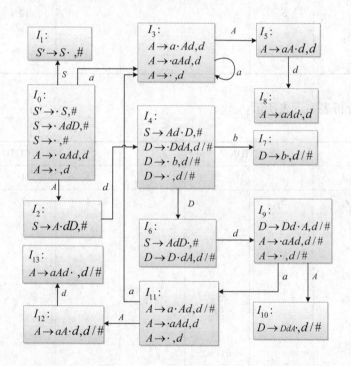

①检查所有 LR(1) 项目集都无冲突，$G(S)$ 是 LR(1) 的；

②由于 I_3 和 I_{11}，I_5 和 I_{12}，I_8 和 I_{13} 分别为同心集，合并后无归约-归约冲突，所以 $G(S)$ 也是 LALR(1) 文法。

3）所构造的 LR(1) 如下表所示：

状态	ACTION				GOTO		
	d	a	b	#	S	A	D
0	r_4	S_3		r_2	1	2	
1				acc			
2	S_4						
3	r_4	S_3				5	
4	r_7		S_7	r_7			6
5	S_8						
6	S_9			r_1			
7	r_6			r_6			
8	r_3						
9	r_4	S_{11}		r_4		10	
10	r_5			r_5			
11	r_4	S_3				12	
12	S_{13}						
13	r_3			r_3			

LALR(1)分析表如下表所示:

状态	ACTION				GOTO		
	d	a	b	#	S	A	D
0	r_4	S_3		r_2	1	2	
1				acc			
2	S_4						
3	r_4	S_3				5	
4	r_7		S_7	r_7			6
5	S_8						
6	S_9			r_1			
7	r_6			r_6			
8	r_3			r_3			
9	r_4	S_3		r_4		10	
10	r_5			r_5			

习 题

1.设有文法 $G[Z]$：

$Z \rightarrow ABAC$

$A \rightarrow aD$

$B \rightarrow b \mid c$

$C \rightarrow c \mid d$

$D \rightarrow e$

(1)试构造可识别此文法的可归前缀的确定有穷自动机 FA。

(2)此文法是否为 LR(0)文法？

(3)试构造 LR(0)分析表。

(4)试用 LR(0)分析法分析符号串 $aebaed$ 是否为此文法的句子。

2.设有文法 $G[Z]$：

$Z \rightarrow A \mid B$

$A \rightarrow aAb \mid c$

$B \rightarrow aBd \mid d$

(1)试构造可识别此文法的全部可归前缀的有穷自动机。

(2)试构造 LR(0)分析表。

(3)试分析符号串 $aacbb$ 是否为此文法的句子。

3.设有文法 $G[Z]$：

$Z \rightarrow aAc$

$A \rightarrow b \mid bB$

$B \rightarrow e \mid dB$

(1)试构造识别此文法的可归前缀的确定有穷自动机 FA。

(2)试构造 SLR(1)分析表。

(3)分析符号串 $abec$ 是否为此文法的句子。

4.文法 $G[E]$：

$E \rightarrow E(E) \mid e$

是 LR(0)文法吗？为什么？ 是 SLR(1)文法吗？为什么/

5.文法 $G[S']$

$S \rightarrow S$

$S \rightarrow aAd \mid bBd \mid aBe \mid bAe$

$A \rightarrow c$

$B \rightarrow c$

是 $LR(1)$文法吗？为什么？ 是 LALR(1)文法吗？为什么？

6.设有文法 $G[Z]$：

$Z \rightarrow AA$

$A{\rightarrow}bA\,|\,b$

(1)构造此文法的 LR(0)项目集规范族。

(2)构造 LR 分析表。

(3)此文法是 SLR(1)文法吗？为什么？

(4)能否构造一个与之等价的正则文法？

7.证明文法：

$S{\rightarrow}A\,\$$

$A{\rightarrow}BaBb\,|\,DbDa$

$B{\rightarrow}\varepsilon$

$D{\rightarrow}\varepsilon$

是 LR(1)但不是 SLR(1)(其中'$'相当于#)。

8.设文法 G 为：

$S{\rightarrow}A$

$A{\rightarrow}BA\,|\,\varepsilon$

$B{\rightarrow}aB\,|\,b$

(1)证明它是 LR(1)文法；

(2)构造它的 LR(1)分析表；

(3)给出输入符号串 $abab$ 的分析过程。

第 8 章　中间代码生成

本章导言

　　编译程序的任务是把源程序翻译成目标程序,这个目标程序必须和源程序的语义等价,也就是说,尽管语法结构完全不同,但它们所表达的结果应完全相同。通常,在词法分析程序和语法分析程序对源程序的语法结构进行分析之后,可以由语法分析程序直接调用相应的语义分析程序进行语义处理,也可以先生成语法树或该结构的某种表示,再进行语义处理。

　　编译中的语义处理包括两个功能:(1)审查每个语法结构的静态语义,即验证语法结构合法的程序是否真正有意义,有时把这个工作称为静态语义分析或静态审查。(2)如果静态语义正确,语义处理的工作是执行真正的翻译,即生成程序的一种中间表示形式(中间代码),或者生成实际的目标代码。

　　有的编译程序可以直接生成目标代码,有的编译程序则采用中间代码。中间代码,也称中间语言,是复杂性介于源程序语言和机器语言的一种表示形式。一般而言,快速编译程序直接生成目标代码,没有将中间代码翻译成目标代码的额外开销。但是为了使编译程序结构在逻辑上更为简单明确,常采用中间代码,这样可以将与机器相关的某些实现细节置于代码生成阶段仔细处理,并且可以在中间代码一级进行优化工作使得代码优化比较容易实现。

　　本章首先引入属性文法和语法制导翻译方法的基本思想,其次介绍几种典型的中间代码形式,最后讨论一些语法成分的翻译工作。

8.1　属性文法

　　语义形式化中已有各种各样的方法和记号,例如操作语义学、公理语义学和指称语义学。不论哪种方法,其本身的符号系统比较复杂,其描述文本不易读,尚不便借助这些形式系统自动完成语义处理任务。现在很多编译程序采用属性文法和语法制导翻译方法对语义处理工作进行比较规范和抽象的描述。一个属性文法包含一个上下文无关文法和一系列语义规则,这些语义规则附在文法的每个产生式上。所谓语法制导翻译是指在语法分析过程中,完成附加在所使用的产生式上的语义规则描述的动作。

　　属性涉及的概念比较广泛,常用以描述事物或人的特征、性质、品质等。比如,谈到一个物体,可以用"颜色"来描述它;谈起某人,可以使用"有幽默感"来形容他;对编译程序使用的语法树的结点,可以用"类型""值"或"存储位置"来描述它。

形式上讲,一个属性文法是一个三元组 $A = (G, V, F)$,一个上下文无关文法 G、属性有穷集 V 和关于属性的断言或谓词的有穷集 F。每个属性与文法的某个非终结符或终结符相联,每个断言与文法的某产生式相联。如果对 G 中的某一个输入串而言(句子),A 中的所有断言对该输入串的语法树结点的属性全为真,则该串也是 A 语言中的句子。编译程序的静态语义审查工作就是验证关于所编译的程序的断言是否全部为真。

比如,有文法 G 为:

$E \rightarrow T^1 + T^2 \mid T^1 \ or \ T^2$

$T \rightarrow num \mid true \mid false$

因为 T 在同一个产生式里出现了两次,使用上角标将它们区分开。

对输入串 3+4 的语法树如图 8-1(a)所示。

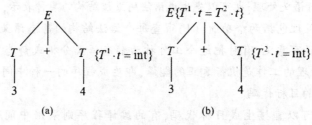

图 8-1 静态语义审查

属性文法记号中常使用 N.t 的形式表示与非终结符 N 相联的属性 t。比如可把完成对上面表达式的类型检查的属性文法写成图 8-2 的形式。与每个非终结符 T 相联的有属性 t,t 要么是 int,要么是 bool。与非终结符 E 的产生式相联的断言指明:两个 T 的属性必须相同。图 8-1(b)是图 8-1(a)语法树结点带有语义信息的表示。

$E \rightarrow T^1 + T^2 \{ T^1.t = \text{int} \ AND \ T^2.t = \text{int} \}$

$E \rightarrow T^1 \ or \ T^2 \{ T^1.t = \text{bool} \ AND \ T^2.t = \text{bool} \}$

$T \rightarrow num \{ T.t := \text{int} \}$

$T \rightarrow true \{ T.t := \text{bool} \}$

$T \rightarrow false \{ T.t := \text{bool} \}$

图 8-2 类型检查的属性文法

这里不对属性文法进行理论上的研究而仅仅将它作为工具描述语义分析。在编译的许多实际应用中,属性和断言以多种形式出现,也就是说,与每个文法符号相联的可以是各种属性、断言、语义规则或某种程序设计语言的程序段等。

属性分成继承属性和综合属性两类。属性文法中,对应于每个产生式 $A \rightarrow \alpha$ 都有一套与之相关联的语义规则,每条规则的形式为 $b := f(c_1, c_2, \cdots, c_k)$。

f 是一个函数,b 和 $c_1, c_2, \cdots, c_k$ 是该产生式文法符号的属性。

（1）如果 b 是 A 的一个属性，$c_1,c_2,\cdots,c_k$ 是产生式右部文法符号的属性或 A 的其他属性，则称 b 是 A 的综合属性。

（2）如果 b 是产生式右部某个文法符号 X 的是一个属性，并且 $c_1,c_2,\cdots,c_k$ 是 A 或产生式右边任何文法符号的属性，则称 b 是文法符号 X 的继承属性。

（3）在两种情况下，都可以说属性 b 依赖于属性 $c_1,c_2,\cdots,c_k$。

（4）非终结符既可有综合属性也可有继承属性，但文法开始符号没有继承属性；终结符只有综合属性，由词法分析程序提供。

例 8.1 中 E、T 和 F 的 val 属性是综合属性，例 8.2 中的 L 的 in 是继承属性。

例 8.1 简单算术表达式求值的语义描述。

产生式	语义规则
$(0)L \to E$	print(E.val)
$(1)E \to E^1+T$	E.val：$=E^1$val$+T$.val
$(2)E \to T$	E.val：$=T$.val
$(3)T \to T^1 * F$	T.val$=T^1$.val$\times F$.val
$(4)T \to F$	T.val：$=F$.val
$(5)F \to (E)$	F.val：$=E$.val
$(6)F \to digit$	F.val$=digit$.lexval

在该描述中，每个非终结符都有一个属性：一个整数值的称为 Val 的属性。按照语义规则对每个产生式来说，它左部 E、T、F 属性值的计算来自它右部的非终结符，这种属性称作综合属性。单词 digit 仅有综合属性，它的值是由词法分析程序提供的。同产生式 $L \to E$ 相联的语义规则是一个过程，打印由 E 产生的表达式的值，可以理解为 L 的属性是空的或是虚的。

例 8.2 描述说明语句中各种变量的类型信息的语义规则。

产生式	语义规则
$(1)D \to TL$	L.in：$=T$.type
$(2)T \to$ int	L.type：$=$ integer
$(3)T \to$ real	T.type：$=$ real
$(4)L \to L^1$, id	L^1.in：$=L$.in
$(5)L \to$ id	addtype(id.entry.L.in)

例 8.2 中的文法定义了一种说明语句，该说明语句的形式是由关键字 int 或 real 开头，后跟一个标识符表，每个标识符间由逗号隔开。非终结符 T 有一综合属性 type，它的值由关键字决定（int 或 real）。与产生式 $D \to TL$ 相联的语义规则 L.in：$=T$.type，将 L.in 的属性值置为该说明语句指定的类型。显然，属性 L.in 是继承属性，它将被沿着语法树传递到下边的结点使用，与 L 产生式相联的规则里使用了它。图 8-3 是句子"int id$_1$，id$_2$"的语法树，使用二维单向箭头"=>"表示属性的传递情况。

与例 8.2 中 L 产生式相联的语义规则中有一过程调用，过程 addtype 的功能是把每个标识符的类型信息登录在符号表的相关项中。

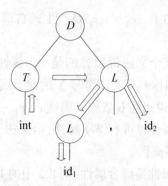

图 8-3　属性信息传递情况

8.2　语法制导翻译

从概念上讲,语法制导翻译即基于属性文法的处理过程,通常是这样的:对单词符号串进行语法分析并构造语法分析树,然后根据需要构造属性依赖图,最后遍历语法树并在语法树的各结点处按语义规则进行计算。

8.2.1　S-属性方法和自下而上翻译

一个一般的属性文法的翻译器可能是很难建立的,然而有一大类属性文法的翻译器是很容易建立的,那就是 L-属性文法。

此处介绍 L-属性文法的一个特例叫 S-属性文法。所谓 S-属性文法是只含有综合属性的属性文法。

综合属性可以在分析输入符号串的同时自上而下的来计算。S-属性文法的翻译器通常可借助于 LR 分析器实现。分析器可以保存栈中文法符号有关的综合属性值,每当进行归约时,新的属性值就由栈中正在归约的产生式右边符号的属性值来计算。

对例 8.1 的输入串"2+3 * 5",语法树如图 8-4 所示,第一步归约使用产生式(6)执行的语义动作是置 F.val 的值为单词 digit 值。

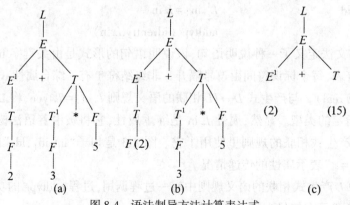

图 8-4　语法制导方法计算表达式

把语法树中每个结点的语义值写在该结点后的括号中,那么第一步归约并完成语义动作后的情形在图 8-5(b)中指出;继续进行分析,第 7 次归约后的情形在图 8-5(c)中给出;归约至 E 时,它的值 17 也就计算出来了。

语法制导翻译的具体实现途径不困难。假定有一个 LR 语法分析器,现在把它的分析栈扩充,使得每个文法符号都跟有语义值,即栈的结构,如表 8-1 所示。

表 8-1 扩充的分析栈

S_m	y.Val	y
S_{m-1}	x.Val	x
$\vdots$	$\vdots$	$\vdots$
S_0	—	#
状态栈	语义值栈	符号栈

同时把 LR 分析器的能力扩大,使它不仅执行语法分析任务,且能在用某个产生式进行归约的同时调用相应的语义子程序,完成在例 8.1 的属性文法中描述的语义动作。每步工作后的语义值保存在扩充的"语义值栈"中。采用的 LR 分析表为第 7 章的表 7-8,不过不要将其中的 i 改为 digit。分析和计值"2+3 * 5"的过程如图 8-5 所示。

步骤	归约动作	状态栈	语义栈(值栈)	符号栈	剩余输入串
1)		0	—	#	2+3 * 5#
2)		05	— — #2	+3 * 5#	
3)	r_6	03	—2	#F	+3 * 5#
4)	r_4	02	—2	#T	+3 * 5#
5)	r_2	01	—2	#E	+3 * 5#
6)		016	—2—	#E+	3 * 5#
7)		0165	—2—	#E+3	* 5#
8)	r_6	0163	—2—3	#E+F	* 5#
9)	r_4	0169	—2—3	#E+T	* 5#
10)		01697	—2—3	#E+T *	5#
11)		016975	—2— 3— —	#E+T * 5	#
12)	r_6	01697(10)	—2—3—5	#E+T * F	#
13)	r_3	0169	—2—(15)	#E+T	#
14)	r_1	01	—(17)	#E	#
15)	接受				

图 8-5 "2+3 * 5"的分析和计值过程

按照上述实现方法,若把语义子程序改为产生某种中间代码的动作,则可在语法分析的制导下,随着分析的进展逐步生成中间代码。

8.2.2　L-属性文法和自上而下分析

一个属性文法称为 L-属性文法,如果对于每个产生式 $A \rightarrow X_1 X_2 \cdots X_n$,其中每个语义规则中的属性或者是综合属性,或者是 $X_j(1 \leqslant j \leqslant n)$ 的一个继承属性且这个继承属性仅依赖于:

(1)产生式 X_j 在左边符号 $X_1, X_2, \cdots, X_{j-1}$ 的属性;

(2)A 的继承属性。

例 8.2 的变量声明语句中类型信息的属性文法是 L-属性文法。S-属性文法一定是 L-属性文法,因为(1)、(2)限制只用于继承属性。L-属性文法允许一次遍历就计算出所有属性值。

例 8.3 将中缀表达式翻译成相应的后缀表达式的属性文法,其中 addop 表示+或−。

例 8.3　$E \rightarrow E$ addop T print(addop.Lexeme) | T

$\qquad$ $T \rightarrow \underline{num}$ print(num.val)

如果采用 LR 分析方法,用例 8.3 的属性计算很容易实现,比如对串"2+3−5"分析同执行语义动作打印出"23+5−"。语法分析树中加上虚线联结的语义结点,形成一个可说明语义动作的树,如图 8-6 所示。

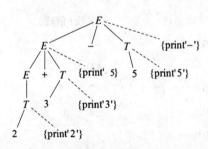

图 8-6　说明语义动作的语法树

LL(1)自上而下分析文法的分析过程,从概念上说可以看成深度优先建立语法树的过程,因此,可以在自上而下的语法分析的同时实现 L-属性文法的计算。

请注意,这是一个含左递归规则的文法,如采用 LL(1)分析必须改写文法如下:

$E \rightarrow TR$

$R \rightarrow \underline{addop}\ TR_1 | \varepsilon$

$T \rightarrow num$

这时"2+3−5"的语法树如图 8-7 所示,将后缀式"23+5−"输出的动作在语法树中应出现的位置如图 8-8 所示。

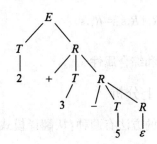

图 8-7　2+3-5 的语法树

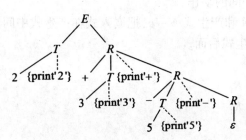

图 8-8　说明语义动作的语法树

例 8.4 给出了可使用 LL(1)分析方法的语义描述,不同的是,语义动作不是附在产生式右部的末尾,而是嵌在了右部文法符号 T 和 R 之间。把这种语义处理的描述形式成为翻译模式。

例 8.4　(中缀表达式翻译成相应的后缀表达式)

$E \rightarrow TR$

$R \rightarrow addopT\{addop, Lexeme\}R_1 | \varepsilon$

$T \rightarrow num\{print(num.val)\}$

翻译模式是适合语法制导翻译的另一种描述形式。翻译模式给出了使用语义规则进行计算的次序,可把某些实现细节表示出来。在翻译模式中,和文法符号相关的属性和语义规则(也称语义动作),用花括号{ }括起来,插入产生式右部的合适位置上。

一般转换左递归翻译模式的方法简述如下。

假设翻译模式为:

$A \rightarrow A_1 Y\{A.a: = g(A_1, a, Y.y)\}$

$A \rightarrow X\{A.a: = f(X, x)\}$

每个文法符号都有一个综合属性,用相应的小写字母表示,g 和 f 是任意函数。消除左递归,文法转换成:

$A \rightarrow XR$　$R \rightarrow YR | \varepsilon$

再考虑语义动作,则翻译模式为如下:

$A \rightarrow X\{R.i: = f(X, x)\}$

153

$R\{A.\mathrm{a}:=R.\mathrm{s}\}$

$R{\to}Y\{R_1.\mathrm{i}=g(R.\mathrm{i},Y,\mathrm{y})\}$　$R_1\{R.\mathrm{s}:=R_1.\mathrm{s}\}$

$R{\to}\varepsilon\{R.\mathrm{s}:=R.\mathrm{i}\}$

其中使用了 R 的继承属性 i 和综合属性 s。

8.2.3　L-属性文法和自下而上分析

实现自下而上计算继承属性的方法有两种:从翻译模式中去掉嵌入在产生式中间的动作和用综合属性代替继承属性。

为了使所有嵌入的动作都出现在产生式的末尾,可以自下而上处理继承属性,从翻译模式中去掉嵌入在产生式中间的动作。

引入新的非终结符 N 和产生式 $N{\to}\varepsilon$,把嵌入式在产生式中间的动作用非终结符 N 代替,并把这个动作放在产生式后面。

$E{\to}TR$

$R{\to}+T$　$\{\mathrm{print}('+')\}R_1$

$E{\to}-T$　$\{\mathrm{print}('-')\}R_1$

$R{\to}\varepsilon$

$T{\to}\mathrm{num}\{\mathrm{print}(\mathrm{num},\mathrm{val})\}$

引入 M 和 N,(文法变换后,接受的语言相同)变换后的翻译模式如下,原嵌入在产生式中间的动作都在产生式后面了。

$E{\to}TR$

$R{\to}+TMR_1$

$E{\to}-TNR_1$

$R{\to}\varepsilon$

$T{\to}\mathrm{num}\{\mathrm{print}(\mathrm{num}.\mathrm{val})\}$

$M{\to}\varepsilon\{\mathrm{print}('+')\}$

$N{\to}\varepsilon\{\mathrm{print}('-')\}$

有时为了用综合属性代替继承属性,需要改变基础文法。例如,一个 Pascal 的说明由标识符序列后跟类型组成,如 $m,n\colon\mathrm{integer}$。这种说明语句的文法可由下面形式的产生式构成:

$D{\to}L\colon T$

$T{\to}\mathrm{integer}\,|\,\mathrm{char}$

$L{\to}L,id\,|\,id$

因为标识符由 L 产生而类型不在 L 的子树中,不能仅仅使用综合属性就把类型与标识符联系起来。事实上,如果非终结符 L 从第一个产生式中它右边的 T 中继承了类型,则得到的属性文法就不是 L 属性的,因此,基于这个属性文法的翻译工作不能在语法分析的同时进行。

一个解决的方法是重新构造文法,借以实现用综合属性代替继承属性。比如一个等价的文法如下:

$D{\rightarrow}id\ L$

$L{\rightarrow},id\ L|:T$

$T{\rightarrow}integer|char$

这样,使类型作为标识符表的最后一个元素,类型可以通过综合属性 L.type 进行传递,当通过 L 产生每个标识符时,它的类型就可以填入符号表中。

属性文法如下:

$D{\rightarrow}id\ L\{addtype(id.entry,L.type)\}$

$L{\rightarrow},id\ L^{1}\{L.type:=L^{1}.type;addtype(id.entry,L.type)\}|:T\{L.type:=T.type\}$

$T{\rightarrow}integer\{T.type:=int\}|char\{T.type:=ch\}$

8.3　中间代码形式

编译程序所使用的中间代码有多种形式,常见的有逆波兰式、三元式、四元式。

8.3.1　逆波兰式

这种表示法将运算对象写在前面,把运算符号写在后面,比如把"$a+b$"写成"ab+",把"$a*b$"写成"ab*",用这种表示法表示的表达式也称后缀式。表 8-2 给出了程序设计语言中的简单表达式和赋值语句相应的逆波兰表示形式。

表 8-2　逆波兰式表示

程序设计语言中的表示	逆波兰表示
$a+b$	$ab+$
$a+b*c$	$abc*+$
$(a+b)*c$	$ab+c*$
$a:=b*c+b*d$	$abc*bd*+:=$

后缀表示法表示表达式,其最大的优点是易于计算机处理表达式。利用一个栈,自左至右扫描算术表达式(后缀表示)。每次碰到运算对象,就把它推进栈;碰到运算符,若该运算符是二目的,则对栈顶部的两个运算对象实施该运算,并将运算结果代替这两个运算对象而进栈。若是一目运算符,则对栈顶元素执行该运算,并以运算结果代替该元素进栈。最后的结果留在栈顶。

例如"B@CD*+"(它的中缀表示为"$-B+C*D$",使用@表示一目减)的计值过程为:

(1) B 进栈;

(2) 对栈顶元素施行一目减(求相反数)运算,并将结果代替栈顶,即$-B$ 置于栈顶;

(3) C 进栈;

(4) D 进栈;

(5) 栈顶两元素相乘,两元素退栈,相乘结果置栈顶;

155

（6）栈顶两元素相加，两元素退栈，相加结果进栈，现在栈顶存放的是整个表达式的值。

由于后缀式表示上的简洁和计值方便，特别适用于解释执行的程序设计语言的中间表示，也方便具有堆栈体系的计算机的目标代码生成。

逆波兰表示很容易扩充到表达式以外的范围，在表 8-2 中已见到了赋值语句的后缀表示的例子，只要遵守运算对象后直接紧跟它们的运算符这条规则即可。比如把跳转语句"GOTO L"写为"L jump"，运算对象 L 为语句标号，运算符 jump 表示转到某个标号。再比如条件语句"if E then S_1 else S_2"可表示为"ES_1S_2 ¥"，把 if-then-else 看成三目运算符，用 ¥ 来表示。又如数组元素"A[<下标表达式$_1$>,…,<下标表达式$_n$>]"可表示为"<下标表达式$_1$><下标表达式$_2$>,…,<下标表达式$_n$>A subs"，运算符 subs 表示求数组的下标。

但要注意的是，这些扩充的后缀表示的计值远比后缀表达式的计值复杂得多，要对新添加的运算符的含义正确处理。以表 8-2 中的赋值语句为例，当计算到' ：= '时，执行的是将表达式"$b * c + b * d$"的值送到变量 a，所以在执行完赋值后，栈中并不产生结果值，这与算术的二目运算符是不一样的，另外这里需要的是 a 的地址，而不是 a 的值。

8.3.2　三元式

另一类中间代码形式是三元式，把表达式及各种语句表示成一组三元式。每个三元式三个组成部分为算符 op、第 1 运算对象 ARG1 和第 2 运算对象 ARG2。例如 $a := b * c + b * d$ 的表示为：

（1）(* ,b,c)

（2）(* ,b,d)

（3）(+(1),(2))

（4）(:= (3),a)

与后缀式不同，三元式中含有对中间计算结果的显示引用，比如三元式（1）表示的是 $b * c$ 的结果。三元式（3）中的（1）和（2）分别表示第 1 个三元式和第 2 个三元式的结果。

对于一目算符 op，只需选用一个运算对象，不妨规定只用 ARG1。至于多目算符，可用若干个相继的三元式表示。

8.3.3　四元式

四元式是一种比较普遍采用的中间代码形式。四元式的四个组成成分为算符 op、第 1 运算对象 ARG1、第 2 运算对象 ARG2 以及运算结果 RESULT。运算对象和运算结果有时指用户自己定义的变量，有时指编译程序引进的临时变量。例如 $a := b * c + b * d$ 的四元式表示如下：

（1）(* ,b,c,t_1)

（2）(* ,b,d,t_2)

（3）(+,t_1,t_2,t_3)

（4）(:= ,t_3,-,a)

四元式和三元式的主要不同在于，四元式对中间结果的引用必须通过给定的名字，而三元式是通过产生中间结果的三元式编号。也就是说，四元式之间的联系是通过临时变量实现的。

四元式表示类似于三地址指令,有时把这类中间表示称为"三地址代码",因为这种表示可当做一种虚拟三地址机的通用汇编码,即这种虚拟机的每条"指令"包含操作符和三个地址,两个是为运算对象的,一个是为结果的。这种表示对于代码优化和目标代码生成都较有利。

有时,为了更直观,也把四元式的形式写成简单赋值形式。比如上述四元式序列写成:

(1) $t_1 := b * c$

(2) $t_2 := b * d$

(3) $t_3 := t_1 + t_2$

(4) $a := t_3$

把"goto L"写成"(jump,-,-,L)";把"if B rop C goto L"写成"(jrop,B,C,L)"。

本书中,为了叙述方便,两种形式将同时使用。

如何用四元式表示各种语句,以及翻译各种语句的语义描述,将在后面各节陆续讨论。

8.4　语句翻译

8.4.1　布尔表达式的翻译

程序设计语言中的布尔表达式除计算逻辑值外,更多的情况用于改变控制流语句中的条件表达式,如用在 if-then、if-then-else、while-do 语句中。

布尔表达式是由布尔算符(**and**、**or** 和 **not**)施于布尔变量或关系表达式而成。即布尔表达式的形式为"E_1 rop E_2",其中 E_1 和 E_2 都是算术表达式,rop 是关系符,如<= 、<、=、>= 、≠,等等。有的语言,如 PL1,允许更通用的表达式,其中布尔算符、算术算符和关系算符可以施于任何类型的表达式,并不区别布尔值和算术值,只不过在需要时执行强制变换。为简单起见,这里只考虑如下文法生成的布尔表达式。

"$E \rightarrow E$ and $E \mid E$ or $E \mid$ not $E \mid$ id rop id $\mid$ true $\mid$ false",按通常习惯,约定布尔算符的优先顺序从高到低依次为 **not**、**and**、**or**,并且 **and** 和 **or** 服从左结合。

通常,计算布尔表达式的值有两种方法,第一种办法如同计算算术表达式一样,逐步计算出各部分的真假值,最后计算出整个表达式的值。例如,用数值 1 表示 true,用 0 表示 false。那么布尔表达式"1 or(not 0 and 0)or 0"的计算过程是:

1 or(not 0 and 0)or 0

= 1or (1 and 0) or 0

= 1or 0 or 0

= 1or 0

= 1

第二种计算方法是采取某种优化措施,只计算部分表达式,例如要计算 A or B,若计算出 A 的值为 1,那么 B 的值就无须再计算了,因为不管 B 的值为何结果,A or B 的值都为 1。

上述两种方法对于不包含布尔函数调用的表达式没有什么差别。但是,假如一个布尔表达式中会有布尔函数调用,并且这种函数调用引起副作用(如有对全局量的赋值)时,这两种方法未必等价。采用哪种方法取决于程序设计语言的语义,有些语言规定,函数过程调用应不影响这个调用环境的计值,或者说,函数过程的工作不许产生副作用,在这种规定下,可以任选其中一种。

若按第一种办法计算布尔表达式。布尔表达式"*a* **or** *b* **and** **not** *c*"翻译成的四元式序列为:

(1)$t_1 :=$ not c

(2)$t_2 := b$ and t_1

(3)$t_3 := a$ or t_2

对于像 $a<b$ 这样的关系表达式,可看成等价的条件语句"if $a<b$ then 1 else 0",它翻译成的四元式序列为:

(1)if $a<b$ goto(4)

(2)$t := 0$

(3)goto(5)

(4)$t := 1$

(5)…

其中用临时变量 t 存放布尔表达式 $a<b$ 的值,(5)为后续的四元式序号。

图 8-9 给出了将布尔表达式翻译成四元式的描述,其中 nextstat 给出在输出序列中下一四元式序号。emit 过程每被调用一次,nextstat 增加 1。

$E \rightarrow E^1$ or E^2　{E.place := newtemp;

　　　　　　　emit(E.place' := E^1.place'or'E^2.place)}

$E \rightarrow E^1$ and E^2　{E.place := newtemp;

　　　　　　　emit(E.place' := E^1.place'and'E^2.place)}

$E \rightarrow$ not E^1　{E.place := newtemp;

　　　　　　　emit(E.place' := not'E^1.place)}

$E \rightarrow (E^1)$　　{E.place := E^1.place}

$E \rightarrow id_1$ rop id_2　{E.place := newtemp;

　　　　　　　emit('if'id_1.place 'rop'id_2.palce 'goto'nextstat+3);

　　　　　　　emit(E.place' := "0');

　　　　　　　emit('goto'nextstat+2);

　　　　　　　emit(E.place' := "1')}

$E \rightarrow$ true　{E.place := newtemp;

　　　　　　　emit(E.place' := "1')}

$E \rightarrow$ false　{E.place := newtemp;

　　　　　　　emit(E.place' := "0')}

图 8-9　用数值表示布尔值的翻译方案

8.4.2 赋值语句翻译

在四元式中,使用变量名称本身表示运算对象 ARG1 和 ARG2,用 t_i 表示 RESULT。在实际实现中,它们或者是一个指针,指向符号表的某一登录项,或者是一个临时变量的整数码。在对赋值语句翻译为四元式的描述中,将表明怎样查找这样的符号表登录项。需先对 id 表示的单词定义属性 id.name,用于语义变量,后用 Lookup(id.name) 语义函数审查 id.name 是否出现在符号表中,如在,则返回指向该登录项的指针,否则返回 nil。语义过程 emit 表示输出四元式到输出文件上;语义过程 newtemp 表示生成一临时变量,每调用一次,生成一新的临时变量。语义变量 E.place,表示存在 E 值的变量名在符号表的登录项或一整数码(若此变量是一个临时变量),图 8-10 列出了翻译赋值语句到四元式的语义描述。这里的语义工作包括对变量进行"先定义后使用"的检查。

$(1)\ S \to \text{id} := E \quad \{p := \text{lookup}(\text{id},\text{name});$
$\qquad\qquad \text{if } p \neq \text{nil then}$
$\qquad\qquad \text{emit}(p' := 'E.\text{place})$
$\qquad\qquad \text{else error}\}$

$(2)\ E \to E^1 + E^2 \quad \{E.\text{place} := \text{newtemp};$
$\qquad\qquad \text{emit}(E.\text{place}' := 'E^1.\text{place}'+'E^2.\text{place})\}$

$(3)\ E \to E^1 * E^2 \quad \{E.\text{place} := \text{newtemp};$
$\qquad\qquad \text{emit}(E.\text{place}' := 'E^1.\text{place}'*'E^2.\text{place})\}$

$(4)\ E \to -E^1 \quad \{E.\text{place} := \text{newtemp};$
$\qquad\qquad \text{emit}(E.\text{place}' := '\text{uminus}'E^1.\text{place})\}$

$(5)\ E \to (E^1) \quad \{E.\text{place} := E^1.\text{place}\}$

$(6)\ E \to \text{id} \quad \{p := \text{lookup}(\text{id.name});$
$\qquad\qquad \text{if } p \neq \text{nil then}$
$\qquad\qquad\ E.\text{place} := p$
$\qquad\qquad \text{else error}\}$

图 8-10 赋值语句的四元式翻译

实际上,在一个表达式中可能会出现各种不同类型的变量或常数,而不是像图 8-10 中的 id 假定为都是同一类型。也就是说,编译程序还应执行这样的语义动作:对表达式中的运算对象应进行类型检查,如不能接受不同类型的运算对象的混合运算,则应指出错误;如能接受混合运算,则应进行类型转换的语义处理。假如图 8-10 中的表达式可以有混合运算,id 可以是实型量也可以是整型量,并且约定,当两个不同类型的量进行运算时,必须首先将整型量转换为实型量。为进行类型转换的语义处理,增加语义变量,用 E.type 表示 E 的类型信息,E.type 的值或为 int 或 real,此外,为区别整型加(乘)和实型加(乘),把 +(*) 分别写作 $+^i(\ *^i)$ 和 $+^r(\ *^r)$。用一目算符 itr 表示将整型运算对象转换成实型。

这样,图 8-10 中的第(3)条产生式及其有关语义描述如图 8-11 所示。

图 8-10 中的例子里,与非终结符 E 相联的语义值有 $E.\text{place}$,还有 $E.\text{type}$。语义值的设计是与语义处理的描述相关的。大家回顾一下 PL0 编译程序中对赋值语句的语义处理,其中对赋值语句左部的标识符,检查它的种类,若不是变量名,则指出错误,若是变量名,才生成赋值运算的代码。对右部表达式中作为运算对象的标识符,检查其是否变量名或常量名,若是,生成相应代码,若不是(既是过程名),则指出错误。这一点若用语义规则描述的话,还应增加语义值,与非终结符相联,比如用 $E.\text{kind}$ 表示。

产生式　　　　　语义动作

$E \rightarrow E^1 * E^2$　$\{E.\text{place}:=\text{newtemp};$

　　　　　if $E^1.\text{type}=\text{int}$ AND $E^2.\text{type}=\text{int}$ then

　　　　　begin emit$(E.\text{place},':=',E^1.\text{place},'*^is',E^2.\text{place});$

　　　　　　$E.\text{type}:=\text{int}$

　　　　　end

　　　　　else if $E^1.\text{type}=\text{real}$ AND $E^2.\text{type}=\text{real}$ then

　　　　　　begin emit$(E.\text{place},':=',E^1.\text{place},'*^r',E^2.\text{place});$

　　　　　　　$E.\text{type}:=\text{real}$

　　　　　　end

　　　　　else if $E^1.\text{type}=\text{int}/*$ and $E^2.\text{type}=\text{real}*/$then

　　　　　　begin t:=newtemp;

　　　　　　　emit$(t,':=','itr',E^1.\text{place});$

　　　　　　　emit$(E.\text{place},':=',t,'*^r',E^2.\text{place});$

　　　　　　　$E.\text{type}=\text{real}$

　　　　　　end

　　　　　else$/*E^1.\text{type}=\text{real}$ and $E^2.\text{type}=\text{int}*/$

　　　　　begin t:=newtemp;

　　　　　　emit$(t,':=','itr',E^2.\text{place});$

　　　　　　emit$(E.\text{place},':=',t,'*^r',E^1.\text{place});$

　　　　　　$E.\text{type}=\text{real}$

　　　　　end

　　　　　$\}$

图 8-11　类型转换的语义处理

赋值语句中会含有复杂数据类型,如数组元素或记录(结构)的引用,这种情况的翻译工作将会复杂些。

8.4.3　条件语句翻译

考虑 if-then,if-then-else 和 while-do 语句,在图 8-12 中已给出了它们的代码结构。这里着重讨论在翻译中使用的"回填"和"拉链"技术。

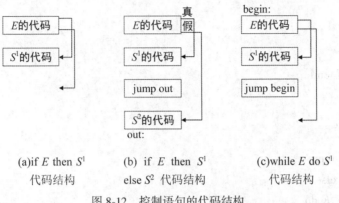

图 8-12　控制语句的代码结构

一般使用下面文法 G[S]定义这些语句：

(1)S→if E then S

(2)|if E then S else S

(3)|while E do S

(4)|begin L end

(5)|A

(6)L→L;S

(7)|S

其中各非终结符号的意义是：

S——语句；

L——语句串；

A——赋值语句；

E——布尔表达式。

讨论控制语句中的布尔表达式的翻译时,使用 E.true 和 E.false 分别指出尚待回填"真""假"出口的四元式串,如对于条件语句"if E then S1 else S2",在扫描到 then 时才能知道 E 的"真"出口,而 E 的"假"出口只有处理了 S1 之后到达 else 时才明确。即是说,必须将 E.false 的值传下去,以便到达相应的 else 时才进行回填。另外,E 为真时,S1 语句执行完时意味着整个 if-then-else 语句也已执行完毕,因此应在 S1 之后产生一个无条件转指令,将控制离开整个 if-then-else 语句。但在完成 S2 的翻译之前,该无条件转的转移目标无法知道。对于语句嵌套的情况,如语句"if E1 then if E then S1 else S2 else S3",在翻译完 S2 之后,S1 后的无条件转移目标仍无法确定,因为它不仅要跨越 S2,还要跨越 S3。所以,转移目标的确定和语句所处的环境密切相关。因此,仿照处理布尔表达式的办法,让非终结符 S(和 L)含有一项语义值 S.chain(和 L.chain)。这也是一条链,它把所有那些四元式串在一起,这些四元式期待在翻译完 S(L)之后回填转移目标。真正的回填工作将在处理 S 的外层环境的某一适当时候完成。

为了能即时地回填有关四元式串的转移目标,对 G[S]文法进行改写,改成 G'[S]:

(1) $S \rightarrow CS^1$

(2) $\mid T^p S^2$

(3) $\mid W^d S^3$

(4) $\mid$ begin L end

(5) $\mid A$

(6) $L \rightarrow L^s S^1$

(7) $\mid S^2$

(8) $C \rightarrow$ if E then

(9) $T^p \rightarrow CS$ else

(10) $W^d \rightarrow W$ E do

(11) $W \rightarrow$ while

(12) $L^s \rightarrow L;$

下面将给出这个文法的各个产生式相应的语义动作,其中所用语义变量和函数含义同上。

$S \rightarrow CS^1$　$\{S.\text{chain}: = \text{merge}(C.\text{chain}, S^1.\text{chain})\}$

$S \rightarrow T^p S^2$　$\{S.\text{chain}: = \text{merge}(T^p.\text{chain}, S^2.\text{chain})\}$

$S \rightarrow W^d S^3$　$\{\text{backpatch}(S^3.\text{chain}, W^d.\text{codebegin})\}$

　　　　　　emit('GOTO'W.codebegin)

　　　　　　$S.\text{chain}: = W^d.\text{chain}\}$

$S \rightarrow$ begin L end　$\{S.\text{chain}: = L.\text{chain}\}$

$S \rightarrow A$　$\{S.\text{chain}:0/ * 空链 * /\}$

$L \rightarrow L^s S^1$　$\{L.\text{chain}: = S^1.\text{chain}\}$

$L \rightarrow S$　$\{L.\text{chain}: = S.\text{chain}\}$

注意,语义值 S.chain 将暂时保留在语义栈中,在后续归约过程的适当时候,它所指的链将被回填。

$C \rightarrow$ if E then ／ * C--条件子句 * ／

　$\{\text{backpatch}(E.\text{true}, \text{nextstat})$

　$C.\text{chain}: = E.\text{false}\}$

$T^p \rightarrow C$ S else ／ * T^p--真部子句 * ／

　$\{q: = \text{nextstat}$

　emit('GOTO'-)

　backpatch(C.chain, nextstat)

　$T^p.\text{chain}: = \text{merge}(S.\text{chain}, q)$

$W \rightarrow$ while

$\{W.\text{codebegin}: = \text{nextstat}\}$

$W^d \rightarrow W$ E do ／ * W^d--while 子句 * ／

$\{\text{backpatch}(E.\text{true}, \text{nextstat})$

$W^d.\text{chain} := E.\text{false};$

$W^d\ \text{codebegin} := W.\text{codebegin}\}$

$L^s \rightarrow L;$

$\{\text{backpatch}(L.\text{chain}, \text{nextstat})\}$

按照上述文法产生式相应的语义动作,加上前述关于赋值句和布尔表达式的翻译法,语句"while(A<B) do if(C<D) then X:=Y+Z"将被翻译成如下的一串四元式:

100 if $A<B$ goto 102

101 goto 107

102 if $C<D$ goto 104

103 goto 100

104 $T := Y+Z$

105 $X := T$

106 goto 100

8.4.4 循环语句翻译

以 for 循环语句为例,如"For i:=E^1 step E^2 until E^3 do S^1",按 ALGOL 的意义来翻译这种循环句。为了简单起见,假定 E2 总是正的。在这种假定下,上述循环句的 ALGOL 意义等价于:

$i := E^1;$

goto OVER;

AGAIN: $i := i+E^2;$

OVER: if $i \leq E^3$ then

begin S^1; go to AGAIN end;

注意,在这段程序中有几处用到循环控制变量 i,因此,entry(i) 必须被保存下来。为了按上述顺序产生四元式,必须改写文法,为此,使用如下的产生式:

$F_1 \rightarrow$ for $i := E^1$

$F_2 \rightarrow F_1$ step E^2

$F_3 \rightarrow F_2$ until E^3

$S \rightarrow F_3$ do S^1

下面是这些产生式相应的语义动作:

$F_1 \rightarrow$ for $i := E^1$

$\{\text{emit}(\text{entry}(i), ':=', E^1.\text{place});$

$F_1.\text{place} := \text{entry}(i);$ /* 保存控制变量在符号表中的位置 */

$F_1.\text{chain} := \text{nextstat};$

$\text{emit}('goto'-);$ /* goto OVER */

$F_1.\text{codebegin} := \text{nextstat};$ /* 保存 AGAIN 的地址 */$\}$

163

$F_2 \rightarrow F_1$ step E^2

$\{F_2.\text{codebegin}:=F_1.\text{codebegin};/*$ 保存 *AGAIN* 的地址 $*/$

$F_2.\text{place}:=F_1.\text{place};/*$ 保存控制变量在符号表中的位置 $*/$

$\text{emit}(F_1.\text{place}':=',E^2.\text{place},'+'F_1.\text{place});$

$\text{backpatch}(F_1.\text{chain},\text{nextstat});/*$ 回填上面的 goto OVER $*/\}$

$F_3 \rightarrow F_2$ until E^3

$\{F3.\text{codebegin}:=F_2.\text{codebegin};$

$q:=\text{nextstat};$

$\text{emit}('\text{if}'F_2.\text{place},'\leqslant',E^3.\text{place},'\text{goto}'q+2);/*$ 若 $i \leqslant E_3$ 转去执行循环体的第 1 个四元式 $*/;$

$F_3.\text{chain}:=\text{nextstat};$

$\text{emit}('\text{goto}'-)/*$ 转离循环 $*/\}$

$S \rightarrow F_3$ go $S^1/*$ 这里是语句 S^1 的相应代码 $*/$

$\{\text{emit}('\text{goto}'F_3.\text{codebegin})/*$ goto AGAIN $*/;$

$\text{backpatch}(S^1.\text{chain},F_3.\text{codebegin});$

$S.\text{chain}:=F_3.\text{chain}/*$ 转离循环的转移目标留待处理外层 S 时再回填 $*/\}$

例如,循环语句"for I:=1 step 1 until N do M:=M+I"将被翻译成如下的四元式序列。

100 $I:=1$

101 goto 103

102 $I:=I+1$

103 if $I \leqslant N$ goto 105

104 goto 108

105 $T:=M+I$

106 $M:=T$

107 goto 102

有些语言中,for 语句的语法和语义的一些细节与上述不同,在翻译时要予以考虑。比如 Ada 语言中,当一个 for 循环打开时,必须为循环参数生成一个新的作用域和数据对象。编译程序必须考虑何时生成循环参数,何时它可用。而 Pascal 这样的语言中,循环变量在循环外也是可见的,显然编译的处理不同。又比如,有的语言规定,循环步长和循环终值不得在循环体中改变,这样的 for 语句必须解释为:

$i:=E_1;$

$\text{incr}:=E_2;$

$\text{limit}:=E_3;$

goto OVER;

$\text{AGAIN}:i:=i+\text{incr};$

OVER:if $i \leqslant \text{limit}$ then begin S;goto AGAIN end;

其中,incr 和 limit 是编译程序为翻译该循环语句引进的两个变量。这种解释下,每循环一次,E_2 和 E_3 都不重新计值。

习　题

1.给出下面表达式的逆波兰表示(后缀式)：

(1)$a*(-b+c)$

(2)**if**$(x+y)*z=0$ **then** $s:=(a+b)*c$ **else** $s:=a*b*c$

2.请将表达式$-(a+b)*(c+d)-(a+b+c)$分别表示成三元式、间接三元式和四元式序列。

3.采用语法制导翻译思想,表达式 E 的"值"的描述如下：

产生式	语义动作
(0)$S'\to E$	{print E.VAL}
(1)$E\to E^1+E^2$	{E.VAL:=E^1.VAL+E^2.VAL}
(2)$E\to E^1*E^2$	{E.VAL:=E^1.VAL$*E^2$.VAL}
(3)$E\to(E^1)$	{E.VAL:=E^1.VAL}
(4)$E\to n$	{E.VAL:=n.LEXVAL}

如采用 LR 分析方法,给出表达式$(5*4+8)*2$的语法树并在各结点注明语义值 VAL。

4.令 S.Val 为下列文法由 S 生成的二进制数的值。例如,输入101.101,则

$S.Val=5.625$

$S\to L.L\,|\,L$

$L\to LB\,|\,B$

$B\to 0\,|\,1$

按照语法制导翻译的方法,对每个产生式给出相应的语义规则。

5.下列文法生成一种表达式文法。其意义为,将算术运算"+"施用于整数或实常数,只有当两个整数相加时,结果类型才是整数,否则为实数。

$E\to E+T\,|\,T$

$T\to n.n\,|\,n$

给出语法制导翻译的语义规则,其决定每个子表达式的类型。

6.下面文法生成变量的说明：

$D\to iL$

$L\to,iL\,|\,:T$

$T\to$ integer$\,|\,$real

构造一种转换(翻译)模式将每个标识符的类型登入名字表中。

第9章 代码优化与生成

本章导言

某些编译程序在中间代码或目标代码生成之后,还要对生成的代码进行优化。所谓优化,实质上是对代码进行等价变换,使得变换后的代码运行结果与变换前代码运行结果相同,而运行速度加快或占用存储空间减少,或两者都有。优化可在编译的不同阶段进行,对同一阶段涉及的程序范围也有所不同,在同一范围内可进行多种优化。

一般代码优化可在中间代码生成之后和(或)目标代码生成之后进行。依据优化所涉及的程序范围,可分为局部优化、循环优化和全局优化三个不同的级别。局部优化指的是在只有一个入口、一个出口的基本程序块上进行的优化。循环优化是对循环中的代码进行的优化。全局优化是在整个程序范围内进行的优化。

本章将主要介绍(1)基本块与 DAG 的概念,(2)程序流图中的循环以及循环优化中代码外提、强度削弱、删除归纳变量等优化技术,(3)代码生成程序中的寄存器分配和代码生成算法以及(4)代码生成程序的开发方法。

9.1 局部优化

所谓局部优化是指基本块内的优化;而基本块则指程序中一个顺序执行的语句序列,其中只有一个入口语句和一个出口语句。执行时只能从其入口语句进入,从其出口语句退出。对于一个给定的程序,可以把它划分为一系列的基本块。在各基本块的范围内分别进行优化。

9.1.1 基本块的划分

在介绍基本块的构造之前,先定义基本块的入口语句,入口语句判定如下:

(1)程序的第 1 个语句。

(2)条件转移语句或无条件转移语句的转移目标语句。

(3)紧跟在条件转移语句后面的语句。

有了入口语句的概念之后,就可以给出划分中间代码(如四元式程序)为基本块的算法,其步骤如下:

(1)求出四元式程序中各个基本块的入口语句。

(2)对每一入口语句,构造其所属的基本块。基本块是由该入口语句到下一入口语句(不包括下一入口语句),或到一转移语句(包括该转移语句),或到一停语句(包括该停语句)之间的语句序列组成的。

(3)凡未被纳入某一基本块的语句,都是程序中控制流程无法到达的语句,因而也是不会被执行到的语句,可以把它们删除。

例 9.1　判定下列程序的入口语句和基本块

$P := 0$

for $I := 1$ to 20 do

　$P := P + A[I] * B[I]$;

经过编译得到其中间代码如图 9-1 所示:

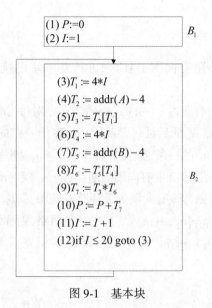

图 9-1　基本块

由入口语句判定(1),语句(1)是入口语句,由入口语句判定(2),语句(3)是入口语句。由入口语句判定(3),跟随语句(12)的语句是入口语句,这样,语句(1)和(2)构成一个基本块 B_1,语句(3)至(12)构成一个基本块 B_2。

9.1.2　基本块的变换

很多变换可作用于基本块而不改变它计算的表达式集合,这样的变换对改进代码的质量是很有用的。有两类重要的局部等价变换可用于基本块,它们是保结构变换和代数变换。

基本块的主要保结构变换包括:

(1)删除公共子表达式,如图 9-1 中语句(3)和(6)中都有 $4 * I$ 运算,而从(3)到(6)没有对 I 重新赋值,显然,两次计算出的值是相等的。所以,语句(6)中的 $4 * I$ 运算是多余的。可以把语句(6)变换成: $T_4 := T_1$,这种变换称为删除公共子表达式。

(2)删除无用代码,即删掉一些无用的赋值、判断语句等,例如: $x := x + 0$ 或 $x := x * 1$ 这样的语句可以从基本块中删除而不改变它计算的表达式集合。

（3）重新命名临时变量，假如有语句 $t:=b+c$，其中 t 是临时变量。如果把这个语句改为 $u:=b+c$，其中 u 是新的临时变量，并且把这个 t 的所有引用改成 u，那么基本块的运算结果不变，这种变换称为重新命名临时变量。

（4）交换语句次序，如果基本块有两个相邻的语句：$t_1:=b+c$ 和 $t_2:=x+y$，当且仅当 x 和 y 都不是 t_1 且 b 和 c 都不是 t_2 时，可以交换这两个语句的次序。

有许多代数变换可以把基本块计算的表达式集合变换成代数等价的集合。其中有用的变换是那些可以简化表达式或用较快运算代替较慢运算的变换。例如："$x:=y**2$"的指数算符通常要用函数调用来实现，使用代数变换，这个语句可由快速、等价的语句"$x:=y*y$"来代替。

9.1.3　基本块的 DAG 表示

这里介绍如何应用无环路有向图 DAG 来进行基本块的优化工作。先将所要使用的 DAG 做一下说明。

在一个有向图中，称任一有向边 $n_i \to n_j$（或表示为有序对 (n_i,n_j)）中的结点 n_i 为结点 n_j 的前驱（父结点），结点 n_j 为结点 n_i 的后继（子结点），又称任一有向边序列 $n_1 \to n_2, n_2 \to n_3, \cdots,$ $n_{k-1} \to n_k$ 为从结点 n_1 到结点 n_k 的一条通路；如果其中 $n_1=n_k$，则称该通路为环路；该结点序列也记为 $(n_1,n_2,\cdots,n_k)$。例如，图 9-2 中有向图的通路 (n_2,n_2) 和 (n_3,n_4,n_3) 就是环路。如果有向图中任一通路都不是环路，则称该有向图为无环路有向图，简称 DAG。图 9-3 的有向图就是一个 DAG。在 DAG 中，如果 $(n_1,n_2,\cdots,n_k)$ 是其中一条通路，则称结点 n_1 为结点 n_k 的祖先，结点 n_k 为结点 n_1 的后代。图 9-3 中结点 n_6 就是结点 n_8 的祖先，n_8 是 n_6 的后代。

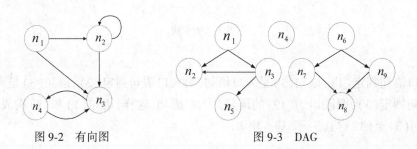

图 9-2　有向图　　　　　　　　　图 9-3　DAG

这里要用到的有向图是一种其结点带有下述标记或附加信息的 DAG。

（1）图的叶结点，即无后继的结点，以一标识符（变量名）或常数作为标记，结点代表该变量或常数的值。如果叶结点用来代表某变量 A 的地址，则用 $addr(A)$ 作为这个结点的标记。通常把叶结点上作为标记的标识符加上下标 0，以表示它是该变量的初值。

（2）图的内部结点，即有后继的结点，以一运算符作为标记，结点代表应用该运算符对其后继结点所代表的值进行运算的结果。

（3）图中各个结点上可能附加一个或多个标识符，表示这些变量具有该结点所代表的值。

上述这种 DAG 可用来描述计算过程,又称为描述计算过程的 DAG,在以下的讨论中简称为 DAG。

下面讨论基本块的 DAG 表示与构造。

一个基本块,可用一个 DAG 来表示。下面将先列出各种四元式及相对应的 DAG 的结点形式。然后,给出一种构造基本块的 DAG 算法。

各种四元式如下:

(0) $A := B$ $(:=,B,-,A)$

(1) $A := \text{op } B$ $(op,B,-,A)$

(2) $A := B \text{ op } C$ (op,B,C,A)

(3) $A := B[C]$ $(=[\ ],B[C],-,A)$

(4) if B rop C $goto(s)$ $(jrop,B,C,(s))$

(5) $D[C] := B$ $([\ ]=,B,-,D[C])$

(6) $goto(s)$ $(j,-,-,(s))$

各四元式对应的 DAG 的结点形式如图 9-4 所示,图中 n_i 为结点编号,结点下面的符号(运算符、标识符或常数)是各结点的标记,各结点右边的标识符是结点的附加标识符。

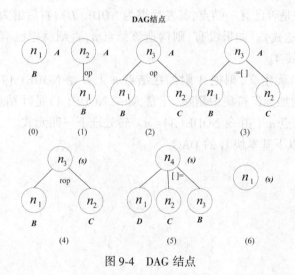

图 9-4 DAG 结点

把四元式(0)称为 0 型,(1)称为 1 型,(2)称为 2 型。下而只讨论仅含 0、1、2 型四元式的基本块的 DAG 构造算法。假设 DAG 各结点信息将用某种适当的数据结构来存放,并设有一个标识符(包括常数)与结点的对应表。NODE(A)是描述这种对应关系的一个函数,它的值或者是一个结点的编号 n,或者无定义。前一种情况代表 DAG 中存在一个结点 n,A 是其上的标记或附加标识符。

首先,DAG 为空。

其次,对基本块的每一四元式,依次执行:

1. 如果 NODE(B)无定义,则构造一标记为 B 的叶结点并定义 NODE(B)为这个结点；如果当前四元式是 0 型,则记 NODE(B)的值为 n,转 4。

如果当前四元式是 1 型,则转 2(1)。

如果当前四元式是 2 型,则:(I)如果 NODE(C)无定义,则构造一标记为 C 的叶结点并定义 NODE(C)为这个结点,(II)转 2(2)。

2. (1)如果 NODE(B)是标记为常数的叶结点,则转 2(3),否则转 3(1)。

(2)如果 NODE(B)和 NODE(C)都是标记为常数的叶结点,则转 2(4),否则转 3(2)。

(3)执行 op B(即合并已知量),令得到的新常数为 P。如果 NODE(B)是处理当前四元式时新构造出来的结点,则删除它。如果 NODE(P)无定义,则构造一个用 P 做标记的叶结点 n。置 NODE(P)=n,转 4。

(4)执行 B op C(即合并已知量),令得到的新常数为 P。如果 NODE(B)或 NODE(C)是处理当前四元式时新构造出来的结点,则删除它。如果 NODE(P)无定义,则构造一个用 P 做标记的叶结点 n。置 NODE(P),转 4。

3. (1)检查 DAG 中是否已有一结点,其唯一后继为 NODE(B),且标记为 op(即找公共子表达式)。如果没有,则构造该结点 n,否则就把已有的结点作为它的结点并设该结点为 n,转 4。

(2)检查 DAG 中是否已有一结点,其左后继为 NODE(B),右后继为 NODE(C),且标记为 op(即找公共子表达式)。如果没有,则构造该结点 n,否则就把已有的结点作为它的结点并设该结点为 n。转 4。

4. 如果 NODE(A)无定义,则把 A 附加在结点 n 上并令 NODE(A)=n；否则先把 A 从 NODE(A)结点上的附加标识符集中删除(注意,如果 NODE(A)是叶结点,则其标记 A 不删除),把 A 附加到新结点 n 上并令 NODE(A)=n。转处理下一四元式。

例 9.2　试构造以下基本块 G 的 DAG。

(1)T_0 := 3.14

(2)T_1 := $2 * T_0$

(3)T_2 := $R+r$

(4)A := $T_1 * T_2$

(5)B := A

(6)T_3 := $2 * T_0$

(7)T_4 := $R+r$

(8)T_5 : $T_3 * T_4$

(9)T_6 := $R-r$

(10)B := $T_5 * T_6$

(11)if $B \leqslant 10$ goto(1)

顺序处理每一四元式构造 DAG。图 9-5 中子图(a)对应四元式(1),子图(b)对应四元式(1)和(2),至子图(j)则对应前 10 个四元式。具体步骤从略,请读者自己继续为四元式(11)构造相应结点,以得到整个基本块的 DAG。

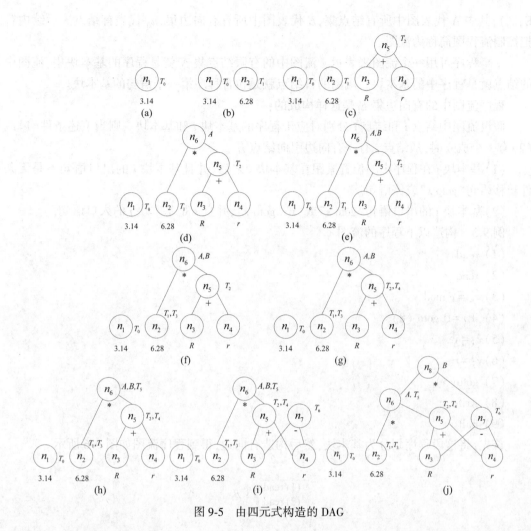

图 9-5 由四元式构造的 DAG

9.2 控制流分析和循环优化

在一个程序流程中,循环是必不可少的一种控制结构。循环就是程序中那些可能反复执行的代码序列。因为循环中的代码要反复执行,所以为了提高目标代码的效率必须着重考虑循环的代码优化。

为找出程序中的循环,就需要对程序的控制流程进行分析。这里将使用程序的控制流程图对所讨论的循环给出定义,并介绍如何从程序的控制流程图中找出程序的循环。

9.2.1 程序流图

一个控制流程图就是具有唯一首结点的有向图。所谓首结点,就是从它开始到控制流程图中任何结点都有一条通路的结点。可以把一个控制流程图表示成一个三元组 $G = (N,$

E，n_0），其中 N 代表图中所有结点集，E 代表图中所有有向边集，n_0 代表首结点。后续内容把控制流程图简称为流图。

一个程序可用一个流图来表示。流图中的有限结点集 N 就是程序的基本块集，流图中的结点就是程序中的基本块。流图的首结点就是包含程序第一个语句的基本块。

程序流图中的有向边集 E 是这样构成的：

假设流图中结点 i 和结点 j 分别对应于程序的基本块 i 和基本块 j，则当下述条件（1）或（2）有一个成立时，从结点 i 有一有向边引向结点 j。

（1）基本块 j 在程序中的位置紧跟在基本块 i 之后，并且基本块 i 的出口语句不是无条件转移语句"goto s"或停语句。

（2）基本块 i 的出口语句"goto s"或"if…goto s"，并且 s 是基本块 j 的入口语句。

例 9.3 构造以下程序的流图

（1）read x

（2）read y

（3）r：=x mod y

（4）if r=0 goto（8）

（5）x：=y

（6）y：=r

（7）goto（3）

（8）write y

（9）halt

首先，将这段程序划分为基本块，然后构造有向边，得到程序流图如图 9-6 所示。

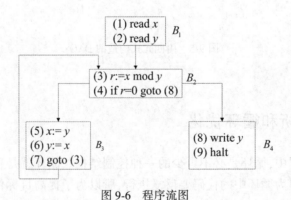

图 9-6 程序流图

9.2.2 循环的查找

为了找出程序流图中的循环，需要分析流图中结点的控制关系。为此，引入必经结点、必经结点集和回边的定义。

在程序流图中，对任意两个结点 m 和 n 而言，如果从流图的首结点出发，到达 n 的任一

通路都要经过 m ,则称 m 是 n 的必经结点,记为 m DOM n 。流图中结点 n 的所有必经结点的集合,称为结点 n 的必经结点集,记为 Dn 。对流图中任意结点 a ,有 a DOM a 。

假设 $a \to b$ 是流图中的一条有向边,如果 b DOM a ,则称 $a \to b$ 是流图中的一条回边。对于一个已知流图,只要求出各结点的必经结点集,就可以求出流图中所有的回边,利用回边,就可以找出流图中的循环。下面给出回边的定义。

例 9.4 找出图 9-7 中流图的所有回边,其中图 9-7 中各结点的 D(n) 如下:

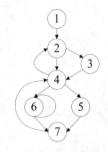

图 9-7 程序流图

D(1) = {1}

D(2) = {1,2}

D(3) = {1,2,3}

D(4) = {1,2,4}

D(5) = {1,2,4,5}

D(6) = {1,2,4,6}

D(7) = {1,2,4,7}

由流图可以看出,有向边 6→6、7→4、4→2 是回边。因为有 6 DOM 6、4 DOM 7 和 2 DOM 4 的关系存在,其他有向边都不是回边。

如果已知有向边 $a \to b$ 是回边,那么就可以求出由它组成的循环。该循环就是由结点 b 、结点 a 以及有通路到达 a 而该通路不经过 b 的所有结点组成,并且 b 是该循环的唯一入口结点。

对于图 9-7 流图中的例子,很容易看出:由回边 6→6 组成的循环就是{6},由回边 7→4 组成的循环是{4,5,6,7},由回边 4→2 组成的循环是{2,3,4,5,6,7}。

9.2.3 循环优化

在找出了程序流图中的循环之后,就可以针对每个循环进行优化工作,因为循环内的指令是重复执行的,因而循环中进行的优化在整个优化工作中是非常重要的。介绍循环优化的三种重要技术:代码外提、删除归纳变量和强度削弱。

1.代码外提

减少循环中代码数目的一个重要办法是代码外提。这种变换把循环不变运算,即产生的结果独立于循环执行次数的表达式,放到循环的前面。这里所讨论的循环只存在一个入口。

实行代码外提时,在循环的入口结点前面建立一个新结点(基本块),称之为循环的前置结点。循环的前置结点以循环的入口结点为其唯一后继,原来流图中从循环外引到循环入口结点的有向边,改成引到循环前置结点,如图 9-8 所示。因为考虑的循环结构,其入口结点是唯一的,所以,前置结点也是唯一的。循环中外提的代码将全部提至前置结点中。

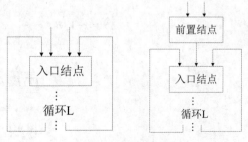

图 9-8 代码外提的流图

是否在任何情况下,都可把循环不变运算外提呢? 下面考察图 9-9 的流图。

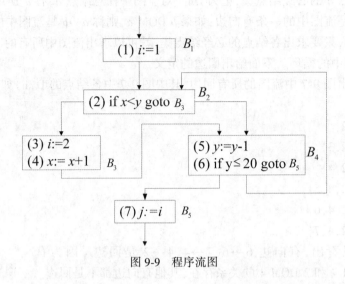

图 9-9 程序流图

从图 9-9 中可以看出, $\{B_2, B_3, B_4\}$ 是循环,其中 B_2 是循环的入口结点, B_4 是出口结点。所谓出口结点,是指循环中具有这样性质的结点:从该结点有一有向边引到循环外的某结点。

B_3 中 $i:=2$ 是循环不变运算。如果把 $i:=2$ 提到循环的前置结点 B_2 中,如图 9-10 所示,按此程序流图,执行完 B_5 时, i 的值总为 2,则 j 的值也为 2。事实上,按图 9-9 的流图,若 $x=30, y=25$,则 B_3 不被执行,执行完 B_5 时, i 和 j 的值都为 1,所以图 9-10 的流图改变了原来程序的运行结果。

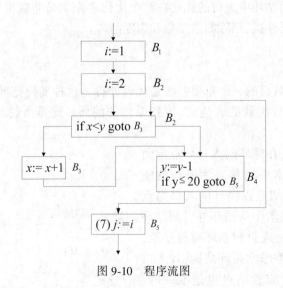

图 9-10 程序流图

问题的原因在于 B_3 不是循环出口结点 B_4 的必经结点。所以,当把一个不变运算提到循环的前置结点时,要求该不变运算所在的结点是循环所有出口结点的必经结点。此外,如果循环中 i 的所有引用点只是 B_2 中 i 的定值点("点"指某一四元式的位置,对变量的"定值"指对变量赋值或输入值)所能达到的,i 在循环中不再有其他定值点,并且出循环后不再引用该 i 的值,那么,即使 B_2 不是 B_4 的必经结点,也还可以把 $i:=2$ 提到 B_2 中,因为这不影响原来程序的运行结果。这里所说的定值点指变量在该点被赋值或输入值,引用点则指在该点使用了这个变量。

总之,在代码外提过程中,应注意以下两点:

其一,当把循环中的不变运算 $A:=B$ op C 外提时,要求循环中其他地方不再有 A 的定值点。

其二,当把循环中的不变运算 $A:=B$ op C 外提时,要求循环中 A 的所有引用点都是而且仅是这个定值所能达到的。

根据以上讨论,给出查找循环不变运算和代码外提的算法。

假设 L 为所要处理的循环,下面是查找"不变运算"的算法:

(1)依次查看 L 中各基本块的每个四元式,如果它的每个运算对象或为常数,或者定值点在 L 外,则将此四元式标记为"不变运算";

(2)重复第(3)步直至没有新的四元式被标记为"不变运算"为止;

(3)依次查看尚未被标记为"不变运算"的四元式,如果它的每个运算对象或为常数,或者定值点在 L 之外,或只有一个到达一定值点且该点上的四元式已被标记为"不变运算"。则被查看的四元式标记为"不变运算"。

所谓到达一定值点是指变量在某点定值后到达的一点,通路上没有其他该变量的定值。这也是数据流分析里的概念,后面还要介绍。

找到了循环中的不变运算,就可以进行代码外提了,下面给出代码外提算法:

(1)求出循环 L 的所有不变运算。

(2)对步骤(1)所求得的每一不变运算 $s:A=B$ op C 或 $A:=$ op B 或 $A:=B$,检查它是否满足以下条件(a)或(b):

(a)(Ⅰ)s 所在的结点是 L 的所有出口结点的必经结点。

(Ⅱ)A 在 L 中其他地方未再定值。

(Ⅲ)L 中所有 A 的引用点只有 s 中 A 的定值才能到达。

(b)A 在离开 L 之后不再是活跃的,并且条件(a)的(Ⅱ)和(Ⅲ)成立。所谓 A 在离开 L 后不再是活跃的是指,A 在 L 的任何出口结点的后继结点的入口处不是活跃的(从此点后不被引用)。

(3)按步骤(1)所找出的不变运算的顺序,依次把符合(2)的条件(a)或(b)的不变运算 s 外提到 L 的前置结点中。如果 s 的运算对象(B 或 C)是在 L 中定值的,则只有当这些定值四元式都已外提到前置结点中时,才可把 s 外提到前置结点。

注意:如果把满足条件(2)中(b)的不变运算 $A=B$ op C 外提到前置结点中,那么执行完循环后得到的 A 值,可能与不进行外提的情形所得 A 值不同,但因为离开循环后不会引用该 A 值,所以不影响程序运行结果。

例 9.5 将图 9-1 中的代码利用代码外提进行优化。

根据图 9-1 和上述代码外提算法可以看出,可以把(4)和(7)提到循环外,经过删除多余运算和代码外提后,代码变换如图 9-11 所示。

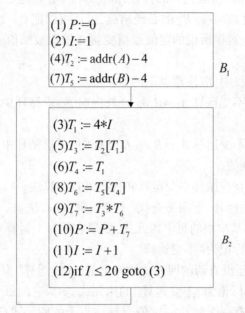

图 9-11 删除公共子表达式和代码外提后的代码

2.强度削弱与删除归纳变量

强度削弱的思想是把强度大的运算换算成强度小的运算,例如把乘法运算换成加法运算等。在循环优化中,强度削弱占很重要的地位。

下面介绍删除归纳变量的优化。

先来介绍基本归纳变量和归纳变量的定义。如果循环中对变量 I 只有唯一的形如 $I=I\pm C$ 的赋值,且其中 C 为循环不变量,则称 I 为循环中的基本归纳变量。如果 I 是循环中某一基本归纳变量,J 在循环中的定值总是可以划归为 I 的同一线性函数,也即 $J=C_1*I\pm C_2$,其中 C_1 和 C_2 都是循环不变量。则称 J 为归纳变量,并称它与 I 同族。一个基本归纳变量也是一归纳变量。

一个基本归纳变量除用于自身的递归定值外,往往只在循环中用来计算其他归纳变量以及用来控制循环的进行。这时就可以用与循环控制条件中的基本归纳变量同族的某一归纳变量来替换。进行这些变换后,就可将基本归纳变量的递归定值作为无用赋值而删除。

删除归纳变量是在强度削弱之后进行的。下面统一给出强度削弱和删除归纳变量的算法:

(1)利用循环不变运算信息,找出循环中的所有基本归纳变量。

(2)找出所有其他归纳变量 A,并找出 A 与已知基本归纳变量 X 的同族线性函数关系 $F_A(x)$。

（3）对（2）中找出的每一归纳变量 A 进行强度削弱。

（4）删除对归纳变量的无用赋值。

（5）删除基本归纳变量。如果基本归纳变量 B 在循环出口之后不是活跃的，并且在循环中，除在其自身的递归赋值中被引用外，只在形如"if B rop Y goto Z"中被引用，则选取一个与 B 同族的归纳变量 M 来替换 B 进行条件控制并删除循环中对 B 递归赋值的四元式。

例 9.6 将图 9-11 中的代码利用强度削弱和变换循环控制条件进行优化。

在图 9-11 的循环中，每循环一次，I 的值增 1，T_1 的值与 I 保持线性关系，每次总是增加 4。因此，可以把循环中计算 T_1 值的乘法运算变换成在循环前进行一次乘法运算，而在循环中将其变换成加法运算。变换后如图 9-12 所示。

图 9-11 的代码中，I 和 T_1 始终保持 $T_1 = a * I$ 的线性关系，这样可以把（12）的循环控制条件 $I \leqslant 20$ 变换成 $T_1 \leqslant 80$，这样整个程序的运行结果不变。经过这一变换后，循环中 I 的值在循环后不会被引用，四元式（11）可以从循环中删除。变换后亦如图 9-12 所示。

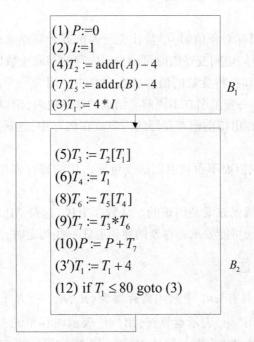

图 9-12 强度削弱和变换循环控制条件后的代码

9.3 代码生成程序

代码生成是把经过语法分析或优化后的中间代码转换成特定目标机的机器语言或汇编语言，这样的转换程序称为代码生成程序。由此可见，代码生成程序的构造与输入的中间代码形式和目标机的指令系统及结构密切相关。

本节介绍一个简单的代码生成程序。它以四元式的中间代码为输入，将其转换成给定的 M 计算机的目标代码,着重讨论在一个基本块内如何充分利用寄存器以提高目标代码的运行效率,并给出寄存器分配的一般算法。在介绍具体的代码生成程序前,先介绍寄存器分配原则。

9.3.1 寄存器分配

寄存器分配的工作是确定在程序的哪个点将哪些变量或中间量的值放在寄存器中比较有益。通常情况下,指令在寄存器中访问操作数的开销要比在内存中访问小,且许多指令不能直接访问内存。若需要处置的操作数在内存中,则需要显式地取入寄存器中。由此可见,将经常使用的操作数保存在寄存器中是比较有利的。然而在一般情况下,寄存器是比较短缺的资源,计算机程序所需要的寄存器要比可用的寄存器多,因此应合理使用寄存器。

寄存器的使用可以分成分配和指派两个阶段来考虑。

(1)在寄存器分配期间,为程序的某一点选择驻留在寄存器中的一组变量;

(2)在随后的寄存器指派阶段,挑出变量将要驻留的具体寄存器,即寄存器赋值。

寄存器分配原则:

(1)生成某变量的目标对象值时,尽量让变量的值或计算结果保留在寄存器中直到寄存器不够分配为止。这样,访问变量值时可减少对内存的存取次数以提高运行速度。

(2)当到基本块出口时,将变量的值存放在内存中。因为一个基本块可能有多个后继结点或多个前驱结点,同一变量名在不同前驱结点的基本块内,出口前存放的寄存器可能不同,或没有定值,所以应在出口前把寄存器的内容放在内存中,这样从基本块外入口的变量值都在内存中。

(3)在同一基本块内后面不再被引用的变量所占用的寄存器应尽早释放,以提高寄存器的利用率。

选择最优的寄存器指派方案是困难的。从数学上讲,这是 NP 完全问题。当考虑到目标机器的硬件和操作系统可能要求寄存器的使用遵守一些约定时,这个问题将更加复杂。

9.3.2 待用信息链表法

假定一台 M 计算机具有 $n+1$ 个通用寄存器为 $(R_0, R_2, \cdots, R_n)$。它们既可作为累加器又可作为变址器。如果用 'op' 表示运算符,用 'M' 表示内存单元,用变量名表示该变量所在的单元,'C' 表示常量,'$*$' 表示间址方式存取,指令形式可包含以下四种类型,见表 9-1。

表 9-1 寄存器指令形式

类型	指令形式	意义(设 op 是二目运算符)
直接地址型	op R_i, M	$(R_i) \, op(M) \Rightarrow R_i$
寄存器型	op R_i, R_j	$(R_i) \, op(R_j) \Rightarrow R_i$
变址型	op $R_i, c(R_i)$	$(R_i) \, op((R_j)+c) \Rightarrow R_i$

类型	指令形式	意义（设 op 是二目运算符）
间接型	op R_i, $*M$	$(R_i)\,\mathrm{op}(M) \Rightarrow R_i$
	op R_i, $*R_j$	$(R_i)\,\mathrm{op}(R_j) \Rightarrow R_i$
	op R_i, $*c(R_i)$	$(R_i)\,\mathrm{op}(((R_j)+c)) \Rightarrow R$

若 op 是一目运算符，则"op R_i, M"的意义为"$\mathrm{op}(M) \Rightarrow R_i$"，其余类型可类推。以上指令中的运算符"op"包括一般计算机上常见的一些运算符。

基于寄存器分配原则，为了在一个基本块内的目标代码中使寄存器得到充分利用，需把基本块内还将要被引用的变量值尽可能保存在寄存器中，而把基本块内不再被引用的变量所占的寄存器尽早释放。当由四元式生成相应机器指令时，每翻译一个四元式，如：$A := B$ op C，则需知道在本基本块内今后还有哪些四元式要对变量 A、B、C 进行引用。也就是说，若在一个基本块中，变量 A 在四元式 i 中被定值，在 i 后面的四元式 j 中要引用 A 值，且从 i 到 j 之间没有其他对 A 的定值点，这时称 j 是四元式 i 中对变量 A 的待用信息或称下次引用信息，同时也称 A 是活跃的，若 A 被多处引用则可构成待用信息链与活跃信息链。

为了得到在一个基本块内每个变量的待用信息和活跃信息，可以从基本块出口的四元式开始由后向前扫描，为每个变量名建立相应的待用信息链和活跃变量信息链。考虑到处理的方便，假定对基本块中的变量在出口处都是活跃的，而对基本块内的临时变量可分为两种情况处理：①对于没经过数据流分析，且中间代码生成的算法中不允许在基本块外引用的临时变量，则这些临时变量在基本块出口处都认为是不活跃的。②如果中间代码生成时的算法允许某些临时变量在基本块外引用时，则假定这些临时变量被认为是活跃的。

下面介绍对变量待用信息的计算方法。在变量的符号表的记录项中设定了待用信息和活跃信息的栏目，其算法步骤如下：

（1）对各基本块的符号表中的"待用信息"栏和"活跃信息"栏置初值，即把"待用信息"栏置"非待用"，对"活跃信息"栏按在基本块出口处是否为活跃而置成"活跃"或"非活跃"。这里假定外部变量都是活跃的，临时变量都是非活跃的。

（2）从基本块出口到基本块入口由后向前依次处理每个四元式。对编号为 i 的四元式：$A := B$ op C；依次执行下述步骤：

① 把符号表中变量 A 的待用信息和活跃信息附加到四元式 i 上。

② 把符号表中变量 A 的待用信息栏和活跃信息栏分别置为"非待用"和"非活跃"。由于在 i 中对 A 的定值只能在 i 以后的四元式才能引用，因而对 i 以前的四元式来说，A 是不活跃也不可能是待用的。

③ 把符号表中 B 和 C 的待用信息和活跃信息附加到四元式 i 上。

④ 把符号表中 B 和 C 的待用信息栏置为"i"，活跃信息栏置为"活跃"。

注意：以上①和②、③和④的次序不能颠倒。

例 9.7 若用 A、B、C、D 表示变量，用 T、U、V 表示中间变量，有四元式如下：

（1）$T := A-B$；

（2）$U := A-C$；

（3）$V := T+U$；

（4）$D := V+U$；

其名字表中的待用信息和活跃信息如表 9-2，用'F'表示"非待用"或"非活跃"，用'L'表示"活跃"，（1）、（2）、（3）、（4）表示四元式序号。

表 9-2　待用信息和活跃信息表

变量	待用信息					活跃信息				
	初值	待用信息链				初值	活跃信息链			
A	F			(2)	(1)	L			L	L
B	F				(1)	L				L
C	F			(2)		L			L	
D	F	F				F				
T	F		(3)		F	F		L		F
U	F	(4)	(3)	F		F	L	L	F	
V	F	(4)	F			F	L	F		

表 9-2 中"待用信息链"与"活跃信息链"的每列，从左至右为每当从后向前扫描一个四元式时相应变量的信息变化情况，空白处为"没变化"。

待用信息和活跃信息在四元式上的标记如下所示：

（1）$T^{(3)\mathrm{L}} := A^{(2)\mathrm{L}} - B^{\mathrm{FL}}$；

（2）$U^{(3)\mathrm{L}} := A^{\mathrm{FL}} - C^{\mathrm{FL}}$；

（3）$V^{(4)\mathrm{L}} := T^{\mathrm{FF}} + U^{(4)\mathrm{L}}$；

（4）$D^{\mathrm{FL}} := V^{\mathrm{FF}} + U^{\mathrm{FF}}$。

9.3.3　代码生成算法

为了在代码生成中能有效地分配寄存器，还需随时掌握各寄存器的使用情况。用一个数组 RVALUE 来描述每个寄存器当前的状态：是处于空闲状态还是被某个或某几个变量占用；用寄存器 R_i 的编号值作为数组 RVALUE 的下标，其数组元素值为变量名（当变量被复写时，则一个寄存器的值可表示多个变量的值）；用数组 AVALUE[M] 表示变量的存放情况，因此一个变量的值可能存放在寄存器中或存放在内存中，也可能既在寄存器中又在内存中。综上所述，相应的表示为：

RVALUE$[R_i] = \{A, C\}$ 表示 R_i 的现行值是变量 A、C 的值。

AVALUE$[A] = \{A\}$ 表示 A 的值在内存中。

AVALUE$[A] = \{R_i, A\}$ 表示 A 的值在寄存器 R_i 中又在内存中。

AVALUE$[A]$ = $\{R_i\}$ 表示 A 的值在寄存器 R_i 中。

有了上述对寄存器和内存地址的描述,可给出寄存器分配和代码生成的具体算法为:设 GETREG 是一个函数过程,它的参数是一个形如 $i: A := B\ op\ C$ 的四元式,每次调用 GETREG $(i: A := B\ op\ C)$ 则返回一个寄存器 R,用以存放 A 的结果值。对如何给出寄存器 R,要用到四元式 i 上的待用信息,以使寄存器分配合理,对每个四元式的代码生成都要调用函数 GETREG。GETREG 分配寄存器的算法为:

(1)如果 B 的现行值在某寄存器 R_i 中,且该寄存器只包含 B 的值,或者 B 与 A 是同一标识符,或 B 在该四元式后不会再被引用,则可选取 R_i 为所需的寄存器 R,并转(4)。

(2)如果有尚未分配的寄存器,则从中选用一个 R_i 为所需的寄存器 R,并转(4)。

(3)从已分配的寄存器中选取一个 R_i 作为所需寄存器 R,其选择原则为:占用该寄存器的变量值同时在主存中,或在基本块中引用的位置最远,这样对寄存器 R_i 所含的变量和变量在主存中的情况必须先进行如下调整:即对 RVALUE$[R_i]$ 中的每一变量 M,如果 M 不是 A 且 AVALUE$[M]$ 不包含 M,则需完成以下处理。

①生成目标代码 ST R_i, M;即把不是 A 的变量值由 R_i 中送入内存中。

②如果 M 不是 B,则令 AVALUE$[M]$ = $\{M\}$,否则,令 AVALUE$[M]$ = $\{M, R_i\}$。

③删除 RVALUE$[R_i]$ 中的 M。

(4)给出 R,返回。

这样,一旦得到了一个为四元式运算的操作寄存器 R,就可以进行代码生成,而当目标代码生成完成后,则又需修改寄存器的使用信息和地址描述信息。可用图 9-13 和图 9-14 给出算法的流程图。

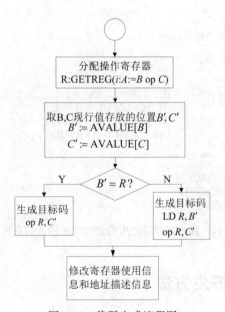

图 9-13 代码生成流程图

需要说明的是,在图 9-14 中"$B'=R_i$?"和"$C'=R_i$?"是为确定 B 和 C 是否占有寄存器 R_i ($i=0,\cdots,n$)。若占有并在四元式 i 后又不是活跃的,则可释放寄存器 R_i。

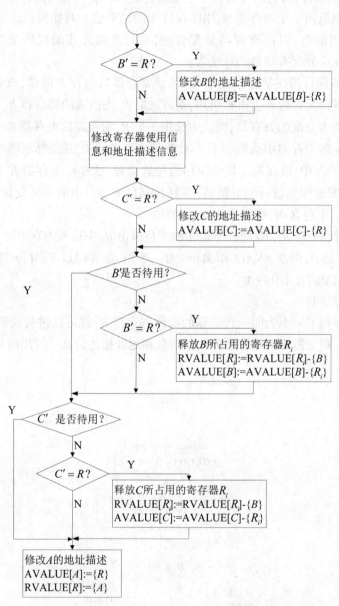

图 9-14　修改寄存器使用信息和地址描述信息流程图

9.4　代码生成程序开发方法

代码生成部分与目标计算机硬件的结构紧密相关,这导致了代码生成的可移植性及自动生成算法的研究,无论在理论上还是在实践上都相当困难。目前常用的代码生成程序的开发方法有三种,分别说明如下。

9.4.1 解释性代码生成法

解释性代码生成方法是建立一个代码生成专用语言,用这种语言以宏定义、子程序等形式描述代码生成过程。通过这些宏定义和子程序把中间语言解释为目标代码。这种方法使机器描述与代码生成算法结合在一起,与机器的联系直接反映在算法中。机器描述是通过过程的形式提供的,如采用把源程序映像成两地址代码序列的方法进行代码生成过程中,对加法的代码生成算法如下:

macro ADD x,y

if type of x = integer and type of y = integer

then IADD x,y

else if type of x = float and type of y = float

then FADD x,y

else error

其中含有对 IADD 与 FADD 的宏调用,以生成目标机上的整数和浮点数加法指令,如对 IBM360 机,IADD 可写为:

macro IADD a,b

from a in R_1, b in R_2

emit ($AR\ a,b$) result in R_1

from a in R, b in M

emit ($A\ a,b$) result in R

from a in M, b in R

emit ($A\ b,a$) result in R

在上例中宏 ADD 包含着实际的代码生成算法,IADD 和 FADD 的任务是发射机器指令,相对来说 ADD 较独立于机器,而 IADD 与 FADD 才是真正与机器相关的。因此当把一个编译程序移植到一台新机器上的时候,IADD 与 FADD 必须重写,而 ADD 却可保持不变。

这种算法的局限性在于:

(1)由于目标机的多样性、寻址方式、指令的差异等,给中间代码的设计带来困难;

(2)代码生成语言与机器密切相关,可移植性受到限制;

(3)目标机的描述与代码生成算法混在一起,当描述改变时,势必引起算法的改变;

(4)需进行指令的选择、指令的排序等低层次的繁琐工作,产生的目标代码质量依赖于设计者的经验和能力;

(5)代码生成的视野有限,虽可进行一定范围的优化,但对协调上下文有关的优化较困难。

9.4.2 模式匹配代码生成法

模式匹配代码生成方法是把对机器的描述与代码生成的算法分开。而对在解释性代码生成方法中,所需做的较繁重的具体情况分析的解释工作用模式匹配来代替。也就是说,建立一个代码生成用的机器描述语言,用以形式地描述目标机的资源、指令及其语义等有关信息。代码生成程序根据这些信息,自动地把中间语言程序翻译成目标机的汇编语言或机器代码。但在这种方法中,需通过形式描述的模式如实地反映机器的特性,这并不是一件容易的事,而且进行模式匹配时耗费时间很长,其目标代码的质量也不太理想。

9.4.3 表驱动代码生成法

表驱动代码生成方法,实质上是模式匹配代码生成方法的更进一步自动化,它是模仿从语法描述构造表和表驱动的一种语法分析方法。首先,把对目标机的形式化描述进行预加工转换成代码生成表;然后,用表驱动的代码生成程序,来驱动代码生成表;最后,把中间语言的内部表示翻译成目标机的汇编代码。也就是说,它是用一个代码生成程序的生成器自动地构造一个代码生成程序。这种表驱动代码生成方法的好处是:容易使用和修改,并且能较容易地为不同的计算机构造适合于它们自己的代码生成程序,这样将能增强编译程序的可移植性和灵活性,但是它所生成的目标代码的质量将依赖于机器描述的完善程度。最好的方法是用形式化的方法完善地描述一台计算机,但这并不是一件容易的事,因而这种方法有待进一步改进和完善。

比较上述 3 种代码生成自动化的方法:解释性代码生成法比较容易达到目标代码质量的要求,代码生成算法有效,但可移植性方面较其余两种方法欠缺;模式匹配代码生成法可达到较好的可移植性,但要生成高质量的目标代码以及高效率的算法,则较前者困难;表驱动代码生成法能达到很好的可移植性,它实际上是代码生成程序的生成程序,真正实现了代码生成自动化。但这种方法尚不够成熟,是人们目前研究追求的目标。

习   题

1.什么是代码优化?最常用的代码优化技术有哪些?

2. 编译过程中可进行的优化如何分类?

3.一个编译程序的代码生成要着重考虑哪些问题?

4. 将如下三地址代码序列划分为基本块并做出流程图。

(1)$i := m-1$ (2)$j := n$

(3)$t_1 := 4 * n$ (4)$v := d[t_1]$

(5)$i := i+1$ (6)$t_2 := 4 * i$

(7)$t_3 := a[t_2]$ (8)$if\ t_3 < v\ goto(5)$

(9)$j := j-1$ (10)$t_4 := 4 * j$

(11)$t_5 := a[t_4]$ (12)$if\ t_5 > v\ goto(9)$

(13)$if\ i \geq j\ goto(23)$ (14)$t_6 := 4 * i$

(15)$x := a[t_6]$ (16)$t_7 := 4 * i$

(17)$t_8 := 4 * j$ (18)$t_9 := a[t_8]$

(19)$a[t_7] := t_9$ (20)$t_{10} := 4 * j$

(21)$a[t_{10}] := x$ (22)$goto(5)$

$(23)\, t_{11} := 4 * i$　　　　$(24)\, x := a[t_{11}]$

$(25)\, t_{12} := 4 * i$　　　　$(26)\, t_{13} := 4 * n$

$(27)\, t_{14} := a[t_{13}]$　　　$(28)\, a[t_{12}] := t_{14}$

$(29)\, t_{15} := 4 * n$　　　　$(30)\, a[t_{15}] := x$

5. 给定如下基本块：

$A := B * C$

$D := B / C$

$E := A + D$

$F := 2 * E$

$G := B * C$

$H := G * G$

$F := H * G$

$L := F$

$M := L$

试利用 DAG 对其进行优化,并就以下两种情况分别写出优化后的四元式序列：

①假设只有 G、L、M 在该基本块后面还要被引用；

②假设只有 L 在该基本块后面还要被引用。

第10章 符号表与运行时存储

本章导言

　　符号表是编译程序用到的最重要的数据结构之一,几乎在编译过程的每个阶段每一遍都要涉及符号表。本章将简介符号表在编译过程中的作用、内容、组织方式及相关操作。

　　目标程序在目标机器环境中运行,将被置身于自己的一个运行时存储空间。通常在有操作系统的情况下,目标程序将在自己的逻辑地址空间内存储和运行。这样,编译程序在生成目标代码时应该明确目标程序的各类对象在逻辑地址空间内容是如何存储的,以及目标代码运行时如何使用和支配自己的逻辑存储空间的。本章将讨论一些典型的运行时存储组织相关问题,包括目标程序运行时存储空间的典型布局、常见运行时存储分配策略、栈式存储分配的函数/过程活动记录以及函数/过程调用时的参数传递方式。

10.1　符号表作用及内容

10.1.1　符号表作用

　　在编译程序中,符号表用来存放源程序中出现的有关标识符的属性信息,这些信息集中反映了标识符的语义特征属性。在词法与语法的分析过程中不断积累和更新表中的信息,并在词法分析到代码生成的各阶段,按各自的需要从表中获取不同的属性信息。不论编译策略是否分遍(趟),符号表的作用和地位是完全一样的。

　　对于编译程序,符号表的主要作用有收集符号属性、作为上下文语义合法性检查的依据、作为目标代码生成阶段地址分配的依据。

　　(1)收集符号属性

　　符号表创建后便开始收集符号(标识符)的属性信息,编译程序扫描源程序说明部分收集有关标识符的属性,并在符号表中建立符号的相应属性信息。例如,编译程序分析到下述两个说明语句:

　　int i;

　　float b[6];

　　则在符号表中收集到关于符号 i 的属性是一个整型变量,关于符号 b 的属性是具有 6 个单精度浮点型元素的一维数组。

　　(2)上下文语义合法性检查的依据

　　同一个标识符可能在源程序的不同地方出现,而有关该符号的属性是在这些不同情况下收集的。特别是在多遍编译及程序分段编译(在 Pascal 和 C 中以文件为单位)的情况下,更需检查标识符属性在上下文中的一致性和合法性。

通过符号表中属性记录可进行相应上下文的语义检查,例如在一个 C 源程序中出现:

　　…
　　int i[3,5];　　//定义整型数组 i
　　…
　　float i[4,2];　　//定义单精度浮点型数组 i,重定义冲突
　　…
　　int i[3,5];//定义整型数组 i,重定义冲突
　　…

编译过程首先在符号表中记录了标识符 i 的属性是 15 个整型元素的数组,而后,当分析第二、第三这两个定义说明时,编译程序检查符号表,发现标识符 i 的重定义冲突错误。从本例中还可以看出,不论在后两句中 i 的其他属性与前一句是否完全相同,只要标识符名重定义,就将产生重定义冲突的语义错误。

(3)目标代码生成阶段地址分配的依据

在目标代码生成时,每个符号变量需要确定其在存储分配时的位置(主要是相对位置)。语言源程序中的符号变量由它被定义的存储类别(如在 C、FORTRAN 语言中)或被定义的位置(如分程序结构)来确定。首先要确定其被分配的区域,例如,在 C 语言中首先要确定该符号变量是分配在公共区(extern)、文件静态区(extern static)、函数静态区(函数中 static)、还是函数运行时的动态区(auto)等;其次要根据变量出现的次序,(一般来说)决定该变量在某个区中所处的具体位置,这通常使用在该区域中相对区头的相对位置确定。有关区域的标志及相对位置,都是作为该变量的语义信息被收集在该变量的符号表属性中的。

10.1.2　符号表内容

符号表里存储的主要是单词符号及其属性,单词符号主要是为关键字(保留字)、运算符及标识符,它们之间的主要属性有较大差别,因此通常为它们建立不同的符号表,但有些编译程序也将关键字符号与标识符符号建立在同一符号表中。不同的语言定义的标识符属性不尽相同,但符号名、符号类型、符号存储类别、符号作用域与可见性、符号存储分配信息、符号其他属性等几种属性通常都是需要的。

(1)符号名

语言中的一个标识符可以是一个变量名称、函数名称或过程名称。每个标识符通常由若干个字符(非空格字符)组成的字符串来表达。符号表中设置一个符号名域,存放该标识符,该域通常就是符号表的关键字域。在符号表中,通常符号名是一个变量、函数或过程的唯一标志,也是表项之间的唯一区别,一般不允许重名。因而,符号名与它在符号表中的位置就可以建立起一一对应关系,一般可以用一个符号在表中的位置(通常是一个整数)来替换该符号名,通常把一个标识符在符号表中的位置的整数值称为该标识符的内部代码。在经过分析处理的语言源程序中,标识符不再是一个字符串而是一个整数值,这不但便于识别比较,而且缩短了表达的长度。

根据语言的定义,对于程序中出现的重名标识符定义,将按照该标识符在程序中的作用域与可见性规则进行相应的处理。而在符号表运行过程中,表中的标识符名始终是唯一标志。在一些允许操作重载的语言中,函数名、过程名是可以重名的,对于这类重载的标识符要通过它们的参数个数、类型以及函数返回值类型来区别,以达到它们在符号表中的唯一性。

(2)符号类型

标识符中,除了过程标识符,函数和变量标识符都具有数据类型属性。函数数据类型指的是该函数返回值的数据类型。基本数据类型一般有整型、实型、字符型、逻辑型(布尔型)等,符号类型属性可以在源程序中该符号的定义中得到。变量符号的类型属性,决定了该变量的数据在存储空间的存储格式,还决定了在该变量上可以施加的运算操作。

(3)符号存储类别

大多数语言对变量的存储类别定义采用两种方式,一种是用关键字指定,例如在 C 语言中,用 static 定义静态存储变量,用 register 定义寄存器存储变量;另一种方式是根据变量在源程序中的定义位置来决定,例如在 C 语言中,在函数体外缺省存储程序的公共变量,而在函数体内缺省存储函数内部变量,即属于该函数所独有的私有变量。符号表中设置一个符号存储类别域,用于存放该符号的存储类别。符号存储类别是编译过程语义处理、检查和存储分配的重要依据,还决定了符号变量的作用域、可见性和它的生命周期等。

(4)符号的作用域与可见性

一个符号变量在程序中起作用的范围,称为它的作用域。一般来说,符号的定义位置和存储类别的关键字决定了该符号的作用域。C 语言中一个外部变量的作用域是整个程序,因此一个外部变量符号的定义在整个程序中只能出现一次,同名变量的说明可以出现多次,有时为了使用和编译的方便。C 语言中,在函数外定义的静态变量,其作用域是定义该静态变量的文件,而在函数内部定义的静态变量,其作用域仅仅是该变量定义所在的函数或过程。与局部量不同的是,这些内部静态量在其作用域之外,仍然保持存在。

一般来说,一个变量的作用域就是该变量可以出现的场合,也就是说,在某个变量作用域范围内该变量是可引用的,这就是变量可见性的作用域规则。但是变量可见性不仅仅取决于它的作用域,还有两种情况影响到一个变量的可见性。

①函数的形式参数

```
float a;          //外部定义的单精度浮点型变量 a
int func(int a, int b)
{
…
b=a++;      //引用的是函数形式参数,即局部整型变量 a
…

}
```

其中"int a"与"float a"重名,而函数体都是它们的作用域,但在函数中可看到的 a 是"int a",看不到"float a"。通常函数的形式参数是作为函数的内部变量处理的,函数的形式参数可以和该函数外层定义的变量(包括外部变量)重名,这时两个重名的变量其类型定义可以是完全不同的,而该函数同时都是这两个变量的作用域。

②分程序(或语句块)结构

```
…
    {
        int a;        //第一层定义的局部整型变量 a
    …
        {
            char a;        //第二层定义的局部字符型变量 a
        …
            {
                float a;        //第三层定义的局部浮点变量 a
            …
            }
            …a…    //引用第二层定义的局部字符型变量 a

        }
    }
```

上述代码段所引用的 a,既不是第三层的"float a",也不是第一层"int a",而是第二层的"char a"。

为确定符号的作用域和可见性,符号表属性中除了需要符号存储类别外,还需要表示该符号在程序结构上被定义的层次。符号表中设置一个表达符号所在层次的属性域,存放该符号的定义层次。无论是作为函数形参的定义也好,还是作为分程序中的局部定义也好,都可统一用定义层次来区分。一般来说,若把外部变量视为 0 层的话,则函数内部作为第 1 层,依次向内嵌套定义的分程序分别为第 2 层、第 3 层、…、第 n 层。在 C 语言源程序中,函数之间是并列定义的,因此每个函数内部都定义为第一层,而函数内的分程序也可以是并列定义的,对于并列定义的分程序具有相同的层次号。

(5)符号变量存储分配信息

根据符号变量的存储类别及其出现的位置与次序来确定每一个变量应分配的存储区及在该区中的具体位置,用相对区头的位移量表示。

(6)符号其他属性

符号表中表达标识符属性的信息有时还包括数组内情向量、记录结构型成员、函数与过程的形参。

①数组内情向量

编译程序会把描述数组属性信息的内情向量登录到符号表中,内情向量包括数组类型、维数、各维的上下界及数组首地址,在存储分配时,这些属性信息是确定数组所占空间大小和数组元素位置的依据。

②记录结构型成员

对于一个记录结构型变量,符号表需要登录全体组成成员及其成员排列次序;在存储分

189

配时,这两种信息用来确定该记录结构型变量所占空间大小及其成员的位置。

③函数与过程形参

函数与过程的形参作为该函数或过程的局部变量,也是该函数与过程对外的接口。每个函数与过程的形参个数、形参的排列次序及每个形参的类型,都体现了调用该函数与过程时的属性,它们都需要登录到符号表中该函数与过程标识符的项中。函数与过程的形参属性信息用来作调用过程的匹配处理和语义检查。

10.2 符号表组织与操作

10.2.1 符号表组织

在程序编译的整个过程中,符号表是连贯上下文进行语义检查、语义处理、生成代码及存储分配的主要依据,因此,符号表的组织直接关系到这些语义功能的实现和语义处理的时空效率。

(1)符号表的总体组织

语言中不同种类的符号,它们的属性信息种类不完全相同,而不同的程度也不一样,如语言关键字(保留字)的属性与变量符号属性信息相差太大,而变量符号的属性信息与函数或过程的属性也有相当大的差别,但对于像不同变量之间(如简单变量、数组、记录结构之间)的属性信息差别相对就小一些。因此一个编译程序对符号表的总体组织可有三种方式供选择。

第一种方式是把属性种类完全相同的那些符号组织在一起,从而构造出表项为等长的多个符号表。这样组织的最大优点是每个符号表的属性个数和结构完全相同;这样使每个表项等长并且表项的每个属性栏都是有效的,对于单个符号表示来说,管理方便一致,空间效率高。但这样组织的主要缺点是一个编译程序将同时管理若干个符号表,增加了总体管理的工作量和复杂度;而且对各类符号共同属性的管理必须设置重复的运行机制,使得符号表的管理显得臃肿。

第二种方式是把所有语言中的符号都组织在一张符号表中。这种组织方式的最大优点是,总体管理非常集中单一并且一致地管理与处理不同种类符号的共同属性。这种组织方式的最大缺点是,由于属性的不同,为完整表达各类符号的全部属性,必将出现不等长的表项和表项中属性位置的交错重叠,这就极大地增加了符号表管理的复杂度。为使表项等长且实现属性位置的唯一性,可以把所有符号的可能属性作为符号表项属性。

第三种方式根据符号属性相似程度分类组织成若干张表,每张表中记录的符号都有比较多的相同属性。这种组织方式对管理复杂性和效率的取舍,可由设计者根据经验、目标系统客观环境、目标系统需求来进行选择和调整。

第一种组织方式符号表分得太散,在符号表的管理和运行方面,增加了很多工作量,在实际的语言编译程序中很少采用这种组织方式。第二种组织方式使符号完全集中,对符号表的管理也集中,但是对属性值相差很大的符号组织在一张表中时,必然在表结构及相应表处理方面增加了复杂度,在实际的语言编译程序中亦很少采用这种组织方式。因而,大多数编译系统采用的是第三种组织方式,该方式为前两种组织方式的折中,在管理复杂性及时空效率方面都可取得折中的效果。

(2)符号表项的组织方式

具体的有关表项的组织方式主要有线性表、有序表和散列表三种。

①线性表

符号表中表项是按符号被扫描到的先后顺序登录的。这种组织方式管理简单但运行效率低,特别当表项数目较大后效率就非常低。因为它没有空白项,因此存储空间效率高,但对于符号个数不确定的情况下,无法事先确定该符号表的总长度。对于事先能确定符号个数且符号个数不大(一般小于20)时采用线性表组织是非常合适的。

②有序表

语言中的每个符号在机器内都是由字符串来表示。有序表就是把符号表中的表项按其对应字符串(可以看成一个整数值)的值按序排列。有序表的空间组织和存储开销与线性表基本相同,但有序表的运行效率要比线性表高。有序表有很多变体结构方式,如二叉排序树等,在编译程序中可根据空间开销和运行效率等要求作适当的选取。

③散列表

一个符号在散列表中的位置,是由对该符号字符串进行某种函数操作(通常称为"杂凑函数")所得到的函数值来确定的。符号表的散列组织相对来说具有较高的运行效率,因而绝大多数编译程序中的符号表采用散列组织。

为了提高效率降低算法复杂度,通常杂凑函数采用整数操作。目前编译程序中,一般采用对符号字符串代码的位操作作为杂凑函数,最常用的是符号字符串代码的字符段叠加、加权叠加、对折、多折等位操作。

(3)关键字域的组织

符号表的关键字域就是符号本身,它可以是语言的保留字、操作符或标识符(包括变量名、函数名、过程名、记录结构名等)。保留字及操作符的名字定义,一般有唯一确定的拼写方法(并不排除某些缩写方式)。而对于标识符来说,通常只是规定了最大字符个数,甚至可以是任意个数(当然字母开头是必要的),但同时规定了涉及外部有关接口(文件名、函数名等)的外部区分规则及编译程序内部区分规则。例如在 C 语言的 ANSI 标准中规定了外部名必须至少能由前 6 个字符唯一地区分,并规定了内部名必须至少能由前 31 个字符唯一地区分。规定外部规则的目的是考虑到与操作系统、汇编程序及其他需要联系的系统之间的匹配,而规定内部规则的目的是考虑到编译程序本身对标识符的识别和区分。

编译程序中标识符的内部规则是符号表关键字组织的基础和依据。用户程序中的标识符,考虑用户的习惯和程序的可读性,标识符的长度是从 1 到内部规则规定长度之间任意字符个数。为使得符号表中存放标识符的关键字段等长,可设置关键字段为标识符的最大长度,比如上述 C 语言的关键字段长度可以是 32 个。

由于程序中的标识符长短不一,可能有时差别很大,用等长结构就会产生溢出或冗余。如果既保证关键字段的等长,又要减少甚至消除冗余,可采用关键字池的索引结构。关键字池可以是一个字符数组,也可以是一个字符串空间。如果关键字池是字符数组时,符号表中关键字段可以是一个整型数值段,整型值表示该关键字在池中位置的下标。若关键字是一个字符串,则符号表中关键字段可以是一个指向字符的指针,指针指向该关键字在池中的位置。

10.2.2 符号表操作

在编译程序过程中,符号表所起的作用反映了符号表的行为特征。符号表的行为通常主要是指符号表初始化、符号登录和符号查找。

(1)符号表初始化

符号表的初始化,就是在对源程序开始编译的时刻,定义建立符号表的初始状态。在编译过程中某个时刻,符号表的状态反映了该时刻被编译的语言程序正被编译的位置的状态,具体来说,主要是反映了在该时刻语言程序中可见标识符的状态。符号表的不同组织方法要求不同的初始化方法。编译开始时,符号表的状态应该没有任何可见标识符的状态。反映这种状态的方式通常有以下两种情况:

① 符号表的表长是渐增变化的情况

对于线性表和有序表组织方式的符号表,其表的长度在编译开始时通常为 0,而随着符号的逐步登录,表长增长。按这类方法组织的符号表其初始化方法只需将表尾推向表头即可。

② 符号表的表长是确定的情况

对于散列表方式组织的符号表,其表长通常是确定的,这时的表长并不反映已登录的表项个数,是否已有表项登录取决于该符号表中是否存在已有表项值的表项。对这类符号表的初始化方法需要将表中全部表项值清除。由于通常表示表项值的关键因素是登录标识符的符号栏,也可能是指向符号的指针,因此,在清除表项值时实际上可仅清除符号栏。

(2)符号登录

登录符号到符号表中,首先要确定登录的位置。但对于线性表和有序表组织的符号表,首先要在符号表中创立一个新的表项,通常该表的尾指针指向的表项是作为新创建的表项,而尾指针推向下一个备用表项。对于按线性表组织的符号表,该新创建的表项就是登录符号的表项。

对于按有序表组织的符号表,在创建了新的表项后,根据登录符号在符号表中按词典排序所确定的位置,把该位置以后的所有原表项下移一个表项的位置,然后在选定位置登录新符号。对于按散列表组织的符号表,新符号的登录是通过杂凑算法决定登录表项的位置。

一个符号表项的登录最基本的是该符号的名字登录,除此之外还有关于该名字的属性的登录,名字属性大多取决于编译程序获得某个符号时编译所处的程序扫描点的状态。

大多符号属性在扫描到该符号时就已具备,并可立即登录之外,还有些符号的属性需要在以后的语法分析过程中逐步获得并登录。例如,常量定义要在定义的常数表达式计算完成后,才能把其值填入该常量符号项的属性中;记录结构型变量的值域尺寸、各种属性链的指针,都是在编译过程中逐步登录的。

(3)符号表查找

每当编译程序从语言源程序获得一个符号,首先要确定该符号的类别,根据类别分别在相应的符号表中进行查找。通常先在保留字表和运算符表中查找该符号是否保留字或运算符,若是,则相应地把该符号转换为保留字或运算符的内部代码;若不是,则再在标识符表中进行查找,若在标识符表中查到同名符号,则表示该符号已在符号表中登录,若查不到,则表示该符号是一个新的需要登录的符号。

查找符号表的目的是建立或确认该符号的语义属性,对查到的符号来说,可获得该符号已登录的语义属性,从而进行语义上下文的检查,并在有些情况下登录该符号的新属性内容;对没查到的符号,则进行符号及其属性的登录。

10.3 运行时存储管理

从逻辑上看,在代码生成前,编译程序必须进行目标程序运行环境的配置和数据空间的分配。一般来讲,假如编译程序从操作系统中得到一块存储区以供目标程序运行,该存储区需容纳生成的目标代码以及目标代码运行时的数据对象。数据对象包括用户定义的各种类型的数据对象(变量和常数等)、作为保留中间结果与传递参数的临时数据对象以及调用过程时所需的连接信息。

10.3.1 运行时存储空间

运行时的存储区一般划分成代码区、静态数据区和动态数据区,图 10-1 为运行时存储布局的典型实例。

图 10-1 运行时存储空间布局实例

代码区用以存放目标代码,目标代码所占用空间的大小在编译时就能确定,是固定长度的。有些数据对象所占用的空间能在编译时确定,可以编译生成在目标代码中,其占用的存储空间为静态数据区。动态数据区存储的数据对象具有可变与待分配性质,无法在编译时确定存储空间的位置;动态数据区包括运行时动态变化的堆区和栈区,除了存储可变数据外,还需容纳用于管理过程活动的控制信息。

数据对象在目标机器中通常是以字节(Byte)为单位分配存储空间。对于基本数据类型而言,可以设定字符类型(char)数据对象为 1 个字节,整数类型(int)为 4 个字节,单精度浮点类型(float)为 8 个字节,布尔类型(boolean)为 1 个字节。对于指针类型的数据对象,通常分配 1 个单位字长的空间,比如 32 位(bit)目标机器上 1 个单位为 4 个字节。对于复合数据类型的数据对象,通常根据它们的组成部分依次分配存储空间,数组类型数据对象一般分配一块连续的存储空间,对于多维数组,可以按行或列进行存放;对于记录结构类型数据对象,通常以各个数据成员为单位依次分配存储空间;对于类类型数据对象,属性数据像记录结构类型的数据成员一样存放在一块连续的存储区,而方法则存放在其所属类的代码区。

所谓数据空间的分配,本质上是将程序中的每个名字与一个存储位置关联起来,该存储位置用以容纳该名字的值。编译程序在分配目标程序运行时的数据空间时,其基本依据是设计该程序语言时对程序运行中存储空间的使用与管理规定。即便有些名字在程序中只声明了一次,但该名字可能对应运行时不同的存储位置,比如,一个递归调用的过程,在执行时,其同一个局部名字应该对应不同的运行空间位置,以容纳每次执行时的值。

程序运行时的存储分配与存储空间布局,除受源语言的结构特点、数据类型、名字作用域规则等因素影响外,与目标机器的体系结构和操作系统也密切相关。

由图 10-1 可知,数据区分为静态数据区(全局数据区)和动态数据区,后者又分为堆区和栈区,因而,常用数据空间分配策略主要有静态存储分配、栈式存储分配和堆式存储分配三种,后两种又称为“动态存储分配”,因为这两种方式中存储空间并不是在编译阶段静态分配好的,而是在运行时才进行的。

10.3.2　静态存储分配

静态存储分配非常简单,在编译阶段安排好目标程序运行时的数据空间,确定数据对象的存储位置。早期的 FORTRAN 和 COBOL 语言,其存储分配是完全静态的,程序的数据对象与其存储空间的绑定(关联关系)是在编译阶段进行的,因而,也称这类语言为静态语言。

像 FORTRAN 语言,其程序是段结构的,即由主程序段和若干子程序段组成。除公共块和等价语句说明的名字以外,各程序段中定义的名字一般是彼此独立的,也就是说各段的数据对象名的作用域在各段中,同一个名字在不同的程序段表示不同的存储单元,不会在不同段间互相引用与赋值。另外,它的每个数据名所需的存储空间大小都是常量,即不许包含像可变数组一样的可变的数据对象,并且所有数据名的性质是完全确定的。这样,整个程序所需数据空间的总量在编译时完全确定,从而每个数据名的地址就可静态进行分配。换句话说,一旦存储空间的某个位置分配给了某个数据名,存储地址和数据名就建立了关联关系,在目标程序的整个运行过程中,此存储地址就属于该数据名了。

静态存储分配虽然非常简单,但要求在编译阶段就可以确定数据对象的大小,同时还需要确定数据对象的数目。另外,采用静态存储分配也会带来存储空间的浪费,而完全静态分配的语言无法支持递归结构。因而,多数语言只实施部分静态存储分配。可静态存储分配的数据对象,包括大小固定且程序执行期间可全程访问的全局变量、静态变量、常量以及类的虚函数表,如 C 语言中的 static 变量、extern 变量,C++语言中的 static 变量。

10.3.3　栈式存储分配

这种分配策略将整个程序的数据空间设计为一个栈。在具有递归结构的语言程序中,每当调用一个函数/过程时,它所需的数据空间就分配在栈顶,每当函数/过程工作结束时,就释放这部分空间。函数/过程所需的数据空间包括两部分:一部分是生存期在本函数/过程这次活动中的数据对象,如局部变量、参数单元、临时变量等;另一部分则是用以管理函数/过程活动的记录信息。当一次函数/过程调用出现时,调用该函数/过程的那个函数/过程的活动即被中断,当前机器的状态信息,诸如程序计数器(返回地址)、寄存器的值等,也都必须保留在栈中。当从调用返回时,便根据栈中记录的信息恢复机器状态,使该函数/过程的活动继续进行。

栈式存储分配策略适用于 Pascal、C、Algol 之类具有递归结构的语言的实现。与静态存储分配不同,栈式存储分配是动态的,也就是说必须在运行时才能确定数据对象的存储分配情况。对于如下计算阶乘的 C 语言代码片段:

```
int fac( int n)
{
    int temp;
    if ( n<=1)
        return 1;
    else
    {
        temp=n-1;
        temp=n * fac( temp);
        return temp;
    }
}
```

随着 n 的不同,这个函数运行时所需要的内存大小是不同的,而且每次递归调用时 temp 变量对应的内存单元也都不同。

在函数/过程的实现中,参与栈式存储分配的存储单元被称为活动记录。程序运行过程中,每当进入一个函数/过程,就在栈顶为该函数/过程分配存放活动记录的数据空间;当一个函数/过程返回时,它在栈顶的活动记录数据空间也随即释放。

在编译阶段,函数、过程以及嵌套程序块的活动记录大小应该是可以确定的,这是使用栈式存储分配的必要条件,如果不满足,则需要使用堆式存储分配。

10.3.4 堆式存储分配

当数据对象的生存期同创建它的函数/过程的执行期无关时,比如某个数据对象可能在某函数/过程结束后仍然存在,则这个数据对象就不适合采用栈式存储分配;或者存储空间的使用不服从"先申请后释放,后申请先释放"原则时,比较合适的存储分配策略为堆式存储分配。堆式存储分配允许程序语言自由地申请数据空间和退还数据空间,一般情况下,分配和释放数据对象存储空间的操作是语言程序向操作系统提出申请来实现的,这样要占用一定的时间。

堆式存储分配对存储空间的分配和释放操作可以是显示的,也可以是隐式的。前一种方式由程序员语言程序的存储空间管理,可借助于并不长须和运行时环境所提供的默认存储管理机制;后一种方式则不需要程序员负责,由编译程序和运行时环境自动完成。

某些程序设计语言只申请不释放堆式存储空间,待存储空间耗尽时停止,这种方式简单、开销小,但不够实用。某些程序设计语言支持隐式堆式存储分配,例如 Java 语言的堆式存储空间的释放是由垃圾回收程序自动完成的;采用这种方式,程序员不必考虑存储空间的释放,可以借助垃圾回收机制实现,但对存储管理机制要求高,需要堆区存储空间管理程序具有垃圾回收的能力。

某些程序设计语言提供了显式的堆式存储空间分配和释放语句,比如:①Pascal 语言的 new 分配和 depose 释放;②C 语言的 malloc 分配和 free 释放;③C++语言的 new 分配和 delete 释放。在 Pascal 语言中,标准过程 new 能够动态建立一个新活动记录,它实际上是从未使用的自由区(空闲空间)中找一个大小合适的存储空间并相应地置上指针;标准过程 dispose 则释放活动记录,new 与 dispose 不断改变着堆式存储空间的使用情况。

采用显式堆式存储空间分配与释放方式,需要程序员通过编写释放语句来主动清空无用数据空间,对程序员要求高,程序有时会出现逻辑错误,如图 10-2 所示的 Pascal 和 C++代码中的指针悬挂问题。

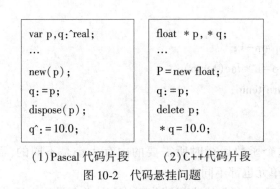

（1）Pascal 代码片段　　　（2）C++代码片段

图 10-2　代码悬挂问题

堆式存储分配可以在任意时刻以任意次序分配和释放数据对象的存储空间,因此语言程序运行一段时间后堆区存储空间可能被划分成许多块,有些被占用,有些则空闲。对于堆式存储空间的管理,需要相应的存储分配算法,当面对多个可用的空闲存储块时,根据某些优化原则选择最合适的一个分配给当前数据对象。常用的存储分配算法如下:

①最佳适应算法:选择分配后剩余空间最小的存储块;

②最先适应算法:选择最先找到的足够大的存储块;

③最坏适应算法:选择分配后剩余空间最大的存储块。

由于每次分配后,一般不会用尽空闲存储块的全部空间,而这些剩余的空间又不适于分配给其他数据对象,因而,在语言程序运行一段时间后,堆区存储空间可能会出现很多“碎片”。这时,堆区存储空间管理通常需要用到碎片整理算法,用于合并小的空间存储块。

10.4　函数/过程调用

在函数/过程调用中,如果采用栈式存储分配,则最重要的内容就是函数/过程活动记录和参数传递方式。本节以栈式存储分配的实现为例,讨论其密切相关的活动记录和参数传递。

10.4.1 活动记录

使用栈式存储分配策略,运行时每当进入一个函数/过程,就在栈顶为该过程的临时工作单元、局部变量、机器状态及返回地址等信息分配所需的数据空间,当一个过程工作完毕返回时,它在栈顶的数据空间也即释放。

以函数/过程的活动记录为例,过程的活动记录就是一段连续的存储区,用以存放过程的一次执行所需要的动态信息,图 10-3 描述了一个典型过程活动记录的结果,其中的数据信息包括参数区、局部数据区、动态数据区、临时数据区以及过程调用所需要的其他数据信息等。

| 临时变量 |
| 局部变量 |
| 机器状态 |
| 存取链 |
| 控制链 |
| 实参 |
| 返回地址 |

图 10-3　函数/过程活动记录

① 临时变量:比如计算表达式过程中需存放中间结果用的临时值单元。

② 局部变量:一个过程的局部变量。

③ 机器状态:保存该过程执行前机器的状态信息,比如程序计数器、寄存器的值,这些值都需要在控制从该过程返回时给予恢复。

④ 存取链:用以存取非局部变量,这些变量存放于其他过程的活动记录中。并不是所有语言需要该信息。

⑤ 控制链:指向调用该过程的那个过程的活动记录,这也不是所有语言都需要的。

⑥ 实参:也称形式单元,由调用过程向该被调过程提供实参的值(或地址)。当然在实际编译程序中,也常常使用机器寄存器传递实参。

⑦ 返回地址:保存该被调过程返回后的地址。

这些域的大小在编译时是已知的,如果局部变量中包含有可变数组,那么需要将内情向量置于函数/过程活动记录中。另外,有些语言的编译程序还将参数个数存放于活动记录中,以便进行参数个数的检查。

对于如下的代码片段,各个函数/过程的活动记录如图 10-4 所示。

```
void p( )
{
    …
    q( );
```

197

```
        …
    }
    void q( )
    {
        …
        q( );
        …
    }
    int main( )
    {
        …
        p( );
        …
    }
```

首先,程序从 main 函数开始执行,在运行栈上创建 main 的活动记录,接着,函数 main 调用了函数 p,在运行栈上创建 p 的活动记录,最后,函数 p 调用函数 q,又在函数 q 调用了函数 q,结果运行栈上的函数活动记录如图 10-4 所示。当然,如果某函数从它的一次执行后返回,相应的活动记录将从运行栈上撤销。

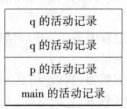

图 10-4　运行栈上的函数活动记录

活动记录中的数据通常使用相对寻址方式进行访问,也就是说,在一个基址寄存器中存放活动记录的首地址,在访问活动记录的某一项数据内容时,先计算该项数据内容相对于这个首地址的偏移量,然后只需要使用该首地址加上偏移量,就可计算出要访问的内容在内容中的逻辑地址。

对于如下的 C 语言函数,其可能的初始活动记录如图 10-5 所示。

```
void p( int a)
{
    float b;
    float c[ 10 ];
    b = c[ a ];
}
```

其中,数据对象包括实际参数 a(int 类型对象占 1 个单元)、局部变量 b(float 类型对象

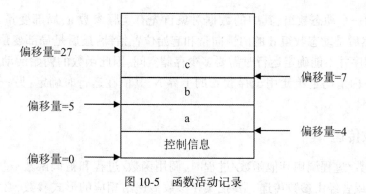

图 10-5　函数活动记录

占 2 个单元)以及数组变量 c 的各个分量(每个 float 类型分量占 2 个单元),同时假设控制信息占 4 个单元,那么数据对象 a、b 和 c 的偏移量分别为 4、5 和 7,数组 c 第 i 个分量的偏移量为"7+2i"。

对于如下包含动态数组 d 的函数,其可能的初始活动记录如图 10-6 所示。

```
static int N;
void p(int a)
{
    float b;
    float c[10];
    float d[N];
    float e;
    …
}
```

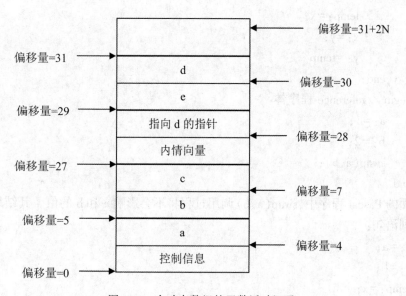

图 10-6　含动态数组的函数活动记录

199

其中,d 为一个动态数组,其中的数据对象首先有实际参数 a、局部变量 b、静态数组 c 的各个分量,然后是动态数组 d 的内情向量和起始位置指针,最后是局部变量 e。对于动态数组 d,编译程序并不能确定运行时需要多少存储空间,因此函数的初始活动记录中占用了 2 个单元,其中内情向量单元用于存放 d 的上界 N,其值在运行时确定;另一个单元存放 d 的起始位置指针。

10.4.2　参数传递

当一个函数/过程调用其他函数/过程时,调用函数/过程和被调函数/过程之间的通信经由非局部量或者经由参数传递。要把实在参数传递给相应的形式参数,必须将实参与形参建立关联。形实参关联的方法有值调用、地址(引用)调用、名字调用以及宏扩展等,也就是说,参数传递方式有传值、传地址、传名及宏扩展等,这里只介绍常用的传值和传地址。

(1)传值

传值这种参数传递方式的具体实现过程如下:

① 在被调过程的活动记录中开辟形参的存储空间,这些存储位置即是所谓的形参或形式单元。

② 调用过程计算实参的值,并将它们的右值放在为形式单元开辟的空间中。

③ 被调用过程执行时,就像使用局部变量一样使用这些形式单元。

对于如下的 Pascal 程序,采用传值方式,该程序结束时 a 和 b 的值分别为 1 和 2。

```
program reference( input, output) ;
    var a, b: integer;
    procedure swap( x, y: integer) ;
        var temp:integer;
        begin      //swap 的过程体
            temp: = x;
            x: = y;
            y: = temp
        end;
    begin //reference 程序体
        a: = 1;
        b: = 2;
        swap( a,b) ;
    end.
```

在上面的 Pascal 程序中,swap(a,b)调用过程将不会影响 a 和 b 的值。其结果等价于执行如下系列语句:

```
    x: = a;
    y: = b;
    temp: = x;
    x: = y;
```

　　　　y：= temp；

　　x、y 和 temp 局部于 swap，虽然赋值改变了局部变量 x、y 和 temp 的值，但当程序控制从该调用返回而 swap 的该活动记录释放后，这些改变即消失，这种调用方式不影响调用过程的活动记录，因而，a 和 b 的值并没有改变。

　　（2）传地址

　　对于如下的 Pascal 程序，第 3 行"var x，y：integer"表明参数传递采用传地址方式，该程序结束时 a 和 b 的值分别为 2 和 1。

```
program reference(input, output)；
    var a，b：integer；
    procedure swap(var x，y：integer)；
        var temp：integer；
        begin      //swap 的过程体
            temp：= x；
            x：= y；
            y：= temp
        end；
    begin //reference 程序体
        a：= 1；
        b：= 2；
        swap(a,b)；
    end.
```

　　当参数通过传地址方式进行传递时，调用过程传给被调过程的是指针，也就是指向实参存储位置的指针。如果实参是一个名字或是具有左值的表达式，则左值本身传递过去；如果实参是一表达式，比方 a+b 或 2，而没有左值，则表达式先求值，并存入某一位置，然后该位置的地址传递过去。被调过程中对形式参数的任何引用和赋值，都通过传递到被调过程的指针而被处理成间接访问。

习　　题

1.简述编译过程中符号表的作用。

2. 在编译过程中，符号表中的符号常见属性有哪些？

3.列举符号表中表项的常见组织方式与查找方法。

4.下面是两个 C 语言函数 f 和 g，g 调用 f。

```
int f(int x)
{
    int i;
    …
    return i+1；
```

```
    ...
}
int g(int y)
{
    int j;
    ...
    f(j+1);
    ...
}
```

画出 g 调用 f 而 f 即将返回时,运行栈上从 g 的活动记录开始的顶端部分。

5. 在一个通过传地址方式传递参数的语言中,有一个函数 f(x,y)完成如下计算:

x=x+1;

y=y+2;

return x+y;

如果将 a 赋值为 4,然后调用 f(a,a),那么返回值是多少?

6. 指出下面的程序执行后输出的 a 值。

(1)参数的传递办法为"传值";

(2)参数的传递办法为"传地址"。

```
program main(input,output);
    procedure p(x,y,z);
    begin
        y:=y+1;
        z:=z+x;
    end;
    begin
    a:=2;
    b:=3;
    p(a+b,a,a);
    print a
    end.
```

附　录　A

Lex 词法分析器设计

源程序

lex.l 文件:

```
%{
    #include <stdio.h>
    #include <stdlib.h>
    int count = 0;
%}

delim [" "\n\t]
whitespace {delim}+
operator \+|-|\*|\/|:=|>=|<=|#|=
reservedWord [cC][oO][nN][sS][tT]|[vV][aA][rR]|[pP][rR][oO][cC][eE][dD][uU][rR][eE]|
[bB][eE][gG][iI][nN]|[eE][nN][dD]|[iI][fF]|[tT][hH][eE][nN]|[wW][hH][iI][lL][eE]|
[dD][oO]|[rR][eE][aA][dD]|[cC][aA][lL][lL]|[wW][rR][iI][tT][eE]|[wW][rR][iI][tT]
[eE][lL][nN]
delimiter [,\.;\(\)]
constant ([0-9])+
identfier [A-Za-z]([A-Za-z][0-9])*
%%
{reservedWord} {count++;printf("%d\t(1,'%s')\n",count,yytext);}
{operator} { count++;printf("%d\t(2,'%s')\n",count,yytext);}
{delimiter} {count++;printf("%d\t(3,'%s')\n",count,yytext);}
{constant} {count++;printf("%d\t(4,'%s')\n",count,yytext);}
{identfier} {count++;printf("%d\t(5,'%s')\n",count,yytext);}
{whitespace} {/* do    nothing */}

%%
void main()
{
    printf("词法分析器输出类型说明:\n");
    printf("1:保留字\n");
```

```
        printf("2:运算符\n");
        printf("3:分界符\n");
        printf("4:常　数\n");
        printf("5:标识符\n");
        printf("\n");
        yyin=fopen("example.txt","r");
            yylex(); /*  start the analysis */
        fclose(yyin);
        system("PAUSE");/*暂停停， 使 DOS 窗口停住*/
}
int yywrap()
{
        return 1;
}
```

运行

程序运行 cmd 命令:

(1)　打开 lex 程序文件所在目录,cd /d E:\编译原理\Lex_Yacc\代码\lex 词法分析器;

(2)　编译命令:flex lex.l 将生成 lex.yy.c 文件;

(3)　利用 C++编译命令或是 VC++6.0 软件编译运行.c 文件。

输出结果

输入文件内容:

begin x:=9

if x>9

　　then x:=2+x;

end#

运行结果:

Yacc 语法分析程序设计

源程序

mylex.l 文件：

```
%{
#include <stdio.h>
#include <stdlib.h>
#include <string.h>
#include "myyacc.tab.h"
#include<math.h>
int installID();
int installNum();
int yylval;
int n_num = 0;
int n_id = 0;
double num[1000];
char * id[1000];
int line_num=0;
%}
delim       [ \t]
ws          {delim}+
letter_     [_A-Za-z]
digit       [0-9]
id          {letter_}({letter_}|{digit})*
number      {digit}+(\.{digit}+)? ([E\e][+\-]? {digit}+)?
comment     \/\*(\*[^/]|[^*])*\*\/
%%
"\n"        {line_num++;}
{ws}        {/* no return */}
{comment}   {/* no return */}
if          {return IF;}
else        {return ELSE;}
while       {return WHILE;}
do          {return DO;}
break       {return BREAK;}
real        {return REAL;}
true        {return TRUE;}
false       {return FALSE;}
```

```
int                {yylval = INT; return BASIC;}
char               {yylval = CHAR; return BASIC;}
bool               {yylval = BOOL; return BASIC;}
float              {yylval = FLOAT; return BASIC;}
{id}               {yylval = installID(); return ID;}
{number}           {yylval = installNum(); return NUMBER;}
"<"                {return LT;}
"<="               {return LE;}
"="                {return '=';}
">"                {return GT;}
">="               {return GE;}
"=="               {return EQ;}
"!="               {return NE;}
"||"               {return OR;}
"&&"               {return AND;}
"!"                {return NOT;}
"+"                {return '+';}
"-"                {return '-';}
"*"                {return '*';}
"/"                {return '/';}
","                {return ',';}
"("                {return '(';}
")"                {return ')';}
"["                {return '[';}
"]"                {return ']';}
";"                {return ';';}
"{"                {return '{';}
"}"                {return '}';}

%%
int installID()
{
    int i;
    char buf[81];
    if (yyleng > 80)
        return -1;
    memset(buf, 0, yyleng + 1);
    memcpy(buf, yytext, yyleng);
    for (i = 0; i < n_id; i++)
        if (!strcmp(buf, id[i]))
            return i;
```

```
        id[ n_id ] = ( char * ) malloc( yyleng + 1 );
        memset( id[ n_id ], 0, yyleng + 1 );
        memcpy( id[ n_id ], yytext, yyleng );
        return n_id++;
}
int installNum( )
{
        char buf[ 81 ];
        if ( yyleng > 80 )
            return −1;
        memset( buf, 0, yyleng + 1 );
        memcpy( buf, yytext, yyleng );
        num[ n_num ] = atof( buf );
        return n_num++;
}
yywrap( ) { return 1; }
```

myyacc.y 文件:
```
#include <stdio.h>
#include<stdlib.h>
#include <string.h>
#include "myyacc.tab.h"
int linenum = 1;
void yyerror( const char * msg );
extern double num[ 1000 ];
extern char * id[ 1000 ];
extern int yylex( );
%}
%token LT LE EQ NE GT GE OR AND NOT
%token INT CHAR BOOL FLOAT
%token ID NUMBER IF ELSE WHILE DO BREAK BASIC TRUE FALSE REAL
%left '+' '−'
%left '*' '/'
%right UMINUS
%nonassoc IF_THEN
%nonassoc ELSE
%%
// rules section
// place your YACC rules here ( there must be at least one )
program   :   block   {printf( "( %d) \tprogram −> block \n",linenum++);}
          ;
```

```
block    :   '{' decls stmts '}'    {printf("(%d)\tblock -> decls stmts\n",linenum++);}
         ;
decls    :   decls decl    {printf("(%d)\tdecls -> decls decl\n",linenum++);}
         |                 {printf("(%d)\tdecls -> e\n",linenum++);}
         ;
decl     :   type ID ';'  {printf("(%d)\tdecl -> type %s;\n",linenum++, id[$2]);}
         ;
type     :   type '[' NUMBER ']'      {printf("(%d)\ttype -> type[num]\n",linenum++);}
         |      BASIC                {
                              switch ( $1)
                              {
                                  case INT:
                                      printf("(%d)\ttype -> int\n",linenum++);break;
                                  case CHAR:
                                      printf("(%d)\ttype -> char\n",linenum++);break;
                                  case BOOL:
                                      printf("(%d)\ttype -> bool\n",linenum++);break;
                                  case FLOAT:
                                      printf("(%d)\ttype -> float\n",linenum++);break;
                              }
                          }
         ;
stmts    :   stmts stmt   {printf("(%d)\tstmts -> stmts stmt\n",linenum++);}
         |                {printf("(%d)\tstmts -> e\n",linenum++);}
         ;
stmt     :loc '=' bool ';'{printf("(%d)\tstmt -> loc = bool;\n",linenum++);}
         |   IF '(' bool ')' stmt %prec IF_THEN   {printf("(%d)\tstmt -> if (bool) stmt\n",linenum++);}
         |   IF '(' bool ')' stmt ELSE stmt    {printf("(%d)\tstmt -> if (bool) stmt else stmt\n",linenum++);}
         |   WHILE '(' bool ')' stmt           {printf("(%d)\tstmt -> while (bool) stmt\n",linenum++);}
         |   DO stmt WHILE '(' bool ')' ';' {printf("(%d)\tstmt -> do stmt while (bool);\n",linenum++);}
         |   BREAK ';'                       {printf("(%d)\tstmt -> break;\n",linenum++);}
         |   block                           {printf("(%d)\tstmt -> block\n",linenum++);}
         ;
loc      :   loc '[' bool ']'               {printf("(%d)\tloc -> loc [bool]\n",linenum++);}
         |   ID                             {printf("(%d)\tloc -> %s\n",linenum++, id[$1]);}
         ;
bool     :   bool OR join                   {printf("(%d)\tbool -> bool || join\n",linenum++);}
         |   join                           {printf("(%d)\tbool -> join\n",linenum++);}
         ;
join     :   join AND equality             {printf("(%d)\tjoin -> join && equality\n",linenum++);}
         |   equality                       {printf("(%d)\tjoin -> equality\n",linenum++);}
```

```
        ;
equality  :  equality EQ rel            { printf("(%d) \tequality -> equality = = rel\n",linenum++) ; }
          |  equality NE rel            { printf("(%d) \tequality -> equality ! = rel\n",linenum++) ; }
          |  rel                        { printf("(%d) \tequality -> rel\n",linenum++) ; }
        ;
rel       :  expr LT expr               { printf("(%d) \trel -> expr < expr\n",linenum++) ; }
          |  expr LE expr               { printf("(%d) \trel -> expr <= expr\n",linenum++) ; }
          |  expr GE expr               { printf("(%d) \trel -> expr >= expr\n",linenum++) ; }
          |  expr GT expr               { printf("(%d) \trel -> expr > expr\n",linenum++) ; }
          |  expr                       { printf("(%d) \trel -> expr\n",linenum++) ; }

        ;
expr      :  expr '+' term              { printf("(%d) \texpr -> expr + term\n",linenum++) ; }
          |  expr '-' term              { printf("(%d) \texpr -> expr - term\n",linenum++) ; }
          |  term                       { printf("(%d) \texpr -> term\n",linenum++) ; }
        ;
term      :  term '*' unary             { printf("(%d) \tterm -> term * unary\n",linenum++) ; }
          |  term '/' unary             { printf("(%d) \tterm -> term / unary\n",linenum++) ; }
          |  unary                      { printf("(%d) \tterm -> unary\n",linenum++) ; }
        ;
unary     :  NOT unary                  { printf("(%d) \tunary --> ! unary\n",linenum++) ; }
          |  '-' unary                  { printf("(%d) \tunary -> - unary\n",linenum++) ; }
          |  factor                     { printf("(%d) \tunary -> factor\n",linenum++) ; }
        ;
factor    :  '(' bool ')'               { printf("(%d) \tfactor -> (bool)\n",linenum++) ; }
          |  loc                        { printf("(%d) \tfactor -> loc\n",linenum++) ; }
          |  NUMBER                     { printf("(%d) \tfactor -> %f\n",linenum++, num[ $ 1]) ; }
          |  TRUE                       { printf("(%d) \tfactor -> true\n",linenum++) ; }
          |  FALSE                      { printf("(%d) \tfactor -> false\n",linenum++) ; }
        ;
%%
void yyerror(const char * msg)
{ printf("ERROR:%s\n",msg) ; }
int main(int argc, char * argv[ ])
{
    return yyparse( ) ;
    return 0 ;
}
```

运行

程序运行 cmd 命令：

（1） 打开 lex 和 Yacc 程序文件所在目录。

（2） 使用 Flex、Bison 编译命令：

flex mylex.l 将生成 lex.yy.c 文件；

bison −d myyacc.y 将生成 myyacc.tab.c 文件和 myyacc.tab.h 文件。

（3） 新建 VC++6.0 工程，将 lex.yy.c、myyacc.tab.c 和 myyacc.tab.h 文均加入工程，运行后得到.exe 文件。

（4） cmd 命令运行.exe 文件，测试目标文件 test.txt，结果写入 out.txt 文件。

```
C:\Users\dell>cd /d E:\编译原理\Lex_Yacc\代码\Yacc语法分析\exam

E:\编译原理\Lex_Yacc\代码\Yacc语法分析\exam>exam.exe<test.txt>out.txt
```

输出结果：

输入内容：

test.txt 文件：

```
{
    int i; int sum;
        i=2;
    while(i<=10){
        sum=sum+i;
        i=i+2;
    }
}
```

运行结果：

规约过程依次使用的产生式结果输出到 out.txt 文件：

```
(1)     decls -> e
(2)     type -> int
(3)     decl -> type i;
(4)     decls -> decls decl
(5)     type -> int
(6)     decl -> type sum;
(7)     decls -> decls decl
(8)     stmts -> e
(9)     loc -> i
(10)    factor -> 2.000000
(11)    unary -> factor
(12)    term -> unary
(13)    expr -> term
(14)    rel -> expr
(15)    equality -> rel
```

```
(16)    join -> equality
(17)    bool -> join
(18)    stmt -> loc = bool;
(19)    stmts -> stmts stmt
(20)    loc -> i
(21)    factor -> loc
(22)    unary -> factor
(23)    term -> unary
(24)    expr -> term
(25)    factor -> 10.000000
(26)    unary -> factor
(27)    term -> unary
(28)    expr -> term
(29)    rel -> expr <= expr
(30)    equality -> rel
(31)    join -> equality
(32)    bool -> join
(33)    decls -> e
(34)    stmts -> e
(35)    loc -> sum
(36)    loc -> sum
(37)    factor -> loc
(38)    unary -> factor
(39)    term -> unary
(40)    expr -> term
(41)    loc -> i
(42)    factor -> loc
(43)    unary -> factor
(44)    term -> unary
(45)    expr -> expr + term
(46)    rel -> expr
```

```
(47)    equality -> rel
(48)    join -> equality
(49)    bool -> join
(50)    stmt -> loc = bool;
(51)    stmts -> stmts stmt
(52)    loc -> i
(53)    loc -> i
(54)    factor -> loc
(55)    unary -> factor
(56)    term -> unary
(57)    expr -> term
(58)    factor -> 2.000000
(59)    unary -> factor
(60)    term -> unary
(61)    expr -> expr + term
(62)    rel -> expr
(63)    equality -> rel
(64)    join -> equality
(65)    bool -> join
(66)    stmt -> loc = bool;
(67)    stmts -> stmts stmt
(68)    block -> decls stmts
(69)    stmt -> block
(70)    stmt -> while (bool) stmt
(71)    stmts -> stmts stmt
(72)    block -> decls stmts
(73)    program -> block
```

附　录　B

PL0 编译程序

源代码

C 语言版本：

```
/ *编译和运行环境：
* 1. Visual C++ 6.0, Visual C++ .NET
* Windows NT, 2000, XP, 2003
* 2. gcc version 3.3.2
* Intel 32 platform
* 使用方法：
* 运行后输入 PL0 源程序文件名
* 回答是否输出虚拟机代码
* 回答是否输出名字表
* fa.tmp 输出虚拟机代码
* fa1.tmp   输出源文件及其各行对应的首地址
* fa2.tmp   输出结果
* fas.tmp   输出名字表
* /
#include<stdio.h>
#include"pl0.h"
#include"string.h"
/ *解释执行时使用的栈 * /
#define stacksize 500
int main( )
{
    bool nxtlev[ symnum ] ;
    printf( "Input PL0 file ?") ;
    scanf( "%s",fname) ;                        / *输入文件名 * /
    fin=fopen( fname,"r") ;
    if( fin)
    {
```

```
printf("List object code ?（Y/N)");                    /*是否输出虚拟机代码*/
scanf("%s",fname);
listswitch=(fname[0]=='y'||fname[0]=='Y');
printf("List symbol table ?（Y/N)");                   /*是否输出名字表*/
scanf("%s",fname);
tableswitch=(fname[0]=='y'||fname[0]=='Y');
fa1=fopen("fa1.tmp","w");
fprintf(fa1,"Iput PL0 file ?");
fprintf(fa1,"%s\n", fname);
init();                                                /*初始化*/
err=0;
cc=cx=ll=0;
ch=' ';
if(-1!=getsym())
{
    fa=fopen("fa.tmp","w");
    fas=fopen("fas.tmp","w");
    addset(nxtlev,declbegsys,statbegsys,symnum);
    nxtlev[period]=true;
    if(-1==block(0,0,nxtlev))                          /*调用编译程序*/
    {
        fclose(fa);
        fclose(fa1);
        fclose(fas);
        fclose(fin);
        printf("\n");
        return 0;
    }
    fclose(fa);
    fclose(fa1);
    fclose(fas);
    if(sym!=period)
    {
        error(9);
    }
    if(err==0)
    {
        fa2=fopen("fa2.tmp", "w");
        interpret();
        fclose(fa2);
    }
    else
```

```
                {
                    printf( "Errors in PL0 program") ;
                }
            }
            fclose( fin) ;
        }
        else
        {
            printf( "Can' t open file! \n") ;
        }
        printf( "\n") ;
        return 0;
}
/ *
* 初始化
*/
void init( )
{
    int i;
    for( i = 0;i < = 255;i++)
    {
        ssym[ i] = nul;
    }
    ssym[ ' +' ] = plus;
    ssym[ ' -' ] = minus;
    ssym[ ' *' ] = times;
    ssym[ '/' ] = slash;
    ssym[ ' (' ] = lparen;
    ssym[ ')' ] = rparen;
    ssym[ ' =' ] = eql;
    ssym[ ' ,' ] = comma;
    ssym[ '.' ] = period;
    ssym[ '#' ] = neq;
    ssym[ ' ;' ] = semicolon;
    / * 设置保留字名字,按照字母顺序,便于折半查找 */
    strcpy( &( word[ 0] [ 0] ) ,"begin") ;
    strcpy( &( word[ 1] [ 0] ) ,"call") ;
    strcpy( &( word[ 2] [ 0] ) ,"const") ;
    strcpy( &( word[ 3] [ 0] ) ,"do") ;
    strcpy( &( word[ 4] [ 0] ) ,"end") ;
    strcpy( &( word[ 5] [ 0] ) ,"if") ;
    strcpy( &( word[ 6] [ 0] ) ,"odd") ;
```

```
strcpy(&(word[7][0]),"procedure");
strcpy(&(word[8][0]),"read");
strcpy(&(word[9][0]),"then");
strcpy(&(word[10][0]),"var");
strcpy(&(word[11][0]),"while");
strcpy(&(word[12][0]),"write");
/*设置保留字符号*/
wsym[0]=beginsym;
wsym[1]=callsym;
wsym[2]=constsym;
wsym[3]=dosym;
wsym[4]=endsym;
wsym[5]=ifsym;
wsym[6]=oddsym;
wsym[7]=procsym;
wsym[8]=readsym;
wsym[9]=thensym;
wsym[10]=varsym;
wsym[11]=whilesym;
wsym[12]=writesym;
/*设置指令名称*/
strcpy(&(mnemonic[lit][0]),"lit");
strcpy(&(mnemonic[opr][0]),"opr");
strcpy(&(mnemonic[lod][0]),"lod");
strcpy(&(mnemonic[sto][0]),"sto");
strcpy(&(mnemonic[cal][0]),"cal");
strcpy(&(mnemonic[inte][0]),"int");
strcpy(&(mnemonic[jmp][0]),"jmp");
strcpy(&(mnemonic[jpc][0]),"jpc");
/*设置符号集*/
for(i=0;i<symnum;i++)
{
    declbegsys[i]=false;
    statbegsys[i]=false;
    facbegsys[i]=false;
}
/*设置声明开始符号集*/
declbegsys[constsym]=true;
declbegsys[varsym]=true;
declbegsys[procsym]=true;
/*设置语句开始符号集*/
statbegsys[beginsym]=true;
```

```
        statbegsys[ callsym ] = true;
        statbegsys[ ifsym ] = true;
        statbegsys[ whilesym ] = true;
        /* 设置因子开始符号集 */
        facbegsys[ ident ] = true;
        facbegsys[ number ] = true;
        facbegsys[ lparen ] = true;
}
/*
    * 用数组实现集合的集合运算
    */
int inset( int e, bool * s )
{
        return s[ e ];
}
int addset( bool * sr, bool * s1, bool * s2, int n )
{
        int i;
        for( i = 0; i < n; i++ )
        {
            sr[ i ] = s1[ i ] || s2[ i ];
        }
        return 0;
}
int subset( bool * sr, bool * s1, bool * s2, int n )
{
        int i;
        for( i = 0; i < n; i++ )
        {
            sr[ i ] = s1[ i ] && ( ! s2[ i ] );
        }
        return 0;
}
int mulset( bool * sr, bool * s1, bool * s2, int n )
{
        int i;
        for( i = 0; i < n; i++ )
        {
            sr[ i ] = s1[ i ] && s2[ i ];
        }
        return 0;
}
```

```
/ *
 * 出错处理,打印出错位置和错误编码
 * /
void error( int n)
{
    char space[ 81 ] ;
    memset( space ,32 ,81) ; printf( "-------%c\n",ch) ;
    space[ cc-1 ] = 0;//出错时当前符号已经读完,所以 cc-1
    printf( " * * * * %s!%d\n",space,n) ;
    err++;
}
/ *
 *   漏掉空格,读取一个字符
 *
 *   每次读一行,存入 line 缓冲区,line 被 getsym 取空后再读一行
 *
 *   被函数 getsym 调用
 * /
int getch( )
{
    if( cc = = ll)
    {
        if( feof( fin) )
        {
            printf( "program incomplete") ;
            return -1;
        }
        ll = 0;
        cc = 0;
        printf( "%d ",cx ) ;
        fprintf( fa1 ,"%d ",cx) ;
        ch = ' ' ;
        while( ch! = 10)
        {
            //fscanf( fin ,"%c",&ch)
            if( EOF = = fscanf( fin ,"%c",&ch) )
            {
                line[ ll ] = 0;
                break ;
            }
            printf( "%c",ch) ;
            fprintf( fa1 ,"%c",ch) ;
```

```
                line[ll] = ch;
                ll++;
            }
            printf("\n");
            fprintf(fa1,"\n");
        }
        ch = line[cc];
        cc++;
        return 0;
    }
/* 词法分析,获取一个符号
*/
int getsym()
{
    int i,j,k;
    while( ch = = ' ' || ch = = 10 || ch = = 9)
    {
        getchdo;
    }
    if( ch > = 'a' && ch < = 'z' )
    {
        k = 0;
        do{
            if( k < al)
            {
                a[k] = ch;
                k++;
            }
            getchdo;
        } while( ch > = 'a' && ch < = 'z' || ch > = '0' && ch < = '9' );
        a[k] = 0;
        strcpy(id,a);
        i = 0;
        j = norw-1;
        do{
            k = (i+j)/2;
            if( strcmp(id,word[k]) < = 0)
            {
                j = k-1;
            }
            if( strcmp(id,word[k]) > = 0)
            {
```

```
                        i=k+1;
                }


            }while(i<=j);
            if(i-1>j)
            {
                sym=wsym[k];
            }
            else
            {
                sym=ident;
            }
    }
    else
    {
        if(ch>='0'&&ch<='9')
        {
            k=0;
            num=0;
            sym=number;
            do{
                num=10*num+ch-'0';
                k++;
                getchdo;
            }while(ch>='0'&&ch<='9');  /*获取数字的值*/
            k--;
            if(k>nmax)
            {
                error(30);
            }
        }
        else
        {
            if(ch==':')                    /*检测赋值符号*/
            {
                getchdo;
                if(ch=='=')
                {
                    sym=becomes;
                    getchdo;
                }
                else
```

```
            {
                sym = nul;                    /* 不能识别的符号 */
            }
        }
        else
        {
            if( ch = = ' < ' )          /* 检测小于或小于等于符号 */
            {
                getchdo;
                if( ch = = ' = ' )
                {
                    sym = leq;
                    getchdo;
                }
                else
                {
                    sym = lss;
                }
            }
            else
            {
                if( ch = = ' > ' )              /* 检测大于或大于等于符号 */
                {
                    getchdo;
                    if( ch = = ' = ' )
                    {
                        sym = geq;
                        getchdo;
                    }
                    else
                    {
                        sym = gtr;
                    }
                }
                else
                {
                    /* 当符号不满足上述条件时,全部按照单字符号处理 */
                    sym = ssym[ ch ];
                    //getchdo;
                    //richard
                    if( sym! = period)
                    {
```

```
                                getchdo;
                        }
                    //end richard
                }
            }
        }
    }

    return 0;
}
/ *
 * 生成虚拟机代码
 *
 * x:instruction.f;
 * y:instruction.l;
 * z:instruction.a;
 */
int gen(enum fct x,int y,int z)
{
    if(cx>=cxmax)
    {
        printf("Program too long"); / * 程序过长 */
        return -1;
    }
    code[cx].f=x;
    code[cx].l=y;
    code[cx].a=z;
    cx++;
    return 0;
}
/ *
 * 测试当前符号是否合法
 *
 * 在某一部分(如一条语句,一个表达式)将要结束时我们希望下一个符号属于某集合
 * (该部分的后跟符号) test 负责这项检测,并且负责当检测不通过时的补救措施
 * 程序在需要检测时指定当前需要的符号集合和补救用的集合(如之前未完成部分的后跟
 * 符号),以及不通过时的错误号
 *
 * S1:我们需要的符号
 * s2:如果不是我们需要的,则需要一个补救用的集合
 * n:错误号
 */
```

```
int test( bool * s1, bool * s2, int n)
{
    if( ! inset( sym, s1) )
    {
        error( n) ;
        /* 当检测不通过时,不停获取符号,直到它属于需要的集合或补救的集合 */
        while( ( ! inset( sym, s1) ) && ( ! inset( sym, s2) ) )
        {
            getsymdo;
        }
    }
    return 0;
}
/*
* 编译程序主体
*
* lev:当前分程序所在层
* tx:名字表当前尾指针
* fsys:当前模块后跟符号集合
*/
int block( int lev, int tx, bool * fsys)
{
    int i;
    int dx;                          /* 名字分配到的相对地址 */
    int tx0;                         /* 保留初始 tx */
    int cx0;                         /* 保留初始 cx */
    bool nxtlev[ symnum] ;           /* 在下级函数的参数中,符号集合均为值参,但由于使用数组实
现,传递进来的是指针,为防止下级函数改变上级函数的集合,开辟新的空间传递给下级函数 */
    dx = 3;
    tx0 = tx;                        /* 记录本层名字的初始位置 */
    table[ tx] .adr = cx;
    gendo( jmp, 0, 0) ;
    if( lev > levmax)
    {
        error( 32) ;

    }
    do{
        if( sym == constsym)         /* 收到常量声明符号,开始处理常量声明 */
        {
            getsymdo;
            do{
```

```
                /* dx 的值会被 constdeclaration 改变,使用指针 */
                constdeclarationdo(&tx,lev,&dx);
                while(sym = = comma)
                {
                    getsymdo;
                    constdeclarationdo(&tx,lev,&dx);
                }
                if(sym = = semicolon)
                {
                    getsymdo;
                }
                else
                {
                    error(5);      /* 漏掉了逗号或者分号 */
                }
        } while(sym = = ident);
    }
    if(sym = = varsym)   /* 收到变量声名符号,开始处理变量声名 */
    {
        getsymdo;
        do{
            vardeclarationdo(&tx,lev,&dx);
            while(sym = = comma)
            {
                getsymdo;
                vardeclarationdo(&tx,lev,&dx);
            }
            if(sym = = semicolon)
            {
                getsymdo;
            }
            else
            {
                error(5);
            }
        } while(sym = = ident);
    }
    while(sym = = procsym)   /* 收到过程声名符号,开始处理过程声名 */
    {
        getsymdo;
        if(sym = = ident)
        {
```

```
            enter( procedur,&tx,lev,&dx);      /* 记录过程名字 */
            getsymdo;
        }
        else
        {
            error(4);       /* procedure 后应为标识符 */
        }
        if( sym = = semicolon)
        {
            getsymdo;
        }
        else
        {
            error(5);       /* 漏掉了分号 */
        }
        memcpy( nxtlev,fsys,sizeof( bool) * symnum);
        nxtlev[ semicolon] = true;
        if( -1 = = block( lev+1,tx,nxtlev))
        {
            return -1;       /* 递归调用 */
        }
        if( sym = = semicolon)
        {
            getsymdo;
            memcpy( nxtlev,statbegsys,sizeof( bool) * symnum);
            nxtlev[ ident] = true;
            nxtlev[ procsym] = true;
            testdo( nxtlev,fsys,6);
        }
        else
        {
            error(5);       /* 漏掉了分号 */
        }
    }
    memcpy( nxtlev,statbegsys,sizeof( bool) * symnum);
    nxtlev[ ident] = true;
    nxtlev[ period] = true;
    testdo( nxtlev,declbegsys,7);
} while( inset( sym,declbegsys));                /* 直到没有声明符号 */
code[ table[ tx0].adr].a = cx;                   /* 开始生成当前过程代码 */
table[ tx0].adr = cx;                            /* 当前过程代码地址 */
/* 声明部分中每增加一条声明都会给 dx 增加 1,声明部分已经结束,dx 就是当前过程数据的 size */
```

```
table[tx0].size=dx;
cx0=cx;
gendo(inte,0,dx);                                /*生成分配内存代码*/
if(tableswitch)                                   /*输出名字表*/
{
    printf("TABLE:\n");
    if(tx0+1>tx)
    {
        printf("NULL\n");
    }
    for(i=tx0+1;i<=tx;i++)
    {
        switch(table[i].kind)
        {
            case constant:
                printf("%d const %s",i,table[i].name);
                printf("val=%d\n",table[i].val);
                fprintf(fas,"%d const %s",i,table[i].name);
                fprintf(fas,"val=%d\n",table[i].val);
                break;
            case variable:
                printf("%d var%s",i,table[i].name);
                printf("lev=%d addr=%d\n",table[i].level,table[i].adr);
                fprintf(fas,"%d var %s",i,table[i].name);
                fprintf(fas,"lev=%d addr=%d\n",table[i].level,table[i].adr);
                break;
            case procedur:
                printf("%d proc%s",i,table[i].name);
                printf("lev=%d addr=%d size=%d\n", table[i].level, table[i].adr,
                table[i].size);
                fprintf(fas,"%d proc%s",i,table[i].name);
                fprintf(fas,"lev=%d adr=%d size=%d \n", table[i].level, table[i].adr,
                table[i].size);
                break;
        }
    }
    printf("\n");
}
/*语句后跟符号为分号或 end*/
memcpy(nxtlev,fsys,sizeof(bool)*symnum);
/*每个后跟符号集和都包含上层后跟符号集和,以便补救*/
nxtlev[semicolon]=true;
```

```
        nxtlev[ endsym ] = true;
        statementdo( nxtlev, &tx, lev );
        gendo( opr,0,0 );            /* 每个过程出口都要使用的释放数据段命令 */
        memset( nxtlev,0,sizeof( bool ) * symnum );    /* 分程序没有补救集合 */
        test( fsys,nxtlev,8 );                    /* 检测后跟符号正确性 */
        listcode( cx0 );                       /* 输出代码 */
        return 0;
}
/*
* 在名字表中加入一项
*
* k:名字种类 const,var or procedure
* ptx:名字表尾指针的指针,为了可以改变名字表尾指针的数值
* lev:名字所在的层次,以后所有的 lev 都是这样
* pdx:为当前应分配的变量的相对地址,分配后要增加 1
*/
void enter ( enum object k,int  * ptx,int lev, int  * pdx)
{
    ( * ptx)++;
    strcpy(table[ ( * ptx) ].name,id );        /* 全局变量 id 中已存有当前名字的名字 */
    table[ ( * ptx) ].kind = k;
    switch( k )
    {
        case constant:                   /* 常量名字 */
            if ( num>amax )
            {
                error( 31 );
                num = 0;
            }
            table[ ( * ptx) ].val = num;
            break;
        case variable:                   /* 变量名字 */
            table[ ( * ptx) ].level = lev;
            table[ ( * ptx) ].adr = ( * pdx);
            ( * pdx)++;
            break;                       /* 过程名字 */
        case procedur:
            table[ ( * ptx) ].level = lev;
            break;
    }

}
```

```
/ *
 * 查找名字的位置
 * 找到则返回在名字表中的位置,否则返回 0
 *
 * idt: 要查找的名字
 * tx::当前名字表尾指针
 */
int position( char  *   idt,int   tx)
{
    int i;
    strcpy( table[0].name,idt);
    i = tx;
    while( strcmp( table[i].name,idt)! = 0)
    {
        i--;
    }
    return i;
}
/ *
 * 常量声明处理
 */
int constdeclaration( int  *   ptx,int lev,int  *   pdx)
{
    if( sym = = ident)
    {
        getsymdo;
        if( sym = = eql || sym = = becomes)
        {
            if( sym = = becomes)
            {
                error(1);            / * 把=写出成了:= * /
            }
            getsymdo;
            if( sym = = number)
            {
                enter( constant,ptx,lev,pdx);
                getsymdo;
            }
            else
            {
                error(2);     / * 常量说明=后应是数字 * /
            }
```

```
            }
        else
            {
                error(3);    /*常量说明标识后应是= */
            }
        }
    else
        {
            error(4);    /* const 后应是标识 */
        }
    return 0;
}
/*
*
*/
int vardeclaration( int * ptx,int lev,int * pdx)
{
    if( sym = = ident)
        {
            enter( variable,ptx,lev,pdx);     //填写名字表
            getsymdo;
        }
    else
        {
            error(4);
        }
    return 0;
}
/*
 *输入目标代码清单
 */
void listcode( int cx0)
{
    int i;
        if ( listswitch)
            {
                for( i = cx0;i<cx;i++)
                    {
                        printf("%d %s %d %d\n",i,mnemonic[ code[i].f] ,code[i].l,code[i].a);
                        fprintf( fa,"%d %s %d %d\n",i,mnemonic[ code[i].f] ,code[i].l,code[i].a);
                    }
                }
```

```
}
/ *
 * 语句处理
 */
int statement( bool *  fsys,int  *  ptx,int lev)
{
     int i,cx1,cx2;
        bool nxtlev[ symnum] ;
        if( sym = = ident)
        {
          i = position( id, * ptx) ;
             if( i = = 0)
             {
                  error( 11) ;
             }
             else
             {
                  if( table[ i] .kind! = variable)
                  {
                       error( 12) ;
                       i = 0;
                  }
                  else
                  {
                  getsymdo;
                  if( sym = = becomes)
                  {
                       getsymdo;
                  }
                  else
                  {
                       error( 13) ;
                  }
                  memcpy( nxtlev,fsys,sizeof( bool) *  symnum) ;
                  expressiondo( nxtlev,ptx,lev) ;
                  if( i! = 0)
                  {
                       gendo( sto,lev-table[ i] .level,table[ i] .adr) ;
                  }
                  }
             }
        }
```

```
        else
        {
            if( sym = = readsym)
            {
                getsymdo;
                if( sym! = lparen)
                {
                    error(34);
                }
                else
                {
                    do{
                        getsymdo;
                        if( sym = = ident)
                        {
                            i = position( id, * ptx);
                        }
                        else
                        {
                            i = 0;
                        }
                        if( i = = 0)
                        {
                            error(35);
                        }
                        else
                        {
                            gendo( opr,0,16);
                        gendo( sto,lev-table[ i].level,table[ i].adr);      /* 储存到变量 */
                        }
                        getsymdo;
                    } while ( sym = = comma);      /* 一条 read 语句可读多个变量 */
                }
                if( sym! = rparen)
                {
                    error(33);            /* 格式错误,应是右括号 */
                    while( !inset( sym,fsys))      /* 出错补救,直到收到上层函数的后跟符号 */
                    {
                        getsymdo;
                    }
                }
                else
```

230

```
                    {
                            getsymdo;
                    }
            }
        else
            {
                if( sym = = writesym)              / * 准备按照 write 语句处理,与 read 类似 * /
                    {
                        getsymdo;
                        if( sym = = lparen)
                            {
                                do{
                                        getsymdo;
                                        memcpy( nxtlev, fsys, sizeof( bool) * symnum) ;
                                        nxtlev[ rparen] = true;
                                        nxtlev[ comma] = true;         / * write 的后跟符号为' )' or' ,' * /
                                        / * 调用表达式处理,此处与 read 不同, read 为给变量赋值 * /
                                        expressiondo( nxtlev, ptx, lev) ;
                                        gendo( opr, 0, 14) ;         / * 生成输出指令,输出栈顶的值 * /
                                }while( sym = = comma) ;
                                if( sym! = rparen)
                                    {
                                        error( 33) ;       / * write( )应为完整表达式 * /
                                    }
                                else
                                    {
                                        getsymdo;
                                    }
                            }
                        gendo( opr, 0, 15) ;       / * 输出换行 * /
                    }
                else
                    {
                        if( sym = = callsym)       / * 准备按照 call 语句处理 * /
                            {
                                getsymdo;
                                if( sym! = ident)
                                    {
                                        error( 14) ;                / * call 后应为标识符 * /
                                    }
                                else
                                    {
```

```
            i = position(id, * ptx);
            if(i == 0)
            {
                error(11);              /*过程未找到*/
            }
            else
            {
                if(table[i].kind == procedur)
                {
                    gendo(cal,lev-table[i].level,table[i].adr);    /*生成 call 指令*/
                }
                else
                {
                    error(15);          /* call 后标识符应为过程*/
                }
            }
            getsymdo;
        }
    }
    else
    {
        if(sym == ifsym)        /*准备按照 if 语句处理*/
        {
            getsymdo;
            memcpy(nxtlev,fsys,sizeof(bool) * symnum);
            nxtlev[thensym] = true;
            nxtlev[dosym] = true;     /*后跟符号为 then 或 do*/
            conditiondo(nxtlev,ptx,lev); /*调用条件处理(逻辑运算)函数*/
            if(sym == thensym)
            {
                getsymdo;
            }
            else
            {
                error(16);              /*缺少 then*/
            }
            cx1 = cx;     /*保存当前指令地址*/
            gendo(jpc,0,0);     /*生成条件跳转指令,跳转地址暂写 0*/
            statementdo(fsys,ptx,lev);     /*处理 then 后的语句*/
        /* cx 为 then 后语句执行完的位置,它正是前面未定的跳转地址*/
            code[cx1].a = cx;
        }
```

```
        else
        {
            if( sym = = beginsym )    /* 准备按照复合语句处理 */
            {
                getsymdo;
                memcpy( nxtlev,fsys,sizeof( bool ) * symnum );
                nxtlev[ semicolon ] = true;
                nxtlev[ endsym ] = true;/* 后跟符号为分号或 end */
                /* 循环调用语句处理函数,
                   直到下一个符号不是语句开始符号或收到 end */
                statementdo( nxtlev,ptx,lev );
                while( inset( sym,statbegsys ) || sym = = semicolon )
                {
                    if( sym = = semicolon )
                    {
                        getsymdo;
                    }
                    else
                    {
                        error( 10 );/* 缺少分号 */
                    }
                    statementdo( nxtlev,ptx,lev );
                }
                if( sym = = endsym )
                {
                    getsymdo;
                }
                else
                {
                    error( 17 ); /* 缺少 end 或分号 */
                }
            }
            else
            {
                if( sym = = whilesym )            /* 准备按照 while 语句处理 */
                {
                    cx1 = cx;       /* 保存判断条件超作的位置 */
                    getsymdo;
                    memcpy( nxtlev,fsys,sizeof( bool ) * symnum );
                    nxtlev[ dosym ] = true;/* 后跟符号为 do */
                    conditiondo( nxtlev,ptx,lev );      /* 调用条件处理 */
                    cx2 = cx;       /* 保存循环体的结束的下一个位置 */
```

233

```
                    /* 生成条件跳转,但跳出循环的地址未知 */
                    gendo(jpc,0,0);
                    if(sym==dosym)
                    {
                        getsymdo;
                    }
                    else
                    {
                        error(18);          /* 缺少 do */
                    }
                    statementdo(fsys,ptx,lev);      /* 循环体 */
                    gendo(jmp,0,cx1);        /* 回头重新判断条件 */
                    code[cx2].a=cx; /* 反填跳出循环的地址,与 if 类似 */
                }
                else
                {
                    memset(nxtlev,0,sizeof(bool)*symnum);
                    testdo(fsys,nxtlev,19);        /* 检测语句结束的正确性 */
                }
            }
        }
    }
}
    return 0;
}
/*
* 表达式处理
*/
int expression(bool * fsys,int * ptx,int lev)
{
    enum symbol addop;      /* 用于保存正负号 */
    bool nxtlev[symnum];
    /* 开头的正负号,此时当前表达式被看做一个正的或负的项 */
    if(sym==plus||sym==minus)
    {
        addop=sym;      /* 保存开头的正负号 */
        getsymdo;
        memcpy(nxtlev,fsys,sizeof(bool)*symnum);
        nxtlev[plus]=true;
        nxtlev[minus]=true;
```

```
            termdo(nxtlev,ptx,lev);        /* 处理项 */
            if(addop==minus)
            {
                  gendo(opr,0,1);        /* 如果开头为负号生成取负指令 */
            }
      }
      else      /* 此时表达式被看做项的加减 */
      {
            memcpy(nxtlev,fsys,sizeof(bool) * symnum);
            nxtlev[plus]=true;
            nxtlev[minus]=true;
            termdo(nxtlev,ptx,lev);        /* 处理项 */
      }
      while(sym==plus||sym==minus)
      {
            addop=sym;
            getsymdo;
            memcpy(nxtlev,fsys,sizeof(bool) * symnum);
            nxtlev[plus]=true;
            nxtlev[minus]=true;
            termdo(nxtlev,ptx,lev);        /* 处理项 */
            if(addop==plus)
            {
                  gendo(opr,0,2);        /* 生成加法指令 */
            }
            else
            {
                  gendo(opr,0,3);        /* 生成减法指令 */
            }
      }
      return 0;
}
/*
* 项处理
*/
int term(bool * fsys,int  * ptx,int lev)
{
      enum symbol mulop;        /* 用于保存乘除法符号 */
      bool nxtlev[symnum];
      memcpy(nxtlev,fsys,sizeof(bool) * symnum);
      nxtlev[times]=true;
      nxtlev[slash]=true;
```

```
        factordo(nxtlev,ptx,lev);          /*处理因子*/
    while(sym==times||sym==slash)
    {
        mulop=sym;
        getsymdo;
        factordo(nxtlev,ptx,lev);
        if(mulop==times)
        {
            gendo(opr,0,4);          /*生成乘法指令*/
        }
        else
        {
            gendo(opr,0,5);          /*生成除法指令*/
        }
    }
    return 0;
}
/*
 *因子处理
 */
int factor(bool *fsys,int *ptx,int lev)
{
    int i;
    bool nxtlev[symnum];
    testdo(facbegsys,fsys,24);          /*检测因子的开始符好号*/
    while(inset(sym,facbegsys))          /*循环直到不是因子开始符号*/
    {
        if(sym==ident)          /*因子为常量或者变量*/
        {
            i=position(id,*ptx);          /*查找名字*/
            if(i==0)
            {
                error(11);          /*标识符未声明*/
            }
            else
            {
                switch(table[i].kind)
                {
                    case constant: /*名字为常量*/
                        gendo(lit,0,table[i].val); /*直接把常量的值入栈*/
                        break;
                    case variable:          /*名字为变量*/
```

```
                    /* 找到变量地址并将其值入栈 */
                    gendo(lod,lev-table[i].level,table[i].adr);
                    break;
            case procedur:            /* 名字为过程 */
                    error(21);        /* 不能为过程 */
                    break;
        }

        getsymdo;
    }
else
{
    if(sym==number)      /* 因子为数 */
    {
        if(num>amax)
        {
            error(31);
            num=0;
        }
        gendo(lit,0,num);
        getsymdo;
    }
    else
    {
        if(sym==lparen)      /* 因子为表达式 */
        {
            getsymdo;
            memcpy(nxtlev,fsys,sizeof(bool) * symnum);
            nxtlev[rparen]=true;
            expressiondo(nxtlev,ptx,lev);
            if(sym==rparen)
            {
                getsymdo;
            }
            else
            {
                error(22);            /* 缺少右括号 */
            }
        }
        testdo(fsys,facbegsys,23);    /* 银子后有非法符号 */
    }
}
```

```
    }
        return 0;
}
/*
条件处理*/
int condition(bool * fsys,int * ptx,int lev)
{
    enum symbol relop;
    bool nxtlev[symnum];
    if(sym==oddsym)        /*准备按照 odd 运算处理*/
        {
        getsymdo;
        expressiondo(fsys,ptx,lev);
        gendo(opr,0,6);        /*生成 odd 指令*/
    }
    else
    {
        memcpy(nxtlev,fsys,sizeof(bool)*symnum);
        nxtlev[eql]=true;
        nxtlev[neq]=true;
        nxtlev[lss]=true;
        nxtlev[leq]=true;
        nxtlev[gtr]=true;
        nxtlev[geq]=true;
        expressiondo(nxtlev,ptx,lev);
        if(sym!=eql&&sym!=neq&&sym!=lss&&sym!=leq&&sym!=gtr&&sym!=geq)
        {
            error(20);
        }
        else
        {
            relop=sym;
            getsymdo;
            expressiondo(fsys,ptx,lev);
            switch(relop)
            {
                case eql:
                    gendo(opr,0,8);
                    break;
                case neq:
                    gendo(opr,0,9);
                    break;
```

```
            case lss:
                gendo(opr,0,10);
                break;
            case geq:
                gendo(opr,0,11);
                break;
            case gtr:
                gendo(opr,0,12);
                break;
            case leq:
                gendo(opr,0,13);
                break;
            }


        }
    }
    return 0;
}
/* 解释程序 */
void interpret()
{
    int p,b,t;      /* 指令指针,指令基址,栈顶指针 */
    struct instruction i;   /* 存放当前指令 */
    int s[stacksize];    /* 栈 */
    printf("start pl0\n");
    t=0;
    b=0;
    p=0;
    s[0]=s[1]=s[2]=0;
    do{
        i=code[p];    /* 读当前指令 */
        p++;
        switch(i.f)
        {
            case lit:   /* 将 a 的值取到栈顶 */
                s[t]=i.a;
                t++;
                break;
            case opr:   /* 数字、逻辑运算 */
                switch(i.a)
                {
                    case 0:
```

```
                t=b;
                p=s[t+2];
                b=s[t+1];
                break;
           case 1:
                s[t-1]=-s[t-1];
                break;
           case 2:
                t--;
                s[t-1]=s[t-1]+s[t];
                break;
           case 3:
                t--;
                s[t-1]=s[t-1]-s[t];
                break;
           case 4:
                t--;
                s[t-1]=s[t-1]*s[t];
                break;
           case 5:
                t--;
                s[t-1]=s[t-1]/s[t];
                break;
           case 6:
                s[t-1]=s[t-1]%2;
                break;
           case 8:
                t--;
                s[t-1]=(s[t-1]==s[t]);
                break;
           case 9:
                t--;
                s[t-1]=(s[t-1]!=s[t]);
                break;
           case 10:
                t--;
                s[t-1]=(s[t-1]<s[t]);
                break;
           case 11:
                t--;
                s[t-1]=(s[t-1]>=s[t]);
                break;
```

```
            case 12:
                t--;
                s[t-1]=(s[t-1]>s[t]);
                break;
            case 13:
                t--;
                s[t-1]=(s[t-1]<=s[t]);
                break;
            case 14:
                printf("%d",s[t-1]);
                fprintf(fa2,"%d",s[t-1]);
                t--;
                break;
            case 15:
                printf("\n");
                fprintf(fa2,"\n");
                break;
            case 16:
                printf("?");
                fprintf(fa2,"?");
                scanf("%d",&(s[t]));
                fprintf(fa2,"%d\n",s[t]);
                t++;
                break;
            }
        break;
    case lod:       /*取相对当前过程的数据基地址为 a 的内存的值到栈顶*/
        s[t]=s[base(i.l,s,b)+i.a];
        t++;
        break;
    case sto:       /*栈顶的值存到相对当前过程的数据基地址为 a 的内存*/
        t--;
        s[base(i.l,s,b)+i.a]=s[t];
        break;
    case cal:       /*调用子程序*/
        s[t]=base(i.l,s,b);         /*将父过程基地址入栈*/
        s[t+1]=b;               /*将本过程基地址入栈,此两项用于 base 函数*/
        s[t+2]=p;               /*将当前指令指针入栈*/
        b=t;            /*改变基地址指针值为新过程的基地址*/
        p=i.a;      /*跳转*/
        break;
    case inte:              /*分配内存*/
```

```
                t+=i.a;
                break;
            case jmp:        /*直接跳转*/
                p=i.a;
                break;
            case jpc:       /*条件跳转*/
                t--;
                if(s[t]==0)
                {
                    p=i.a;
                }
                break;
        }
    }while (p!=0);
}
/*通过过程基址求上1层过程的基址*/
int base(int l,int * s,int b)
{
    int b1;
    b1=b;
    while(l>0)
    {
        b1=s[b1];
        l--;
    }
    return b1;
}
/* PL0 编译系统 C 版本头文件 pl0.h */
# define norw 13                /*关键字个数*/
# define txmax 100              /*名字表容量*/
# define nmax   14               /* number 的最大位数*/
# define al 10                  /*符号的最大长度*/
# define amax 2047              /*地址上界*/
# define levmax 3                /*最大允许过程嵌套声明层数[0,lexmax]*/
# define cxmax 200              /*最多的虚拟机代码数*/
/*符号*/
enum symbol{
    nul,    ident,    number,    plus,    minus,
    times,    slash,    oddsym,    eql,    neq,
lss,    leq,    gtr,    geq,    lparen,
rparen,    comma,    semicolon,period,    becomes,
beginsym, endsym, ifsym,    thensym,    whilesym,
```

```
   writesym, readsym,  dosym,  callsym,  constsym,
   varsym,  procsym,
   } ;
#define symnum 32
/ * ------------- * /
enum object{
     constant,
     variable,
     procedur,
   } ;
/ * -------------- * /
enum fct{
lit, opr,  lod,  sto,  cal,  inte,  jmp,  jpc,
   } ;
#define fctnum 8
/ * -------------- * /
struct instruction
{
     enum fct f;
     int l;
     int a;
   } ;

FILE  *  fas;
FILE  *  fa;
FILE  *  fa1;
FILE  *  fa2;

bool tableswitch;
bool listswitch;
char ch;
enum symbol sym;
char id[ al+1 ];
int   num;
int cc,ll;
int cx;
char line[ 81 ];
char a[ al+1 ];
struct instruction code[ cxmax ];
char word[ norw ][ al ];
enum symbol wsym[ norw ];
enum symbol ssym[ 256 ];
```

```
char mnemonic[fctnum][5];
bool declbegsys[symnum];
bool statbegsys[symnum];
bool facbegsys[symnum];
/ * ----------------------------- * /

struct tablestruct
{
    char name[al];                          / * 名字 * /
    enum object kind;                       / * 类型:const,var,array or procedure * /
    int val;                                / * 数值,仅 const 使用 * /
    int level;                              / * 所处层,仅 const 不使用 * /
    int adr;                                / * 地址,仅 const 不使用 * /
    int size;                               / * 需要分配的数据区空间,仅 procedure 使用 * /
};
struct tablestruct table[txmax];            / * 名字表 * /
FILE * fin;
FILE * fout;
char fname[al];
int err;                                    / * 错误计数器 * /
/ * 当函数中会发生 fatal error 时,返回-1 告知调用它的函数,最终退出程序 * /
#define getsymdo                 if(-1 = =getsym( ))return -1
#define getchdo                  if(-1 = =getch( ))return -1
#define testdo(a,b,c)            if(-1 = =test(a,b,c))return -1
#define gendo(a,b,c)             if(-1 = =gen(a,b,c))return -1
#define expressiondo(a,b,c)      if(-1 = =expression(a,b,c))return -1
#define factordo(a,b,c)          if(-1 = =factor(a,b,c))return -1
#define termdo(a,b,c)            if(-1 = =term(a,b,c))return -1
#define conditiondo(a,b,c)       if(-1 = =condition(a,b,c))return -1
#define statementdo(a,b,c)       if(-1 = =statement(a,b,c))return -1
#define constdeclarationdo(a,b,c) if(-1 = =constdeclaration(a,b,c))return -1
#define vardeclarationdo(a,b,c)  if(-1 = =vardeclaration(a,b,c))return -1
void error(int n);
int getsym( );
int getch( );
void init( );
int gen(enum fct x,int y,int z);
int test(bool * s1,bool * s2,int n);
int inset(int e,bool * s);
int addset(bool * sr,bool * s1,bool * s2,int n);
int subset(bool * sr,bool * s1,bool * s2,int n);
int mulset(bool * sr,bool * s1,bool * s2,int n);
```

```
int block(int lev,int tx,bool * fsys);
void interpret();
int factor(bool * fsys,int * ptx,int lev);
int term(bool * fsys,int * ptx,int lev);
int condition(bool * fsys,int * ptx,int lev);
int expression(bool * fsys,int * ptx,int lev);
int statement(bool * fsys,int * ptx,int lev);
void listcode(int cx0);
int vardeclaration(int * ptx,int lev, int * pdx);
int constdeclaration(int * ptx,int lev, int * pdx);
int position(char * idt,int tx);
void enter(enum object k,int * ptx,int lev,int * pdx);
int base(int l,int * s,int b);
```

输出结果：

输入文件 test.txt：

```
const a=10;
begin
write(a);
end.
```

运行结果：

```
■ 选定 "D:\PL\Debug\PL.exe"

Input pl/0 file ?test.txt
List object code ?(Y/N)y
List symbol table ? (Y/N)y
0 const a=10;

1 begin

TABLE:
1 const aval=10

2 write(a);

5 end.
1 int 0 3
2 lit 0 10
3 opr 0 14
4 opr 0 15
5 opr 0 0
start pl0
10

Press any key to continue
```

参 考 文 献

[1]何炎祥,伍春香,王汉飞. 编译原理[M]. 北京:机械工业出版社,2010.

[2]何炎祥. 编译原理(第3版)[M]. 武汉:华中科技大学出版社,2010.

[3] Alfred V. Aho, Monica S. Lam, Ravi Sethi, Jeffrey D. Ullman. *Compilers: Principles, Techniques, and Tools (Second Edition)*[M]. China Machine Press, 2011.

[4]阿霍等著,赵建华等译. 编译原理(第2版:本科教学版)[M].北京:机械工业出版社,2009.

[5]张素琴,吕映芝,蒋维杜等. 编译原理(第2版)[M]. 北京:清华大学出版社,2011.

[6]王生原,董源,张素琴等. 编译原理(第3版)[M]. 北京:清华大学出版社,2011.

[7]孙家骕. 编译原理[M]. 北京:北京大学出版社,2008.

[8]毛红梅,严云洋. 编译原理[M]. 北京:清华大学出版社,2011.

[9]陈意云. 编译原理(第3版)[M]. 北京:高等教育出版社,2014.

[10]胡元义. 编译原理教程(第4版)[M]. 西安:西安电子科技大学出版社,2015.

[11]张幸儿. 计算机编译原理(第3版)[M]. 北京:科学出版社,2015.

[12]温敬和. 编译原理实用教程(第2版)[M]. 北京:清华大学出版社,2013.

[13]何炎祥,李飞,李宁. 编译原理及其习题解答[M]. 武汉:武汉大学出版社,2004.

[14]金登男等. 编译原理学习与实践指导[M]. 上海:华东理工大学出版社,2013.

[15]陈意云. 编译原理习题精选与解析(第3版)[M]. 北京:高等教育出版社,2014.

[16]王磊,胡元义. 编译原理习题解析与上机指导[M]. 北京:科学出版社,2015.

[17]刘春林,王挺,周会平. 编译原理学习指导与典型题解析[M]. 北京:国防工业出版社,2010.

[18]何炎祥,吴伟. 可信编译构造理论与关键技术[M]. 北京:科学出版社,2013.